"职业技能岗位等级培训"系列丛书
北京市园林局　主编

初级园林绿化与育苗工培训考试教程

张东林　主编

中国林业出版社

图书在版编目(CIP)数据

初级园林绿化与育苗工培训考试教程/张东林　主编. －北京:中国林业出版社,2005.8(2016.6 重印)
(职业技能岗位等级培训系列丛书)
ISBN 978-7-5038-3975-7

Ⅰ. 初…　Ⅱ. 张…　Ⅲ. 园林－绿化－技术培训－教材　Ⅳ. S73

中国版本图书馆 CIP 数据核字（2005）第 033702 号

出版　中国林业出版社(100009　北京西城区德内大街刘海胡同 7 号)
网址　lycb. forestry. gov. cn　电话:83143542
发行　新华书店北京发行所
印刷　北京市昌平百善印刷厂
版次　2006 年 1 月第 1 版
印次　2016 年 6 月第 8 次
开本　787mm×960mm　1/16
印张　16. 5
字数　296 千字
印数　22001～24000 册
定价　29. 00 元

编委会

“职业技能岗位等级培训”系列丛书

主　任： 王仁凯

副主任： 王凤江　郭晓梅

委　员（按姓氏笔画排序）：

于学彬　马　玉　王鹏训　古润泽
史建平　刘兴起　刘　英　刘　岱
刘宝军　孙鲁杰　杨志华　李炜民
李铁成　张东林　张兰年　张金国
张济和　郑西平　赵淑敏　徐　佳
彭晓玲　蒋桂兰　韩英俊　强　健
廉国钊

《初级园林绿化与育苗工培训考试教程》

主　编： 张东林

副主编： 束永志　王汝诚

编　委（按姓氏笔画排序）：

丁梦然　王兆荃　任桂芳　衣彩洁
吴承元　周文珍　周忠樑　韩丽莉

序

随着我国产业结构调整以及市场经济体制的不断发展，为建立统一、开放、竞争、有序的劳动力市场，我国广泛开展了行业领域内的职业技能岗位培训和鉴定工作。开展此项工作，有利于促进劳动力资源的合理配置，调动职工学习技术的积极性，从而提高职业队伍素质，促进经济发展。

为了促进园林绿化事业的发展，适应社会对园林行业专业技能人才的需求，加强园林绿化系统各行业的劳动管理，满足各地园林绿化职业培训、鉴定工作的实际需要，我们在《园林工人技术等级培训教材》的基础上，组织原编者、园林专家、学者进行了重新修订，出版了“职业技能岗位等级培训”系列丛书。这套丛书包括园林绿化与育苗工（初级、中级、高级）、花卉工（初级、中级、高级）、插花员（初级、中级、高级）、观赏动物饲养工（初级、中级、高级）、游船驾驶员、导游员6类工种，共计14种图书。它全面、系统地阐述了各类工种专业知识和操作技术，介绍了现代园林专业知识和新技术岗位规范，提升了教材的理论与实践知识水平，同时增加了简明易懂的操作规程说明，便于职工在技术岗位工作中的学习和运用。它还从强化培养操作技能、掌握一门实用技术的角度出发，较好地展现了各类职业当前最新的实用知识与操作技术，对于提高从业人员基本素质，掌握各类职业的核心内容与方法有直接的帮助和指导作用。

组织出版这套系列丛书的目的是为了全面满足职业人员对园林行业专业技术知识的需要，完善职业技能岗位培训工作。因此，它不仅是园林职工岗位等级培训人员和升级考试人员的应读教材，而且也是职业培训工作人员的有效参考书。

这套系列丛书的编写工作，得到了园林行业相关单位的大力支持，在此向每一位参与系列丛书编写审阅与修订工作的专家、学者致以深深的感谢！

北京市园林局

“职业技能岗位等级培训”丛书编委会

2005年3月

前言

随着市场经济体制的发展，与其相配套的劳动力市场管理体制也逐步完善，劳动部门制定了劳务市场的职业技能资格准入制度。各专业工种相应成立培训机构、职业技能鉴定机构。此战略决策为提高我国职工技术素质，完善劳务市场管理起到积极促进作用。

依据中华人民共和国建设部颁发的《城市园林工人技术等级标准》及《城市建设工人技术理论教学计划和教学大纲》，20 世纪 90 年代初，北京市园林局组织编写了园林工人职业技能培训教材。经过 10 多年教学实践，进行了两次修改，教材及教学效果得到了教师、工人及用人单位的一致好评。原教材针对绿化工的教学要求，按专业知识分为《植物和植物生理》、《土壤肥料》、《园林树木》、《园林植物保护》、《园林设计与识图基础》、《绿化施工与养护管理》、《园林花卉》等共 7 册单行本；育苗工增加了园林苗圃学内容，减少了园林设计与识图基础、绿化施工与养护管理等内容，并针对不同技术等级由教师结合部颁等级标准及教学大纲有针对性地选择授课。新编教材在此基础上针对不同技术等级形成综合学科单行本，将绿化工、育苗工两个工种合编成初、中、高级园林绿化与育苗工培训考试教程。三个等级既有相对独立性（大纲要求），在知识面和理论深度上又有互补性和连续性。教师教学与职工学习时应着重本等级、适当兼顾下一等级知识内容进行教与学。

该丛书是编者依据建设部《城市建设工人技术理论教学计划和教学大纲》及《建设行业职业技能岗位标准》，结合多年从事园林绿化施工工作经验，吸收先进的园林技术工艺与植物材料选择等各方面知识撰写而成。内容涵盖了初级园林绿化工、育苗工应掌握的植物和植物生理、土壤肥料、园林植物保护、园林花卉、绿化施工与养护管理、园林苗圃等学科的理论知识、职业技能知识及行业的规程规范。主要侧重基础理论及规程规范，每章包括专业理论内容复习题和模拟测试题及答案。本书第一章由王兆荃编写，第二章由周文珍编写，第三章由周忠樑编写，第四章由衣彩洁编写，第五章由丁梦然、任桂芳编写，第六章由韩丽莉编写，第七、八章由吴承元、王汝成编写，第九章由束永志编写。本书由张东林、束永志负责审定。

本书具有很强的实用性、可操作性。它不仅是园林行业职业技能考试人员必读教材，也是从事此行业职工的有效参考书。新编教材因初次按技能等级编写而成，综合了各学科知识，有不当之处请予以指正，供以后修编完善。

编 者

2005 年 3 月

目录

第一章

植物与植物生理

本章提要：主要介绍植物细胞、组织及器官的形态、构造和功能以及植物水分代谢与矿质营养的原理和规律。

学习目的：掌握有关植物和植物生理的基本知识，有利于从事基本的绿化育苗工作。

第一节　植物概述

一、植物的多样性

在自然界中，植物的种类很多，现已知道的植物约有 50 万种，分布在地球上的每一个角落里。

植物的个体大小差别很大。小的只有几微米，个体高的可达 60～100 米高，如澳大利亚的杏仁桉树高 150 米。

植物寿命的长短相差也很大。如松柏树寿命较长，能活千年以上；有的植物寿命很短，如长在沙漠地区的短命草只能活几个星期；而细菌几十分钟就能生殖一代。

植物的生长速度也不同，如竹类，春天雨后一天能长几十厘米，而地衣植物生长十几年其高度仅有 10 厘米左右。

从结构的繁简上看它们的差别也很大。最简单的植物体只有一个细胞构成，如衣藻和小球藻；还有群体植物和多细胞植物。园林植物大多是结构复杂的高等植物。

植物的营养方式也不同。绝大多数植物具有叶绿素或类色素，能利用太阳能把二氧化碳和水合成有机物，这叫自养植物。有一部分植物寄生在别的植物体上，从寄主身上吸取现成的养料维持生活，这类植物叫寄生植物，如菟丝子。此外，还有一部分植物是在死的腐败的生物体上吸取营养维持生活，这类植物叫腐生植物，如木耳。寄生植物和腐生植物都靠吸收其他植物体上的营养维持自己的生活，故合称异养植物。异养植物的体内不含叶绿素，故称它们为非绿色植物。那些体内含有叶绿素，呈现绿色的植物叫绿色植物。

植物的生活环境也各不相同，绝大多数植物生长在陆地上，称为陆生植物。根据陆生植物需要阳光的程度不同，分为喜光植物和耐荫植物；又根据陆生植物对土壤和水分的要求及适应程度的差异，分为旱生植物、中生植物及湿生植物。生活在水里的植物，称为水生植物。水生植物又分为浮水植物（如浮萍）和沉水植物。

此外，根据土壤里含盐分的多少及忍耐盐碱的程度不同也分为不同的类型。生活在一般土壤里的植物称为中生植物；有些植物可生在盐渍的海岸上，能忍耐高浓度的盐分，称为盐生植物。以上可以说明世界上的植物是多种多样的。

二、植物在自然界及城市建设中的作用

（一）在自然界中的作用

植物在自然界中有两个主要作用，即绿色植物的光合作用和非绿色植物的矿化作用。

地球上只有绿色植物才能进行光合作用，合成复杂的有机物，同时产生氧气。因此，自然界的全部生命都是依靠绿色植物而生存的。

自然界除了无机物合成有机物的过程外，还进行着有机物分解为无机物的过程。这一过程要靠非绿色植物如细菌和真菌来完成。它们把复杂的有机物分解为简单的无机物，又可被绿色植物所利用，再合成有机物，从而完成了自然界中物质的循环。

（二）在城市建设中的作用

园林植物在城市建设中主要有两大作用：美化环境和保护环境。

1. 美化环境的作用

园林植物种类繁多，各有自己的特色，或冬夏常青，或繁花一时（色彩鲜艳或清香扑鼻），或秋色迷人，或果实累累等，具有很高的观赏价值。

植物的优美姿态和生活习性常使人浮想联翩，成为“人格化的自然”。如陈毅词云：“要知松高洁，待到雪化时”，以松比喻坚定不屈。又如毛主席词曰“待到山花烂漫时，她在丛中笑”，歌颂了梅花不畏艰险、谦虚谨慎的品格。荷花有“出淤泥而不染，濯清涟而不妖”的美名，使人们从自然

界中汲取道德和修养相互勉励。

2. 保护环境的作用

绿色植物的光合作用除吸收二氧化碳，放出氧气外，许多植物具有吸收和转化有毒气体的功能，如柳树、臭椿能吸收二氧化硫；柳树、刺槐和女贞能吸收氟化氢；枸子和夹竹桃能吸收氯气等。另外，有些植物对有毒气体十分敏感，可以提示人们环境污染的程度和范围，以便及时采取措施。植物还具有明显的滞尘、降尘、吸收和黏住粉尘的作用，减少对人体的危害。另外，树木能降低风速，能够遮荫，草坪、灌木吸收太阳辐射热，有降低气温和湿润空气的作用。此外，植物还具有阻挠、吸收声波的作用，可以降低城市噪音对人们的侵扰。有的植物还具有杀菌作用。

第二节 植物细胞与组织

一、植物细胞的形态与构造

植物体都是由细胞组成的。细胞是植物结构和生理功能的基本单位。

（一）细胞的形状和大小

植物细胞的形状是多种多样的。一般运送水分的细胞呈圆柱形管状；进行光合作用的叶肉细胞呈长柱形；起支持作用的细胞呈纺锤形；起保护作用的表皮细胞呈多面体。

植物细胞的大小相差很大。多数细胞都很小，平均直径在10～100微米之间（1微米=10^{-3}毫米）。但有些植物的细胞较大，如葡萄的导管细胞直径达1毫米，肉眼可以看到，棉花的纤维细胞长约40～65毫米。

（二）植物细胞的构造

生活的植物细胞由原生质体和细胞壁组成。细胞壁包围在原生质体的外面。原生质体包括细胞质、细胞核、质体、线粒体及其他细胞器等结构。随着细胞的生长，细胞内出现液泡及细胞内含物（图1-1）。

1. 原生质体

原生质体是植物细胞内具有生命活动的所有部分的总称。它是生活细胞中最重要的部分，细胞的一切代谢活动都在这里进行。原生质体包括细胞质、细胞核及其他细胞器。

（1）细胞质　细胞质是一种半透明的胶体物质。它的组成成分很复杂，

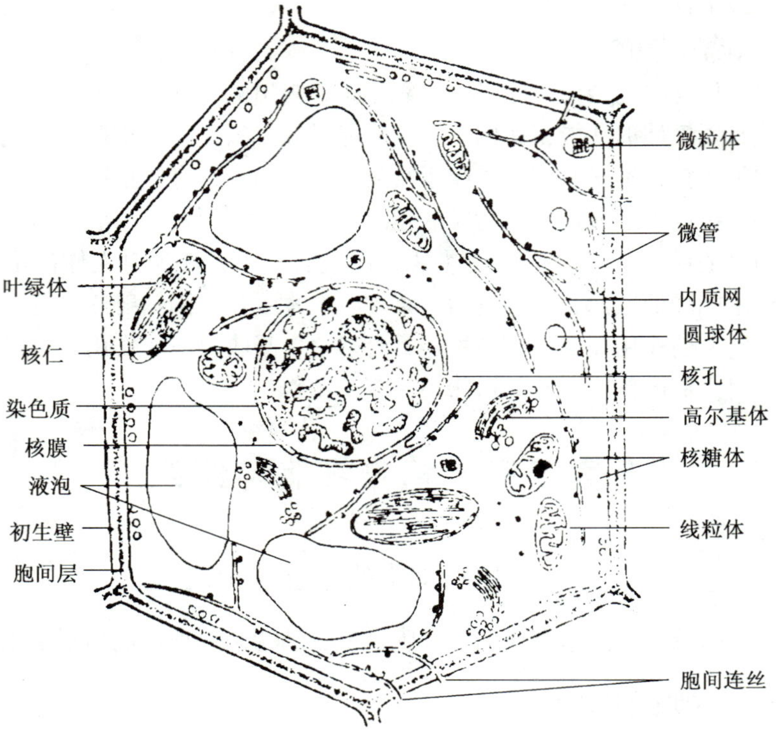

图 1-1　植物细胞超微结构

因为它是生活物质，不断地进行代谢活动，组成成分也随时发生变化，主要是蛋白质、核酸、脂类、碳水化合物、无机盐和水等。

（2）细胞核　细胞核是控制细胞生命活动的中心，细胞核由核膜，核仁和核质三部分组成。

细胞核的功能主要是控制生物的遗传性和调节细胞内物质的代谢途径，对细胞的生长、细胞壁的形成、有机物的合成等都具有重要作用。

一些低等植物如细菌和蓝藻的细胞中，没有细胞核，仅有核物质，这类细胞叫做原核细胞，而具有细胞核的细胞称为真核细胞。

（3）质体　质体是绿色植物的细胞中特有的细胞器。以颗粒状分布在细胞中，对碳水化合物的代谢起着重要作用。质体分为叶绿体、白色体和有色体 3 种。

叶绿体位于茎、叶和果实等绿色部分的细胞中。叶绿体中含有绿色的叶绿素、橙黄色的胡萝卜素和黄色的叶黄素。叶绿体的主要功能是进行光合作用，白色体是质体中最小的，不含色素的质体，一般呈球形或纺锤形。通常聚集在细胞核的周围，有些白色体在细胞生长过程中能积累淀粉，并和淀粉一起形成淀粉粒。有些白色体则能参与蛋白质或油滴的形成。含有原叶绿素的白色体见光后可转变为叶绿体。

有色体是含胡萝卜素和叶黄素的质体。呈不规则的颗粒状，存在于花瓣或果实中，使花或果实呈现红色和黄色，有时也存在于植物的根中。

以上3种质体在生理机能和外界环境条件改变时可以相互转化，白色体见光后可转变为叶绿体，叶绿体也可转变为有色体，如开花时的子房包在花冠内是白色的，传粉受精后，花冠凋谢就变成绿色的果实，当果实成熟后就可以变为红色、橙黄色等。

（4）线粒体　所有生活细胞的细胞质中普遍存在的一种细胞器。它的个体很小，在显微镜下可以看到，呈颗粒状、棒状、丝状等大小不一。

线粒体是进行呼吸作用的场所，即将有机物分解，并在分解过程中将有机物中贮存的化学能释放出来供植物体维持生命活动和生长发育的需要，故把它叫做“动力工厂”，是生命活动的重要基础。

2. 液泡及细胞内含物

（1）液泡的形成及其功能　液泡是细胞内含有水溶液的小腔室。其内所含的水溶液叫细胞液。一般说来，中央液泡的形成，标志着细胞已经生长发育为成熟的细胞。

液泡在细胞的生命活动过程中起着重要的作用。它能控制吸水，使细胞保持紧张状态，以利于各种生理活动的正常进行；是各种营养物质和代谢物质的贮藏场所；高浓度的细胞液，保持很强的吸水力，大大提高了植物的抗旱和抗寒的能力。

（2）细胞内含物　植物细胞内所含的各种新陈代谢产物总称为细胞内含物。细胞内含物成分十分复杂，有些属于贮藏物质，如淀粉、蛋白质、脂肪；有些属于生理活性物质，如酶、维生素和植物激素；还有一些其他物质，如糖类、有机酸、单宁、精油、花青素、植物碱等。

3. 细胞壁

细胞壁是植物细胞特有的结构，包在原生质体的外面，使细胞保持一定的形状，起到支持和保护原生质体的作用。

细胞壁分为胞间层，初生壁和次生壁三层。

植物细胞的组成部分可如图1-2所示。

- 细胞的构造
  - 原生质体
    - 细胞质
    - 细胞核
      - 核膜
      - 核质
      - 核仁
    - 质体
      - 叶绿体
      - 白色体
      - 有色体
    - 线粒体
    - 其他细胞器
  - 液泡及细胞内含物
    - 淀粉、脂肪、蛋白质、植物激素
    - 酶、维生素、花青素、植物碱
    - 单宁、糖类、有机酸、无机盐等
  - 细胞壁
    - 胞间层
    - 初生壁
    - 次生壁

图 1-2　植物细胞的构造

二、植物细胞的繁殖

植物细胞的繁殖方式有无丝分裂、有丝分裂和减数分裂 3 种。

（一）染色体

染色体是在有丝分裂和减数分裂过程中出现的结构，因极易被碱性染料染色而叫作染色体。

染色体的形状、大小及数目的多少随植物种类不同而不同。但它们的结构是相同的，都是由染色线和基质组成的。每条染色体由着丝点、长臂和短臂三部分构成，纺锤丝与染色体相连接的那一点叫着丝点。以着丝点把染色体分成两段，其中较长的一段叫长臂，较短的一段叫短臂。

每种植物染色体的数目是一定的。如桃为 16，柑橘为 18 等。体细胞的染色体数目是性细胞（精子和卵细胞）染色体的二倍，称二倍体，以 $2n$ 表示。性细胞为单倍体，以 n 表示。例如油松体细胞内染色体的数目为 24，性细胞为 12。

（二）无丝分裂（直接分裂）

无丝分裂是一种比较简单而原始的分裂方式。在细胞进行分裂时，首先是细胞核伸长，接着核的中间凹陷并慢慢分成两部分，然后细胞质分为两部分，中间产生新的细胞壁，这样由原来的 1 个细胞形成了 2 个细胞。

大多数低等植物和高等植物产生愈伤组织、形成不定根和不定芽、叶柄和花梗伸长、单子叶植物节及叶片基部的分生组织都是用无丝分裂的方式进行分裂。无丝分裂过程简单，时间短，速度快，这对植物的迅速生长和创伤的恢复具有重要的意义。

（三）有丝分裂（间接分裂）

有丝分裂是高等植物细胞增殖的最普遍的一种分裂方式。根、茎顶端的伸长生长及根、茎的增粗生长都以有丝分裂的方式进行细胞分裂。植物细胞有丝分裂模式见图 1-3。

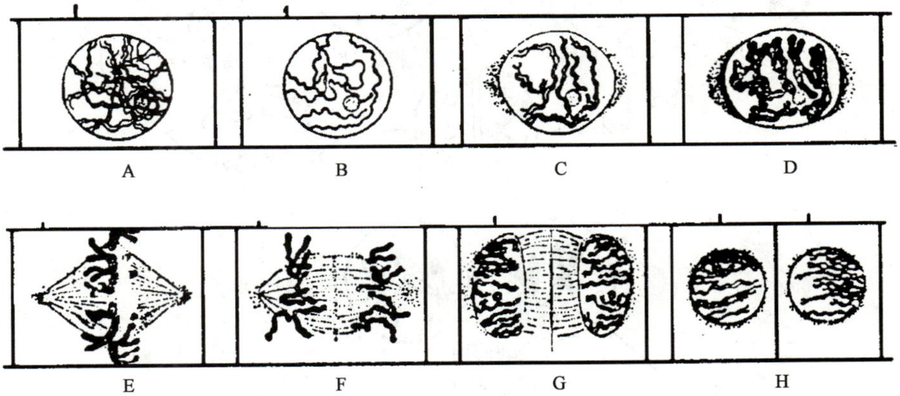

图 1-3　植物细胞有丝分裂模式

A. 间期　B ~ D. 前期　E. 中期　F. 后期　G. 末期　H. 2 个子细胞

有丝分裂是一个复杂而又连续的过程，为了便于研究，人为地把这一复杂过程分为间期、前期、中期、后期和末期 5 个时期。

间期是细胞分裂的准备时期，大量累积细胞分裂所需的原料和能量，并完成 DNA 的复制工作。前期细胞里开始出现染色体，每条染色体纵裂为 2 个染色单体。中期，染色体有规律地排列在赤道板上，形成纺锤体。后期，染色单体向两极移动，纺锤丝收缩，将染色体拉向两极。末期，染色体又恢复成染色体粒，赤道板上形成新的细胞壁，把细胞质一分为二形成了 2 个新细胞。

有丝分裂的结果，是由一个母细胞产生 2 个与母细胞在遗传性上完全相同的子细胞。子细胞的染色体数仍保持母细胞的染色体数，即为 $2n$，这就保持了物种特性不变。

（四）减数分裂

减数分裂是植物在有性生殖过程中形成性细胞时所进行的细胞分裂。例如，产生精子的花粉和产生卵细胞的胚囊形成时，都要经过减数分裂。由减数分裂所形成的细胞再经过几次或多次有丝分裂，便形成精子和卵细胞。减数分裂模式见图 1-4。

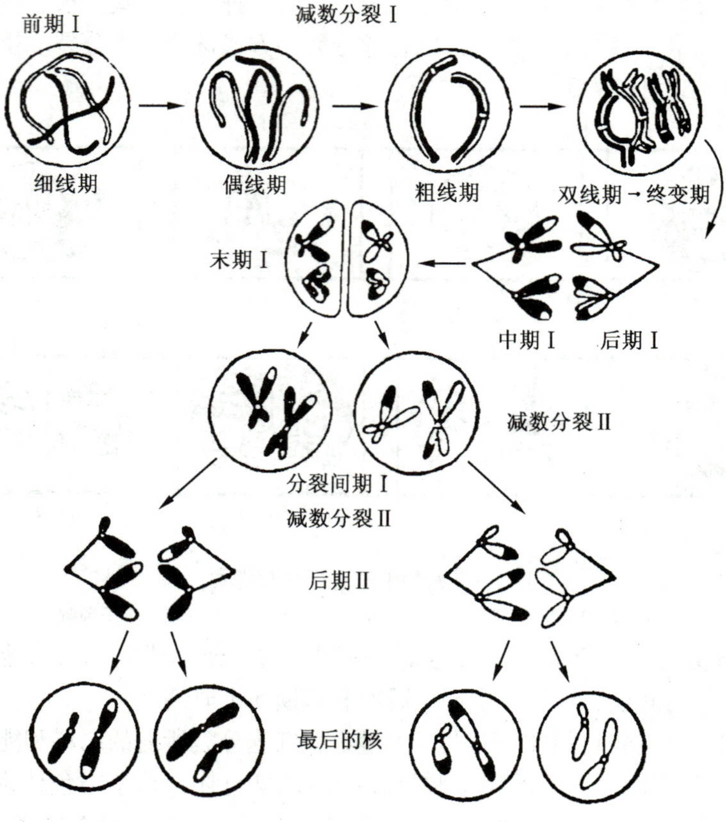

图 1-4　减数分裂模式

减数分裂包括两次连续的分裂，两次分裂之间的间隔很短。这两次分裂的过程和有丝分裂的过程基本相似，但两次分裂时染色体只纵裂一次（即复制一次）。在第一次分裂时，染色体两两配对，并且每个染色体纵裂（复制）成两个染色单体，但着丝点未分裂，故两个染色单体未分离。以后，每对染色体分开，各向两极移动，这时每组染色体数目只有原来细胞的一半。第一次分裂结束，紧接着又进行第二次分裂，这时纵裂的染色体着丝点分裂，染色单体完全分开成为染色体，并各向两极移动，染色体到达两极后又重新形成新核和新的细胞壁。这样一个母细胞经过减数分裂后，形成4个子细胞。这4个子细胞未分离前叫做四分体，分离后成为单个子细胞。每个子细胞核内，染色体的数目为原来细胞的一半，故叫单倍体，其细胞内染色体的数目为 n 个。

减数分裂具有重要的意义。因为性细胞都是单倍体，经受精作用后形成的合子（胚）又恢复了二倍体。在减数分裂过程中，染色体具有段片交换，与原种的遗传基因不完全相同，故使植物产生变异。

（五）多倍体

在自然界中，由于杂交或其他条件的影响，会使植物细胞中具有二倍以上的染色体数，这种植物叫多倍体。如红杉的 n 为11，$2n$ 应该是22，但它的细胞里染色体数是66，这显然是大于 $2n$ 的，它是 $2n$ 的三倍，故叫六倍体。同时，我们可在细胞分裂过程中，当染色体已分裂但在赤道板上还没有形成新的细胞壁以前，用秋水仙素处理，使细胞内不能形成新的壁，这样已经分裂的染色体仍在一个细胞内，故细胞里的染色体数目增加一倍，得到四倍体。再如用四倍体和二倍体进行人工杂交就可得到三倍体。用此法可得到七倍体、八倍体等。

多倍体具有较强的生命力和适应性。其细胞、种子、果实及植物营养体都比二倍体大，产量高，在园林中观赏价值也高。目前农林生产上、园林育种上都已广泛应用，用来培育新品种。

三、植物的组织

由于植物细胞生长和分化的不同，在植物体内形成了各种不同的组织。概括起来，植物体内有分生、薄壁、保护、输导、机械和分泌六大组织。

（一）分生组织

根据它们所处的位置及来源的不同分为以下几种。

1. 顶端分生组织

顶端分生组织位于植物的根和茎的顶端。由于它们的分裂和分化，使植物的根和茎能不断地伸长（图1-5）。

由原生分生组织分裂出来的具有分裂能力的细胞组织，叫初生分生组织。其特点是其中的一部分细胞仍保持细胞分裂的能力，另一部分细胞则进行分化，向着成熟细胞的其他组织发展。

实际上，原生分生组织和初生分生组织这两部分的总称，叫顶端分生组

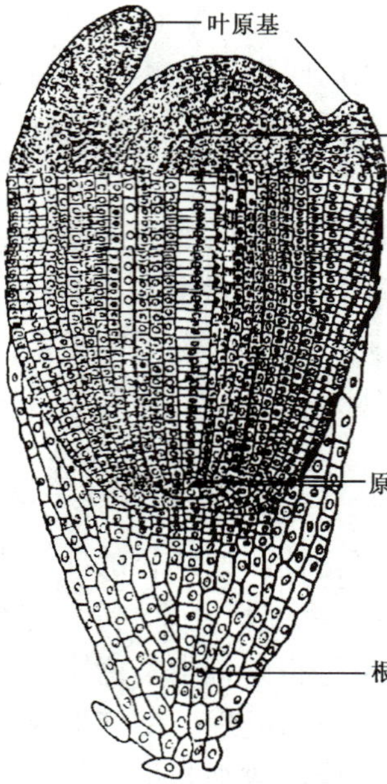

图 1-5　根尖和茎尖的顶端分生组织

织。茎的顶端分生组织不仅使茎能不断地伸长，并能不断地形成新的叶和腋芽。

2. 侧生分生组织

侧生分生组织位于植物的老根和老茎的内侧，包括形成层和木栓形成层。由于它们的分裂和分化，使植物的根和茎能不断地进行增粗生长。

多年生的双子叶植物，特别是木本植物和裸子植物的侧生分生组织比较发达，使树干、老根和枝条年年增粗生长。单子叶植物中多数没有侧生分生组织，因此，它们的茎或根就不能增粗。

（二）薄壁组织（基本组织）

薄壁组织是在植物体内分布最广的一种组织，它常与其他组织结合在一起，组成了植物体内的基本部分，故称为基本组织。

薄壁组织是生活细胞，一般比分生组织的细胞个体大，细胞内具有一个大液泡，细胞之间排列疏松，具有较大的胞间隙（图 1-6）。

薄壁组织在一定的条件下能恢复分裂能力，重新进行细胞分裂，形成次生分生组织。薄壁组织与多数植物体的营养关系密切。根据薄壁组织的形态、结构及功能的不同又分为以下类型。

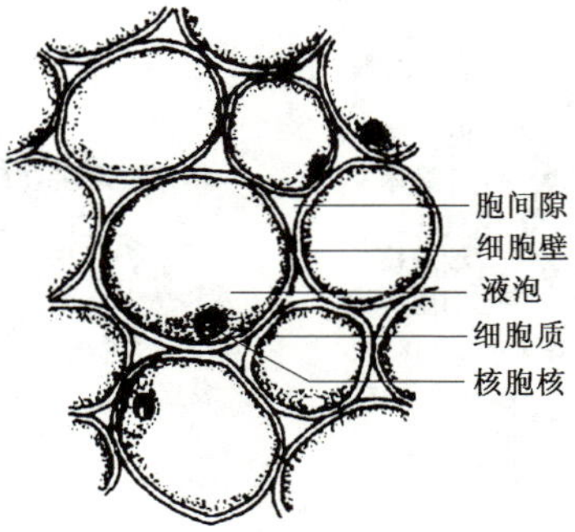

图 1-6　薄壁组织

1. 同化组织

同化组织分布在叶片及植物体的绿色部分。其细胞内含有叶绿体，是绿色植物进行光合作用制造有机物的场所。

2. 贮藏组织

分布在植物的根、茎、果实和种子里，其内贮藏有大量的淀粉、脂肪、蛋白质等营养物质。在干旱缺水地区的植物中具有专门贮藏水分的组织，叫贮水组织。另外，还有一些贮存空气或通气用的薄壁细胞，称为贮气组织。如莲的地下茎（藕）、藻类的叶等。

（三）保护组织

保护组织包围在各个器官的表面起保护作用，即控制水分的蒸腾、防止水分的散失、防止机械损伤和其他生物的侵害。

保护组织又根据来源和形态特征的不同，分为初生保护组织和次生保护组织两大类。

1. 初生保护组织

包括表皮、气孔、表皮毛、蜡被等。

（1）表皮　植物的幼茎、叶、花、果实和种子的最外一层细胞是保护组织。它是生活细胞，细胞之间排列紧密，外壁进行角化并形成革质层、蜡被等。

（2）气孔　在植物的茎、叶等表皮上分布一些和外界进行气体交换的小孔，叫气孔，是由 2 个保卫细胞构成的（图 1-7）。

保卫细胞不仅能控制植物体与外界进行气体交换，而且，能调节蒸腾作用的进行。

（3）表皮毛　表皮毛常具有各种不同的形状，是由表皮细胞向外引伸

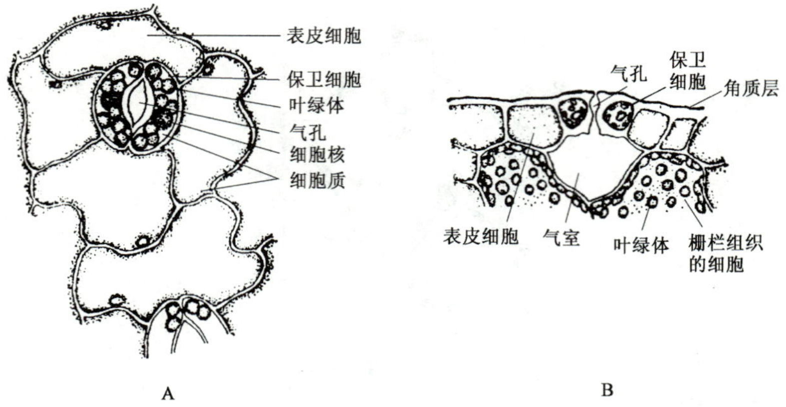

图 1-7　双子叶植物的表皮和气孔

A. 表面观　B. 切面观

而成的。表皮毛可以防止病虫害的侵害，能减弱光对植物直射的危害，减少水分的蒸腾。

2. 次生保护组织

包括周皮和皮孔。

（1）周皮　它是老根和老茎最外面的一层，代替表皮起保护作用。

（2）皮孔　原气孔的位置不形成周皮而继续形成薄壁细胞，形成各种形状的突起即是皮孔。

（四）输导组织

根据运输物质的不同，将输导组织分为两大类：一类是输导营养物质的筛管；另一类是输导水分以及溶于水中物质的导管。

1. 导管与管胞

它们是木质部中一连串的具有运输水分和溶于水中物质的能力的细胞的总称。

（1）导管　导管长度因植物种类不同而不同，由几厘米到 1 米左右，它是由许多导管分子相互连接而成的。细胞内原生质体溶解死亡，因此，它是一个仅具有细胞壁的死细胞。而且，纵行排列的导管分子之间的横壁溶解形成穿孔，成为一条连通的管子，来完成运输水分和溶于水中的物质的功能。

（2）管胞　它是一个两头尖的棱形死细胞，一般长约 1 ~ 2 毫米，细胞的直径也很小。上下排列的管胞各以斜面衔接。水分上升是通过斜面上的纹孔对进入另一个管胞。所以，输导水分的效率低。管胞是裸子植物和蕨类植物输导水分的主要通道。

2. 筛管和筛胞

它们是一连串的具有运输营养物质能力的细胞的总称。

（1）筛管　它是由一些端壁相连的管状无细胞核的生活细胞构成的，长0.1～2毫米，在连接两个细胞的横壁上局部溶解，形成许多小孔，这些小孔叫筛孔，具有筛孔的横壁口叫筛板。筛孔间有原生质丝相通，有利于有机物的运输（图1-8）。

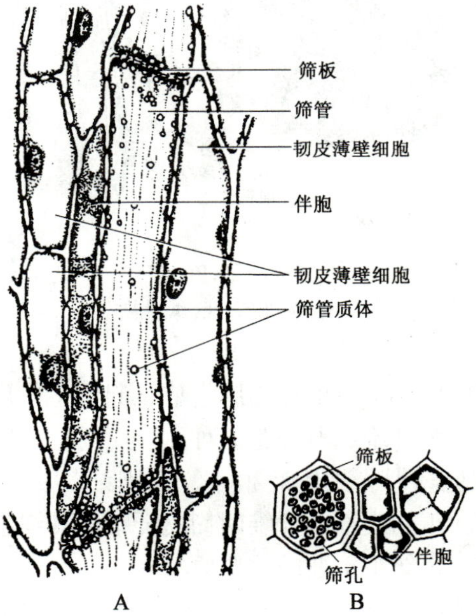

图1-8　筛管与伴胞

A. 纵切面　B. 横切面

筛管侧方有一个或几个称为伴胞的细胞相伴生在一起。伴胞是生活细胞，细胞内有细胞核，它与筛管来源相同，供给筛管营养物质的需要。没有伴胞的筛管很快就会死亡失去输导功能。

（2）筛胞　它是由单个的筛胞分子构成的。筛胞之间以纹孔相通。它不仅管子短，而且管子的直径也小，故输导效率低。一般为裸子植物和蕨类植物所具有。

（五）机械组织

机械组织的细胞大多为细长形，主要特点是细胞壁加厚。常见的有厚角组织和厚壁组织2种类型。

1. 厚角组织

它是生活细胞，细胞内常具有叶绿体。常在幼茎、叶柄或花梗上起支持作用。主要特点是细胞壁仅在角隅处加厚，故叫厚角组织（图 1-9）。这种细胞壁不影响细胞的生长。所以，在器官形成时，是最初出现起支持作用的机械组织。

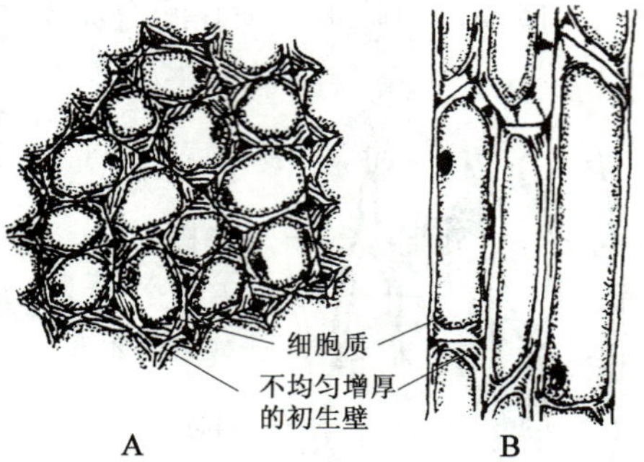

图 1-9　厚角组织

A. 横切面　B. 纵切面

2. 厚壁组织

它是由整个细胞壁都加厚的死细胞组成，起支持作用。根据细胞的形态不同，厚壁组织又分为纤维和石细胞 2 种。

（1）纤维　细胞壁厚，细胞腔很小，细胞细长，而且两端尖细，略呈纺锤形的细胞。存在于韧皮部的纤维叫韧皮纤维，其细胞壁木化程度低，韧性强，如棉、麻等，是纺织工业的重要原料。

存在于木质部的叫木纤维，其细胞壁木质化。它的细胞较韧皮纤维短，但硬而坚实，耐压力强，是构成木材的主要成分。

（2）石细胞　是细胞壁极度增厚，并木化、栓化形成的死细胞，次生壁上具有明显的纹层。这种细胞特别坚硬，支持效能最强。

石细胞常分布在茎、叶、果实和种子中，特别以果皮和种皮内为最多。梨的果肉里也比较多，越是劣质的种类石细胞越多。核桃、桃、椰子等坚硬的内果皮就是石细胞构成的。

（六）分泌组织

植物体内有些细胞可产生一些特殊物质，如蜜汁、黏液、挥发性精油、乳汁等。把能分泌这些物质或贮存这些物质的细胞群，叫做分泌组织。分泌组织分为外分泌组织和内分泌组织两类。

（1）外分泌组织　分泌物质直接排出到植物体的外面，如腺毛和蜜腺。

（2）内分泌组织　分泌物不直接排出体外，而是贮存在体内细胞里或胞间隙中。包括树脂道、分泌囊、乳汁管等。

乳汁管，它是由植物体内分泌乳汁的管状细胞构成的。很多植物具有乳汁管，如乌桕、桑树、杜仲、菊科、桔梗科等。

分泌囊，也称为油囊。是被子植物中普遍存在的一种分泌组织，尤其以芸香科植物的果皮和叶片中最常见。柑橘类植物的果实所具有的香味就是分泌囊中的分泌物放出来的。花的香味大都来自分泌囊中的分泌物——精油，它对招引昆虫帮助传粉具有重要的意义。

树脂道，多存在于松柏科的植物体中，是由许多分泌细胞及由分泌细胞围成的管道状胞间隙组成的。分泌组织分泌出来的树脂贮存在树脂道中。当植物体受到创伤时，树脂就流到体外将伤口封闭。

第三节　植物的营养器官

种子植物的根、茎、叶执行水分和养料的吸收、运输、合成及转化等营养代谢功能，称为营养器官。而花、果实和种子完成开花结果的生殖过程，称为繁殖器官。从种子萌发成为幼苗以及根、茎、叶的生长发育过程，称为营养生长期。

一、根的形态

根的主要功能是从土壤中吸收水分及溶于水中的无机盐，供植物生活所利用，并使植物固定在土壤中。根还能合成某些重要的物质，如氨基酸、激素及生物碱等。此外，有些植物的根还具有贮藏营养物质和繁殖的作用。

（一）根的种类

根据根的来源和发生部位的不同，分为主根、侧根和不定根。

1. 主根

在种子萌发时，由种子里的胚根直接延长而形成的根，称为主根。

2. 侧根

当主根生长到一定长度时，在主根上长出许多分枝，这些分枝叫侧根。侧根生长也具有一定的方向，往往与主根成一定的角度。当侧根生长到一定长度时，在侧根上又可长出二级侧根，依次类推。

主根和侧根都来源于胚根，都有一定的发生位置，故都称为定根。

3. 不定根

这类根的产生没有固定位置，如竹鞭上长出的根，落地生根和秋海棠的叶上长出来的根，以及扦插苗长出来的根等都是不定根。条件好它可以多长，没有条件它就不长。

（二）根系的类型及其在土壤中的分布

1. 根系的类型

一株植物所有根的总和称为根系。植物的根系主要分为直根系和须根系两类。

（1）直根系　主根和侧根有明显的区别。双子叶植物和裸子植物大都属于此种类型。

（2）须根系　由胚根形成的主根不久便停止生长或死亡，而由胚轴或茎基部的节上长出大量的不定根，粗细相似，呈丛生状态，称须根系。单子叶植物的根系都属这种类型（图 1-10）。

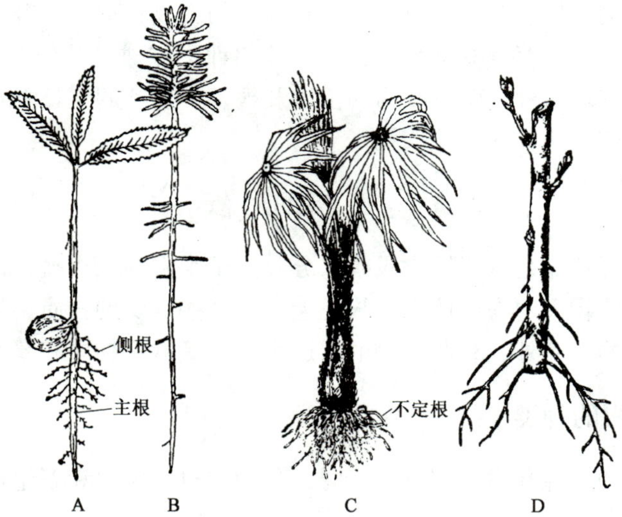

图 1-10　根的种类与根系的类型

直根系：A. 麻栎　B. 马尾松

须根系：C. 棕榈　D. 柳树

2. 根系在土壤中的分布

不同的植物其根系在土壤中分布的深度也不同。根据根系在土壤中分布的深浅不同，分为深根性和浅根性 2 种。

（1）深根性　主根发达，垂直生长能力强，能伸到较深的土层中。具有深根性根系的树种叫深根性树种。例如马尾松、毛白杨等。

（2）浅根性　主根不发达，侧根或不定根向四面扩张，根系主要分布在土壤表层。具有这种根系的树种叫浅根性树种。如刺槐及悬铃木。

植物根系的生长和发育不仅与遗传特性有关系，也取决于外界环境条件，如土壤条件、栽培管理措施等。

二、茎的形态

茎的主要功能是支持、输导、营养繁殖和贮藏。

（一）芽的类型

植物体上所有枝条和花都是芽发育来的。以芽着生的位置、芽的形态、结构及活动能力的不同，分为以下几种类型。

1. 按着生的位置分为定芽和不定芽

（1）定芽　具有固定的着生位置。着生在枝条顶端的叫顶芽；着生在叶腋里的叫腋芽（侧芽）。此外，有的园林植物其芽被叶柄覆盖着，等叶落之后才露出芽来，这种芽叫柄下芽，如悬铃木、火炬树等。

（2）不定芽　芽的着生没有固定位置。即有条件就长，没有条件就不生长的芽，如泡桐、刺槐、枣树的根出芽；秋海棠、大岩桐的叶生芽；落地生根的茎生芽等。

2. 依芽的性质分为叶芽、花芽和混合芽

（1）叶芽　萌发后形成枝条和叶的芽。

（2）花芽　萌发后形成单花和花序的芽。一般花芽比叶芽肥大。

（3）混合芽　萌发后既形成枝条又形成花或花序的芽，如丁香、梨、苹果和麻叶绣球等。

3. 依芽的外面有无鳞片包被分为鳞芽和裸芽

（1）鳞芽　在芽的外面有鳞片包被着，鳞片保护幼芽过冬。

（2）裸芽　芽的外面没有鳞片包被呈裸露状态。这种裸芽上通常也具绒毛，如枫杨等。

4. 依芽的活动能力不同，分为活动芽和休眠芽

（1）活动芽　夏秋形成的芽经冬天休眠，在翌年春天萌发，或春天形成的芽在当年夏秋就萌发的芽。

（2）休眠芽　芽虽已形成但在当年或第一、二年不萌发，又称为隐芽。

（二）枝条与茎

种子萌发时，胚芽伸出地面，就形成了植物的主茎。主茎继续伸长生长，在主茎上就会长出侧枝，侧枝上还会长出二级侧枝等。如此就形成了植物的地上部分。

1. 枝条

带叶的茎称为枝条。枝条上着生叶子的部位叫节，相邻两节之间的部分叫节间。叶脱落后在枝条上留下的痕迹叫叶痕。在木本植物的枝条上还生有形状不一的皮孔。芽鳞脱落后在枝条上所留下的痕迹叫芽鳞痕（图 1-11）。

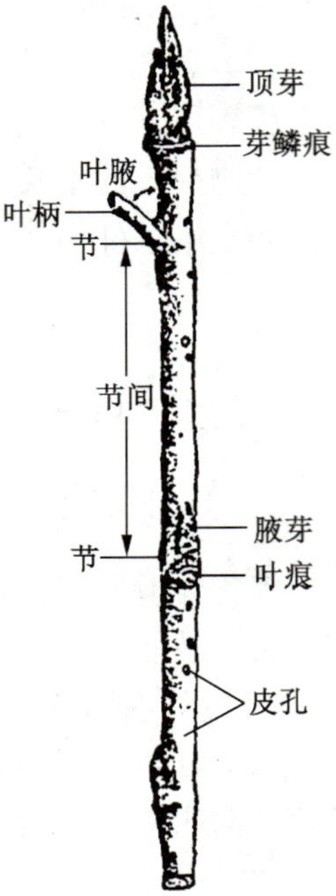

图 1-11　毛白杨的枝条

（1）枝条的种类　以节间的长短不同分为长枝和短枝 2 种。节间长的叫长枝，节间短的叫短枝。长枝多为营养枝，短枝上常形成花芽，开花结实，称为结果枝。有些草木植物，如仙客来、水仙、风信子、三色堇、车前草等，它们的节间极短，叶就像从根上长出来的一样，形成根生叶的形态，叫根生叶或叶丛生。

（2）枝条的分枝方式　分枝是植物的基本特征之一。茎的分枝有一定的规律性，常见的有以下几种类型（图 1-12）：

单轴分枝（又称总状分枝）：主干上长出侧枝，侧枝上又长出更小的侧枝。顶芽生长旺盛，形成一个发达而又通直的主干，具有明显的顶端生长优势。如松、柏、杨树类、山毛榉、银杏等。

合轴分枝：主干上的顶芽生长一段时间后，就停止生长或形成花芽，由靠近顶芽的侧芽代替主芽向上生长。再经过一段时间，新枝的顶芽又停止生长并被它下面的侧芽所代替，继续向上生长。它们的主干很短，我们所看到的主干是真正的主干与每年生长出来的新枝联合而成的。如柳树、榆树、桃树、梅花等。

假二叉分枝：它是合轴分枝的另一种形式。具有对生叶的植物，其顶芽生长一段时间就死亡或形成花芽，这时由靠近顶芽的两个侧芽代替顶芽形成新枝继续向上生长，成二叉状分枝。因为它不是由顶芽形成的二叉分枝，故称为假二叉分枝，如丁香、石竹、泡桐、梓树等。

有些植物在同一植株上既有总状分枝，又有合轴分枝，如玉兰。

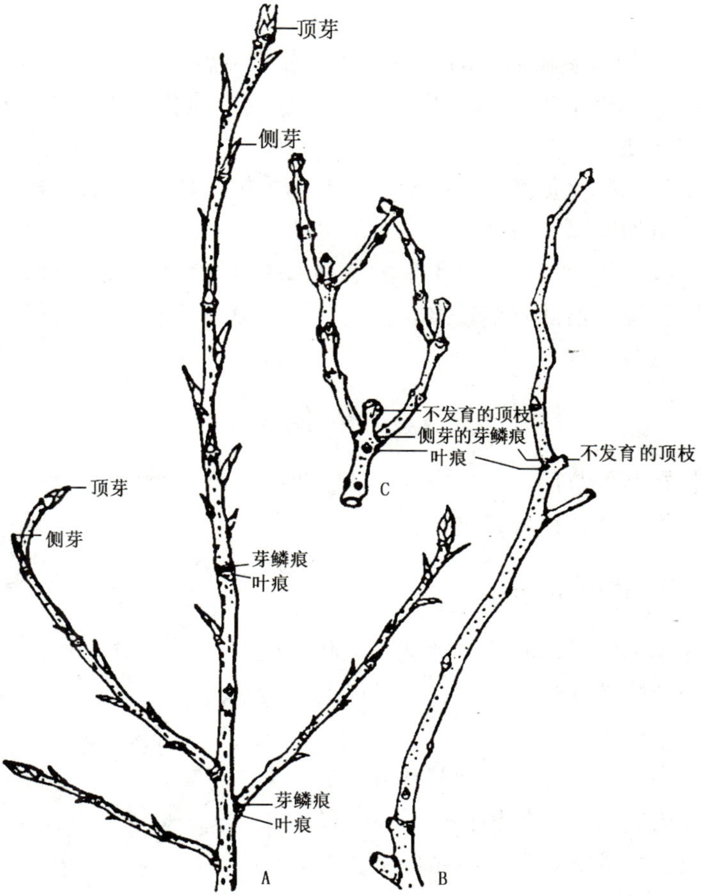

图 1-12 分枝的方式

A. 单轴分枝 B. 合轴分枝 C. 假二叉分枝

2. 茎的种类

（1）依茎的外部形态的不同，可分为圆形、扁平形、三棱形、四方形、多棱形等。

植物的茎以圆形最多；扁平形的，如假叶树、仙人掌等；三棱形的茎有莎草科的旱伞草、夹竹桃 1 年生幼茎等；呈方形的有迎春、一串红及石榴的 1 年生枝条等；呈多棱形的如鸡冠花、灰菜等。

茎一般是实心的，但也有中空的，如竹类、连翘等；也有的茎内为片状髓，如枫杨、杜仲、核桃等。

（2）依茎的生长习性的不同，茎可分为直立茎，如杨柳树；匍匐茎，如草莓、爬地柏、野牛草；攀援茎，如葡萄、地锦；缠绕茎，如紫藤、茑萝等。

（3）依茎的木质化程度的不同，可分为木本茎、草本茎、草木本茎。

木本茎是多年生木本植物具有的茎，茎内木质化程度高，机械组织发达，因而茎坚硬。

草本茎的木质化程度很低或根本没有木质化，其茎柔软，含水量多。具有草本茎的植物叫草本植物。

还有一些植物的茎，其多年生的老茎木质化程度高、较坚硬，当年生的新枝则木质化程度很低，茎较柔软，这种茎叫草木本植物。在花卉中常见，如天竺葵、竹节海棠等。

三、叶的形态

叶生长在茎的节部，它的主要功能是进行光合作用、蒸腾作用和气体交换，有的植物的叶片还可以进行营养繁殖。

（一）叶的组成部分

一片完全的叶是由叶片、叶柄和托叶组成的（图 1-13）。

单子叶植物的叶分两部分，即叶鞘与叶片。

在叶子中，若叶片、叶柄和托叶三者都有的，称为完全叶，如桃树、月季、扶桑、梨树及香豌豆等。但有些植物缺少托叶，如香樟树、茶花、泡桐、白蜡等；有些植物缺少叶柄，如金银花、金丝桃等；有的叶柄和托叶都缺，如郁金香、君子兰、万年青等。总之，若缺少其中的一部分或两部分的均称不完全叶。

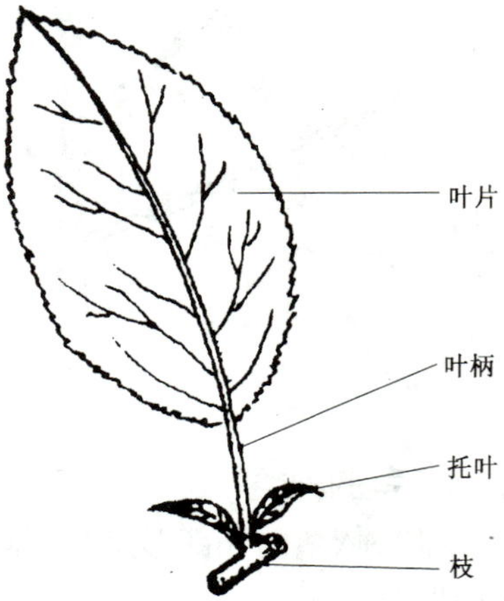

图 1-13　叶外形，示完全叶

（二）叶序

叶在茎上排列的次序称为叶序。常见的叶序有互生、对生、轮生和簇生 4 种。

（1）互生　枝条的每个节上只有一片叶，依次交互着生，如桃树、柳树、毛白杨、扶桑等。

（2）对生　枝条的每个节着生两片叶，一般是成对而生，其相邻的两对叶常又交互生长着，如白蜡、桂花、丁香、大叶黄杨等。

（3）轮生　枝条的每个节上着生有3个或3个以上的叶，而且，按一定次序排列在节上，如夹竹桃、杜松、茜草等。

（4）簇生　多数叶子着生在一个节上密集成簇状，如银杏、金钱松、雪松等。若簇生叶都着生在主茎上，主茎节间极短，使叶着生在接近地面的茎上，叫叶基生或叫根出叶，如雏菊、车前草等。

（三）叶片的形态

叶片的形态一般从叶形、叶缘、叶尖、叶基、叶脉、叶质、叶色及叶面附属物等方面进行描述。

1. 叶形

由于叶片生长的不均匀性，而形成了各种各样的形状。常见的有以下几种：

（1）鳞形　叶片很小，很像鱼鳞状，如扁柏、柽柳、香柏等。

（2）针形　叶片很长，而且端尖如针，如油松、华山松、雪松等。

（3）线形　叶片扁平窄长，长为宽的5倍以上，而且上、中、下宽度近似，如落叶松、苏铁、水杉、罗汉松等。

（4）披针形　叶片长为宽的5倍左右，最宽处在叶片的中部以下，往上渐狭，如柳树、山桃等。

（5）卵形　叶片长为宽的1.5～2倍，近基部最宽，先端尖而基部圆，如一串红、大叶女贞、槐树等。

（6）倒卵形　叶片的长宽比同卵形，但近顶端最宽，先端圆形，基部楔形，如大叶黄杨。

（7）椭圆形　长宽比同卵形，中部最宽，先端和基部近圆形，如刺槐、茶花。

（8）圆形　长宽近等，中部最宽，先端和基部近圆形，如山杨、山麻杆、黄栌。

（9）三角形　叶片长宽近等，基部最宽近截形，如加拿大杨。

（10）心形　叶片基部圆形，近叶柄处凹入，先端渐尖，如紫荆。

（11）扇形　叶片先端宽圆或近截形，越向基部越狭，形如折扇，如银杏。

2. 叶缘

叶片的边缘称为叶缘；叶缘形状的变化极大，根据叶片边缘有无缺刻，以及缺刻的形状、深浅的不同，分为以下类型：

（1）全缘　叶片边缘连成一平线，如丁香、紫荆、大叶女贞。

（2）波状　叶片边缘有上下起伏，如香樟、白栎、郁金香。

（3）圆齿　齿端钝圆，如大叶黄杨。

（4）锯齿　齿端尖，稍向上，齿的两边不等长，外侧长，内侧短。若大锯齿的外侧上又有小锯齿者，称为重锯齿，如紫叶李、榆叶梅。

（5）牙齿　锯齿的两边等长的称为牙齿，如苎麻。

（6）缺刻　它和锯齿不同，缺刻基部为圆形，如构树、龟背竹等。

（7）裂片　分为掌状裂叶，如悬铃木、五角枫；羽状裂叶，如山楂、麻栎。据裂片的深浅分为浅裂、深裂、全裂 3 种。

3. 叶尖

叶片的先端称为叶尖，其形态差异极大，常见的有以下几种类型：

（1）尖形　其先端呈锐角。

（2）截形　叶片先端似横切线一样平直，如鹅掌楸（马褂木）。

（3）微凹　叶片先端近圆形，中央具有小而浅的凹缺，如小叶黄杨。

（4）二裂　叶片先端一分为二，如银杏、羊蹄甲。

4. 叶基

叶片的基部称为叶基。叶基的形状很多。常见的有以下类型：

（1）心形　叶基两侧近圆形，中央内凹，如紫荆。

（2）楔形　叶基边与中脉成锐角，如小叶黄杨。

（3）圆形　叶基两侧连成一个半圆，如山梨。

（4）耳形　叶基两侧下延似耳垂状，如槲树。

（5）截形　叶基两侧平截似一切线。如加拿大杨、平条槭。

（6）偏斜　叶基两侧不对称，如榆树、朴树、银星秋海棠等。

（7）箭形　叶基似箭头状，如马蹄莲、慈姑。

（8）穿茎　茎从叶的基部穿过。

（9）盾状　叶片近圆形，叶柄着生叶背面的中央，很像古时的一种兵器——盾片，如旱金莲、荷花。

5. 叶脉

叶部的输导组织在叶片表面形成的网络，称为叶脉，起支持和输导作用。根据叶脉的分布方式，可分为网状脉和平行脉 2 种类型（图 1-14）。

（1）网状脉　叶片上有一条或数条主脉，由主脉分出较细的侧脉，由侧脉分出更细的小脉，各小脉交错连结成网状，叫做网状脉。这种类型的叶脉是双子叶植物的特征之一。

（2）平行脉　叶片中央有一条主脉，主脉两侧有许多侧脉，相互平行或近于平行，叫做平行脉。这是单子叶植物的特征之一。极少数单子叶植物具有网状脉，如芋、薯蓣等。

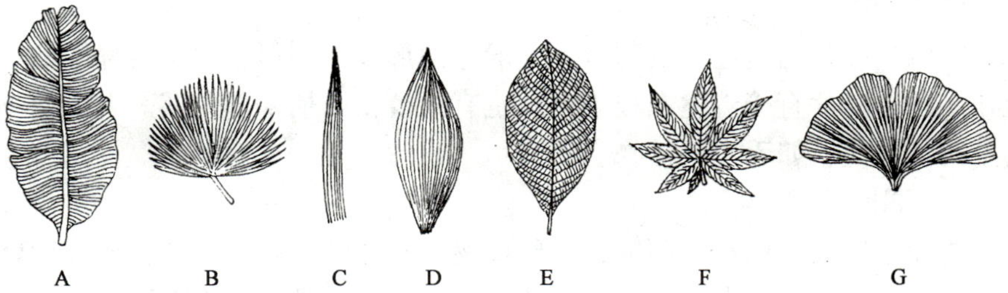

图 1-14　叶脉类型

平行脉：A. 侧出平行脉　B. 射出平行脉　C. 直出平行脉　D. 弧状脉

网状脉：E. 羽状网脉　F. 掌状网脉　G. 三出脉

裸子植物中的银杏，叶脉呈二叉分枝，在一片叶上可以有好几次分枝。这种类型的叶脉常见于蕨类植物。

6. 叶质

（1）革质　叶肉较厚，表皮细胞外壁角质化并有较厚的角质层，叶肉细胞含水量少，叶片坚韧而光亮，如茶花、橡皮树、小叶黄杨、构骨等。

（2）草质　叶片薄而柔软。一般的草木植物多为草质，如一串红、鸡冠花、金鱼草等。

（3）纸质　叶片较薄而柔软，但比草本植物叶含水量少，一般木本植物的叶片多为纸质，如榆树、毛白杨、柳树、白蜡等。

（4）肉质　叶片肉质肥厚，叶肉细胞内含水量多，如景天、燕子掌、垂盆草等。

7. 叶色

叶片的颜色通常为绿色，但有深浅之分。有些植物的叶片不为绿色，而呈红色、紫红色、黄色等。如红叶桃、红枫的叶为红色，紫叶李、红叶小檗的叶为深红色，菟丝子为黄色。还有些植物的叶片，一片叶子上有几种颜色，如洒金柏、高山积雪、金边红桑、花叶甘蓝等。

8. 叶的附属物

（1）毛　有柔毛、刚毛、星状毛等。

（2）腺鳞　为较薄近圆形的小体，如胡颓子叶背面的白色物。

（3）白粉　附在叶背面的白色粉状颗粒。

（4）腺体　包括痣状、盾状或肉质小体，如臭椿、楸树上的腺点。

（5）油腺点　如紫穗槐、花椒、柑橘类叶部的腺点。

（四）叶柄和托叶

1. 叶柄

叶柄是叶片与茎连接的部分。一般呈圆形或半圆形，但也有扁平的。有的叶无柄，叶片直接着生在枝条上。也有的植物叶柄基部包茎。有的植物叶柄呈鞘状包茎，如禾本科植物。

2. 托叶

托叶着生在叶柄基部两侧，有些植物没有托叶。有的托叶在放叶后就脱落，称为托叶早落。有的托叶一直和叶片共存，如月季、香豌豆等。不同的植物其托叶的形状和大小差别很大。

（五）叶的类型

叶分为单叶和复叶两大类。

1. 单叶

一个叶柄上只有一个叶片的称为单叶，如毛白杨、柳树、榆叶梅、扶桑等。

2. 复叶

一个叶柄上着生有两个以上的叶片的称为复叶。复叶的总叶柄叫叶轴，其上着生的叶子叫小叶，每个小叶上的柄叫作小叶柄，根据总叶柄是否具有分枝，每个叶轴上小叶的数目及在叶轴上排列的方式不同，复叶又分为以下类型（图 1-15）。

（1）三出复叶　一个叶轴上着生有 3 个小叶，称为三出复叶，如三叶草、枸橘、浆草。

（2）羽状复叶　小叶在叶轴上呈羽毛状排列，若小叶为单数，叫奇数羽状复叶。若小叶为双数，称为偶数羽状复叶。若叶轴具有一次分枝，称为二回复叶，如合欢、牡丹、云实等。若叶轴具有二次分枝，称为三回复叶，如楝树、南天竹等。

（3）掌状复叶　小叶都着生在叶轴的顶端呈放射状伸出，称掌状复叶，如七叶树、九里香等。

（4）单身复叶　从外形看很像单叶，但中脉上有一明显的关节，有的在关节下方的叶轴上又形成一个小叶片。实际上它是一个奇数羽状复叶的变态，两侧的小叶退化后而形成的，是芸香科一些植物叶的特点。

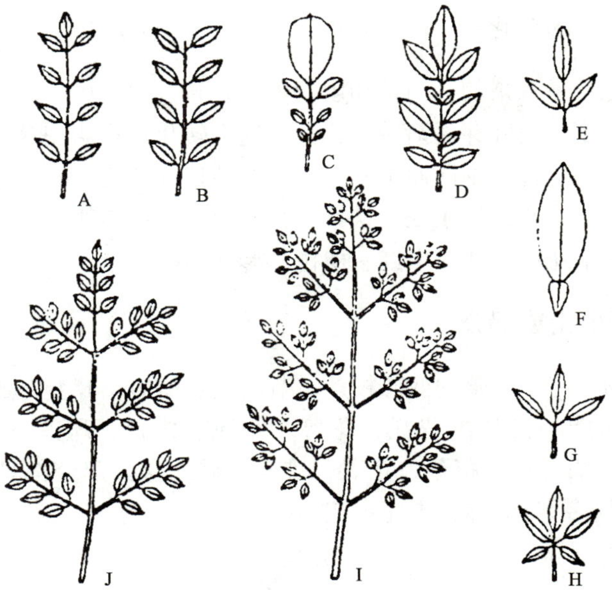

图 1-15　复叶的主要类型

A. 奇数羽状复叶　B. 偶数羽状复叶　C. 大头羽状复叶　D. 参差羽状复叶　E. 三出羽状复叶　F. 单身复叶　G. 三出掌状复叶　H. 掌状复叶　I. 三回羽状复叶　J. 二回羽状复叶

（六）异形叶性

有些植物在同一植株上着生有不同形状的叶子，这种现象叫异形叶性，如桧柏上既有鳞形叶又有针形叶。常见的异形叶性植物有慈姑、一品红、构树、桑树、柏树等。

第四节　植物的生殖器官

花、果实和种子是植物进行有性生殖的器官，叫做生殖器官或繁殖器官。

一、花的形态与花序的类型

在植物界中，只有被子植物才有构造完善的花。它的胚珠包被在子房里，经过传粉、受精，胚珠发育为种子，子房壁发育成果实，种子包被在果实里，被子植物因此而得名。

（一）花芽的分化

花是由花芽发育来的。当植物由营养生长转入生殖生长时，有些芽的分化随着发生质变，由叶芽逐渐转为花芽。这个转化过程叫花芽分化。

花芽的形态随种类不同而不同。一般花芽比叶芽肥大。有些植物，一个花芽只分化成一朵花，如茶花、扶桑、牡丹等；有些植物，一个花芽能分化多朵花，即一个花序，如一串红、槐树、珍珠梅等。

（二）花的组成部分

花是植物适应于生殖的变态枝条，节间极度缩短，叶变态成花的各部分以适应生殖功能。花是由花托、花萼、花冠、雄蕊、雌蕊 5 部分构成的（图 1-16）。一朵花中，花萼、花冠、雄蕊、雌蕊这四部分都具备的称为完全花，缺少某些部分的称为不完全花。

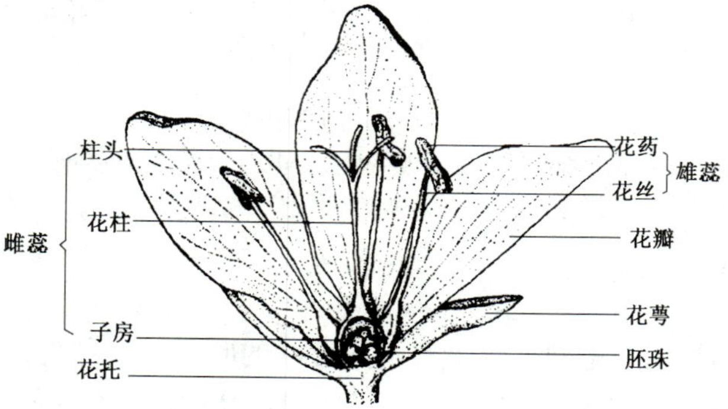

图 1-16　花各部分的模式图

1. 花托

花托是花梗顶端膨大的部分，花萼、花冠、雄蕊和雌蕊都着生在花托上。花托的形状有各种变化。

2. 花萼

着生在花托的最外一轮，由 3 ~5 个叶片状的萼片组成。有些植物在花萼的外面，还有几片副萼，如木槿、蜀葵等。

花萼的颜色通常是绿色的，但也有白色，如白玉兰、绣球；鲜红色的如石榴等。

花萼的形态结构种类很多，主要有：

（1）离萼　萼片之间全部彼此分离，如毛茛、牡丹、白玉兰、桃花等。

（2）合萼　萼片彼此全部或部分联合在一起，如扶桑、一串红、百合等。

（3）整齐萼　一朵花中的几个萼片形状大小相似，如月季、海棠等。

（4）不整齐萼　一朵花中的几个萼片其形状大小不同，如薄荷等。

（5）早落萼　开花时或花开后花萼就脱落，如山桃、梅、杏等。

（6）宿存萼　花开后萼片不落一直保存到果实成熟，如柿树、石榴等。

3. 花冠

由数个花瓣组成，其颜色一般很鲜艳。有些植物的花冠中含有分泌组织，能分泌挥发性油使花朵有香味。花冠具有保护雄蕊和雌蕊的作用。

花冠的形态结构种类很多，一般常见的有以下类型。

（1）按花瓣是否联合分为离瓣花冠和合瓣花冠。

离瓣花冠：如月季、扶桑、玉兰等。

合瓣花冠：如一串红、牵牛花、泡桐等。

（2）按花冠的形状不同分为整齐花冠和不整齐花冠。

整齐花冠是指一朵花的几个花瓣的形状大小相似，又称辐射对称花冠。常见的有以下种类：

管状花冠：形成花冠的各花瓣彼此联合成管状，如菊花花序中央的花。

漏斗状花冠：花冠下部联合成管状，向上渐渐扩大成漏斗状，如牵牛花、茑萝、田旋花等。

钟状花冠：花冠短而宽，上部扩大成钟形，如桔梗。

石竹花冠：花冠五瓣裂，花瓣上部平展，下部成爪状伸向萼筒，如石竹。

蔷薇花冠：花冠有5个花瓣，如碧桃、梅花、月季等。

十字花冠：花冠由4个花瓣组成十字形，如桂花、二月兰等。

不整齐花冠是指组成1个花冠的几个花瓣，其大小和形状不相同，一般两侧对称，故又称两侧对称花冠。常见的有以下种类：

蝶形花冠：由5个花瓣组成，分旗瓣、翼瓣、龙骨瓣，全貌近似飞行的蝴蝶，如紫藤、刺槐、槐树等。

唇形花冠：由5个花瓣组成，上面由2个花瓣联合形成上唇，下面由3个花瓣联合形成下唇，如一串红、金鱼草、泡桐等。

舌状花冠：花冠基部是一个短臂，上部向一边张开，很像一个扁平的舌头，如菊花的花序边缘上的花。

有矩花冠：花冠基部特别伸长形成一个细长的管子状，如飞燕草、紫花地丁、耧斗菜。

花冠和花萼合称花被。若一朵花中花萼和花冠都有的称为重被花，如桃、月季、牡丹、扶桑；若一朵花中仅有花萼或仅有花冠，称为单被花，如白玉兰、百合、黄花菜等；若一朵花中花萼和花冠都没有的称为无被花，如杨树、柳树、杜仲等。

4. 雄蕊

雄蕊是由花丝和花药两部分组成。花丝细长，主要是支持花药，并给花药输送水分和养料。花药着生在花丝顶端，呈囊状，囊内装有花粉。当花粉成熟后，花药开裂，花粉散出。

在一朵花中，雄蕊的数目随不同植物而异。

5. 雌蕊

雌蕊由子房、花柱、柱头三部分组成。雌蕊一般呈瓶状，顶端部分为柱头，是承受花粉的地方。因此，常呈球状、盘状或羽毛状以扩大其面积，有利于接受花粉。

花柱位于柱头和子房之间，使柱头伸出以便接受花粉。

子房是雌蕊基部膨大的部分，也是雌蕊中最重要的部分。子房是一个囊状物，其内产生胚珠，经传粉受精后发育成为种子。

在一朵花中，雌蕊和雄蕊都具有的，称为两性花；若只有雌蕊或雄蕊的，称为单性花。其中只具雌蕊的叫雌花，只具有雄蕊的叫雄花。雌花和雄花在同一植株上的，称雌雄同株，如板栗，核桃等；若雌花和雄花不着生在同一植株上的，称雌雄异株，如杨树、柳树、杜仲等。但还有些植物在同一植株上既有单性花，又有两性花的称杂性同株，如朴树、梧桐等。

6. 子房的位置

根据子房在花托上着生的位置与其他部分的关系，可分为 3 种类型（图 1-17）。

（1）子房上位　花托平顶或圆柱形，子房着生在花托的顶部，花的其他部分着生在子房基部周围，如桃、刺槐、百合等。

（2）子房半下位（半上位）　花托半球形并内凹，或杯形，子房着生其内，下半部分和花托结合在一起，花的其他部分都着生在花托的周缘上，如忍冬、接骨木、半夏等。

（3）子房下位　子房着生与凹陷的花托内，花托把子房全部包围结合在一起，以加强对胚珠的保护作用。花的其他部分着生在子房上面的花托周缘上，如梨、苹果、水仙、石蒜。

（三）花序的类型

有些植物一个花梗上只着生一朵花，称为单生花。有些植物则在一个花

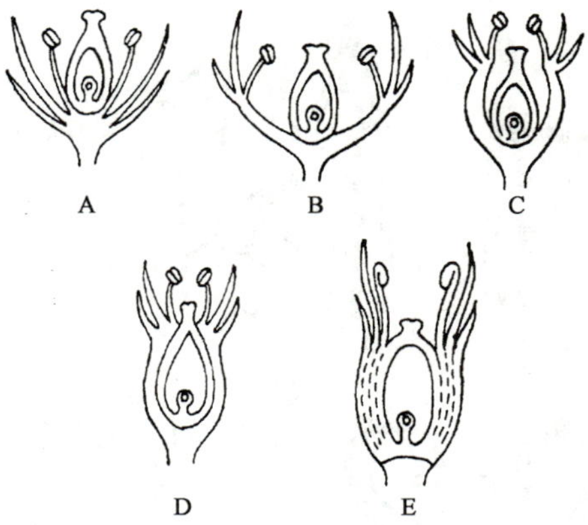

图 1-17 子房的位置

A. 子房上位（下位花） B、C. 子房中位或半下位（周位花）

D、E. 子房下位（上位花）

梗上着生有多数花，它们按照一定的顺序排列在花梗上，这个总花梗叫花序梗。花在花轴上排列的次序，称为花序。花序可分为无限花序和有限花序两大类。

1. 无限花序

花轴基部的花先开，然后向顶端依次开放，这样的花序叫无限花序（图 1-18）。

（1）总状花序 具有较长的花序轴，小花有梗并近似等长，着生在长的花序轴上，如云实、刺槐、百合、紫藤等。有些植物的花序轴具有分枝，小花着生在分枝上再形成总状花序，称为复总状花序，如丁香、葡萄、女贞等。

（2）穗状花序 花在花轴上的排列与总状花序相同，但是，花无梗，而直接着生在花序轴上，如紫穗槐、车前草等。

（3）柔荑花序 和穗状花序相似，花梗柔软下垂，如柳树、杨树等。

（4）肉穗花序 也和穗状花序相似，但花序轴肥厚肉质，如慈姑、马蹄莲、天南星等。如果在肉穗花序的外面有一个大苞片，特称为佛焰肉穗花序，如天南星、马蹄莲等。

（5）伞形花序 小花都集生在花轴的顶端，花梗近等长，如海棠、石蒜、君子兰。

（6）伞房花序 和总状花序排列方式相同，但小花梗不等长，下边最长，逐渐向上渐短，使所有的花都排列在一个平面上，如山楂、苹果等。

（7）头状花序 花序轴端膨大呈圆球形，其上着生很多花，如悬铃木、

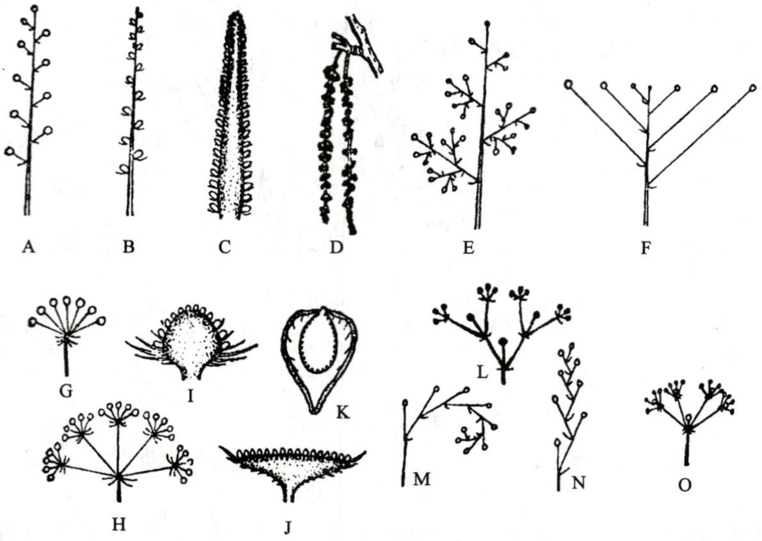

图 1-18　花序类型

A～K. 无限花序：A. 总状花序　B. 穗状花序　C. 肉穗花序　D. 柔荑花序
E. 圆锥花序　F. 伞房花序　G. 伞形花序　H. 复伞形花序
I、J. 头状花序　K. 隐头花序

L～O. 有限花序：L. 二歧聚伞花序　M、N. 单歧聚伞花序　O. 多歧聚伞花序

枫香、千日红。

（8）篮状花序　花轴顶端膨大成盘状，花无梗直接着生在花盘上，如金盏菊、菊花等。

（9）隐头花序　花轴顶端膨大，并且其中央向内凹陷成肉质中空的囊状体，花密生在囊状体的内壁上，如无花果等。

2. 有限花序（聚伞花序）

花在花序的顶端先开放，花开的次序由上而下或由内而外。花开后花序就停止伸长生长，故叫有限花序。它是以合轴分枝方式进行分枝的，常见的有以下几种（图 1-18）：

（1）单歧聚伞花序　花轴顶的那朵花先开放，以下在花的下面向一侧分枝，使花序卷成镰刀形，称为卷伞花序。如果向两个方向互换分枝，使花序直立像蝎尾状，叫蝎尾状单歧聚伞花序，如鸢尾。

（2）二歧聚伞花序　花轴顶端只生一朵花，并最先开放，但在花的下面两侧各生出一个分枝，并分枝多次，如石竹、大叶黄杨、丝棉木等。

（3）多歧聚伞花序　花的分枝方式与二歧聚伞花序相似，但一次就有多个分枝，如大戟、垂盆草等。

花的各部分发育成熟后，花萼和花冠展开，称为开花。如果先生长枝叶然后再开花的，为先叶后花，如槐树、木槿、珍珠梅、紫薇等；如果先开花然后才长枝叶的称为先花后叶，如榆叶梅、白玉兰、碧桃等；如果花叶一齐长出，称为花叶齐放，如苹果、梨等。

二、种子的构造和类型

（一）种子的构造

植物的种子一般都是由种皮、胚和胚乳三部分组成的。

1. 种皮

它是种子外面的保护层，有些植物的种皮仅一层，但有些植物的种皮分外种皮与内种皮两层。外种皮常见光泽、花纹和其他附属物。有些种子的外种皮扩展成翅，有的附生有毛等。

成熟的种子，在种皮上有种脐。在种脐的一端有小孔，称为种孔。当种子萌发时，种皮沿种孔处裂开，伸出胚根。种脐的另一端与种孔相对处通常隆起，这部分称种脊。有些植物在种脐的上面还有肉质的种阜。种脐和种孔是每种植物种子都具有的构造，而种脊和种阜则不是每种植物种子都具有的。

2. 胚

它是种子的最重要部分。胚是幼小的植物。胚包括胚芽、胚轴、胚根和子叶四部分。胚轴上端连着胚芽，下端连着胚根，子叶着生在胚轴上。胚芽将来发育成地上主茎和叶，胚根发育为初生根。子叶的功能是贮藏养料或吸收养料以供幼苗生长，有些植物的子叶在种子萌发后展开变绿，能短时进行光合作用。

种子中子叶的数目，各种植物是不同的。根据子叶的数目，种子植物可分为三大类：具有两枚子叶的植物称为双子叶植物；具有 1 枚子叶的植物称为单子叶植物；裸子植物的子叶数目不定，通常 2 个以上，又可称为多子叶植物。

3. 胚乳

位于种皮和胚之间，是种子内贮藏营养物质的部分，在种子萌发时供胚生长用。有些植物的胚乳在种子形成过程中被吸收掉，所以种子成熟后就无胚乳存在。这类植物种子的营养物质贮藏在肥大的子叶内。

在种子中，胚乳和子叶占种子的大部分。各种植物种子贮藏的物质不同，如核桃的子叶中含有大量的脂肪，板栗种子的子叶和梧桐的胚乳中则含大量的淀粉，大豆种子的子叶中含有大量蛋白质。

（二）种子的类型

根据种子成熟后胚乳的有无，大致分为两类：无胚乳种子与有胚乳种子。

1. 无胚乳种子

这类种子只有种皮和胚两部分。它们的子叶肥厚，贮藏大量的营养物质。大多数双子叶植物都是无胚乳种子（图1-19）。

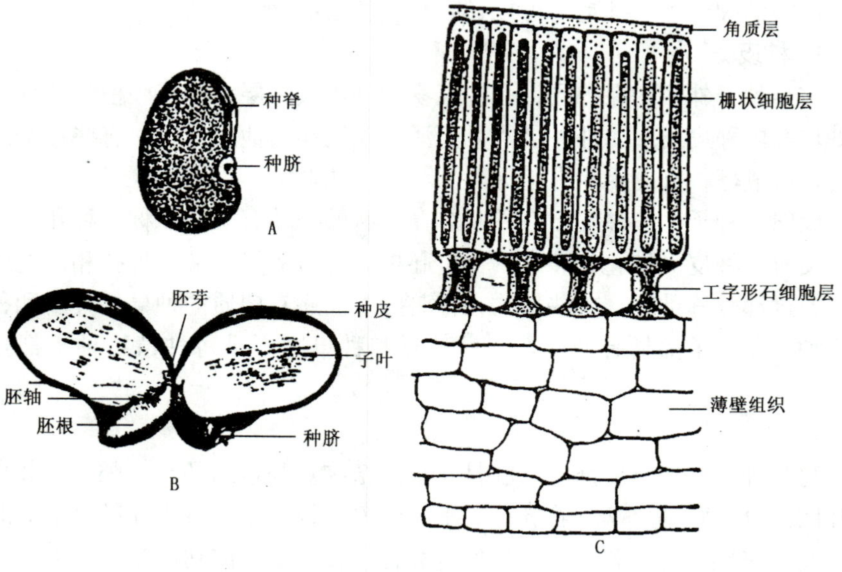

图1-19　刺槐种子的构造

A. 外形　B. 剖开的两片子叶　C. 种皮横切面

2. 有胚乳种子

这类种子由胚、胚乳和种皮三部分组成。胚乳占据种子大部分，胚较小，大多数单子叶植物和全部裸子植物的种子都是有胚乳种子（图1-20）。

三、果实的构造和类型

果实一般可分为3种类型：单果、聚合果、聚花果（复果）。

1. 单果

一朵花形成一个果实称单果，单果又分为肉果和干果两类。

（1）肉果　果皮肉质多浆，大多数可供食用，包括以下几种：

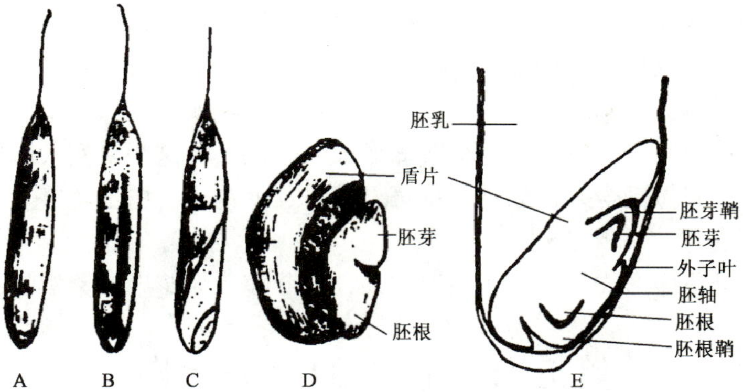

图 1-20 毛竹的“种子”（颖果）

A～C. 种子外形（A. 背面 B. 腹面 C. 侧面） D. 取出之胚 E. 胚的纵切面

浆果：外果皮薄，中果皮和内果皮肉质多浆，如葡萄、柿子、香蕉、枸杞等。

核果：外果皮薄，中果皮肉质，内果皮坚硬，如桃、杏、梅、樱桃、李子等。

橘果：外果皮革质，并且有挥发性油囊，中果皮较疏松，内果皮向内卷成囊状，易于分离，其内果皮上的表皮毛肉质多浆，是食用的主要部分。是芸香料植物的果实特征，如柑、橘子、柠檬等。

（2）干果 果实成熟后果皮干燥。根据其果皮是否开裂，分为裂果和闭果两类。

裂果：果实成熟后果皮开裂。常见的有以下几种：

荚果，由 1 个心皮形成的果实，一室，果实成熟后沿背缝线和腹缝线开裂，如豌豆、大豆等，但也有不开裂的，如皂荚、刺槐。

角果，由 2 个心皮合生而成，其中间形成一假隔膜，它沿腹线开裂，种子着生在假隔膜上，如桂竹香、紫罗兰、二月兰等。

蒴果，是由多心皮形成的果实，一至多室，果实成熟时以各种不同的方式开裂，如百合、牵牛、丁香、紫薇、泡桐、石竹等。

蓇葖果，由 1 个心皮形成，果实成熟时沿一条缝线开裂，如飞燕草、牡丹、芍药。

闭果：果实成熟后果皮不开裂。常见的有以下几种：

瘦果，是由一至多心皮形成的果实，内含 1 粒种子。果皮与种皮分离，如向日葵、蒲公英等。

颖果，由 2～3 个心皮形成的，而且，果皮和种皮结合在一起不易分开，如竹子、菩提树及禾草类果实。

翅果，果皮延伸成翅。如榆、槭、臭椿、白蜡、枫杨等。

坚果，果皮坚硬。如板栗、麻栎等。

2. 聚合果

一朵花中有许多雌蕊，每个雌蕊形成一个果实，这些果实共同生长在一个花托上，叫做聚合果，如莲、草莓、牡丹、悬钩子、白玉兰等。

3. 聚花果（复果）

由整个花序形成一个果实叫聚花果，如菠萝、无花果、桑椹等。

第五节　植物的水分代谢

植物的一切正常生命活动，只有在一定的细胞水分含量的状况下才能进行，否则植物的正常生命活动就会受阻，甚至停顿。

植物一方面从环境中不断地吸收水分，以满足正常生命活动的需要；另一方面植物又不可避免地要丢失大量的水分到环境中去。这样就形成了植物水分代谢的三个过程：吸收水分、水分在植物体内的运输和水分的排出。

一、水在植物生活中的意义

（一）植物的含水量

水是植物的重要组成成分。不同植物的含水量有很大不同。如水生植物的含水量可达鲜重的90%以上。在干旱环境中生长的低等植物（地衣）则仅占6%左右。又如草本植物的含水量为70%～85%，木本植物的含水量稍低于草本植物。

同一种植物生长在不同的环境中，其含水量有差异；同一植株的不同器官或不同组织中含水量差异也较大。

（二）水在植物生活中的意义

1. 水分是原生质的重要成分

原生质的含水量一般在70%～90%，使原生质呈溶液状态，保证了代谢作用正常地进行。如果含水量减少，例如休眠的种子，原生质呈凝胶状态，生命活动就大大减弱。如果细胞失水过多，可能引起原生质破坏而导致死亡。

2. 水分是代谢过程的反应物质

在光合作用、呼吸作用、有机物的合成分解的过程中，都有水分子参加。

3. 水分是植物对物质的吸收和运输的良好溶剂

一般说来植物不能直接吸收固态的无机物和有机物，这些物质只有溶解在水里才能被植物吸收。同样各种物质在植物体内的运输也要溶在水中后才能进行。

4. 水分能保持植物的固有姿态

水分可使植物细胞及组织处于紧张状态，使植物枝叶挺立，便于充分接受光照和交换气体，同时也使花朵张开，有利于授粉。

5. 水分可以调节植物的体温

植物在散失水分时能降低体温避免体内温度由于日照而升高。

总之，水分在植物生命活动中起着十分重大的作用。因此，满足植物对水分的需要是植物体正常生存十分重要的条件。

二、植物根系对水分的吸收

根系是陆生植物吸水的主要器官，它从土壤中吸收大量的水分，满足植物体的需要。

（一）根系吸水的部位

植物有庞大的根系，但根系的吸水部位仅限于表面未木栓化的部分。吸收水分最旺盛的部位是幼嫩的根毛区。

根毛区成为吸水最旺盛部位的原因如下：

（1）根毛区有许多根毛，增大了吸收面积。一株栽培在大木箱中的冬黑麦，生长4个月后，其根和根毛总长度可超过10 000千米，总面积约为枝和叶总面积的130倍。

（2）根毛细胞壁的外部是由果胶质组成的，黏性大、亲水性强，有利于与土壤颗粒黏着和吸水。

（3）根毛区的输导组织发达，对水分移动的阻力小，所以根毛区吸水能力最强。

因此在移栽幼苗时应尽量避免损伤细根，否则容易引起植株萎蔫或死亡。

（二）根系吸水的动力

根系吸水有两种动力：根压和蒸腾拉力，后者较为重要。

1. 根压——主动吸水的动力

由于植物根系的生理活动而使流液从根部上升的压力叫作根压。

根压把根部的水分压到地上部分，土壤中的水分便不断地补充到根部，这就形成了根系的吸水过程。这种由根部形成的力量而引起的吸水过程称根系的主动吸水。

不同的植物其根压大小不同，一般不超过 1～2 个大气压[①]，树木及葡萄的根压较大。

根压的存在可由伤流和吐水这两种现象得到证明。

从植物茎的基部把茎切断，切口处不久即有液滴出现。这种从受伤或切断的植物组织处溢出液体的现象叫作伤流。流出的汁液是伤流液。

没有受伤的植物如处于土壤水分充足，天气潮湿的环境中，叶片尖端或边缘也有液体外泌的现象。这种从未受伤植物叶片尖端或边缘向外溢出液滴的现象称为吐水。吐水也是由于根压引起的。在自然条件下，当植物吸水大于蒸腾时（例如早晨、傍晚），往往可以看到吐水现象。吐水现象也可以作为根系生理活动的指标。

2. 蒸腾拉力——被动吸水的动力

叶片蒸腾时，气孔下腔附近的叶肉细胞因蒸腾失水而向旁边的细胞取得水分，如此传导下去，便导致向导管吸水，最后根就从环境吸收水分。这种吸水完全是由于蒸腾失水而产生的蒸腾拉力所引起的，是由枝叶形成的力量传到根部而引起的被动吸水。实验证明，蒸腾的枝叶可以通过被麻醉或死亡的根吸水，甚至没有根的切条也能吸水。

蒸腾拉力可达十几个大气压。植物的吸水主要是蒸腾吸水，只有在春季植物的叶片尚未展开时，蒸腾速率很低，此时根压引起的主动吸水才是主要的。

（三）土壤影响根系吸水的外界条件

外界条件中的大气因子可影响蒸腾速率，从而间接影响到根系的吸水。但土壤因子则可直接影响到根系吸水。

1. 土壤中可利用的水

土壤中的水分可分为重力水、毛细管水和吸湿水 3 种。

毛细管水及一部分重力水，可被植物根系吸收，其中以毛细管水为水分吸收的主要来源。而吸湿水被土粒紧紧地吸附着，不能被根部吸收。

---

① 1 标准大气压 = 101.325 千帕

在土壤含水量较高时，根系吸水顺利。所以，改良土壤，提高土壤中可利用水的含量及适时灌溉，是保证根系吸水的先决条件。

2. 土壤通气状况

试验证明，用二氧化碳处理根部，可使水稻和玉米幼苗的吸水量降低14% ~50% 。如果通以空气，则吸水量增加。土壤通气不良之所以使根系吸水量减少，是由于土壤中缺乏氧气和二氧化碳浓度过高，短期可使细胞呼吸减弱，影响根压，继而阻碍吸水。时间较长就形成无氧呼吸，产生和积累较多的酒精，根系中毒受伤，吸水更少，作物受涝，反而表现出缺水现象，也是因为土壤空气不足，影响吸水。

土壤中水分和空气的存在是矛盾的。团粒结构土壤可以克服这个矛盾。因为团粒土壤具有大小空隙，在大空隙里充满着空气，在小空隙里多半有水分，故可同时满足根系的需要。

3. 土壤温度

一般来说，在适当的温度范围内，土温和水温越高，根系吸水愈多。但土壤温度过高，加强根的老化过程，根的木质化部位几乎达到尖端，吸收面积减少，吸收速度也下降。土壤温度超过30℃或35℃时，柠檬、橙和葡萄根系吸水速度变慢。低温也能降低根的吸水速度。

另外，急剧降温对吸水的影响，要比逐渐降温大得多，这是因为急剧降温后，使根系吸收能力降低，满足不了地上部分蒸腾的需要。所以在炎热夏天的中午，不宜用冷水浇灌植物。

4. 土壤的溶液浓度

土壤溶液中含有一定的盐分，在一般的情况下，土壤溶液的浓度较低，根系可以从土壤中获得水分。但如果土壤溶液的浓度高于根系细胞液泡的浓度时，根系的吸水就困难了。例如盐碱地土壤不利于植物吸水，原因就在于此。

在施用化学肥料时不宜过量，特别是在粘质土壤中，以免根系因吸水困难，而产生“烧苗”现象。

三、植物体内水分的运输

（一）水分运输的途径

绝大部分陆生植物体内的水分运输途径可表示为：土壤中的水分→根毛→根的皮层→根的中柱鞘→根的导管→茎的导管→叶柄的导管→叶脉的导管→叶肉细胞→叶肉细胞间隙→气孔内室（气室）→气孔→空气中。

由此可见，土壤—植物—空气三者之间的水分是具有连续性的。

（二）水分沿导管或管胞上升的动力

目前认为水分沿导管或管胞上升的动力主要有2种：根压、蒸腾拉力。

1. 根压

根压能使水分沿导管上升，但根压一般不超过2个大气压，所以只能使水分上升20米左右。

2. 蒸腾拉力

在一般情况下，蒸腾拉力才是水分上升的主要动力。大树上端的蒸腾拉力可达十几个大气压，所以是水分上升的主要动力。蒸腾作用越强，失水越多，从导管及管胞拉水的力量也越强。

第六节　植物的矿质营养

除水分外，植物还需要各种矿质元素维持自己正常的生命活动。

存在于土壤中的矿物质被根系吸收进入体内，运输到需要的部位加以同化利用。这种植物对矿物质的吸收、转运和同化，称矿质营养。

由于矿物质对植物影响极大，而土壤往往不能满足植物需要，因此施肥成为提高作物产量和质量的主要措施。

一、植物的必需元素及其生理作用

（一）植物的必需元素

通过多种分析方法，进行化学分析，已经知道组成植物体的元素是很复杂的。它们以水分、有机物和矿物质3种状态存在着（图1-21）。

有机物占干物质的90%，主要包括碳、氢、氮、氧4种元素。

干物质经过充分燃烧后，剩下来的残留物质称为灰分。灰分中所含元素称为灰分元素，又称矿质元素。氮素虽不是灰分元素，但对植物来说，它也是以无机盐的形式从土壤中吸收而来的，所以也把氮素列入矿质元素中。

植物体内，灰分元素虽只占10%左右，但种类却十分复杂。目前在植物体中发现的元素至少有60种。

目前已确知植物的必需元素至少有16种。其中需要量大的元素有碳、氢、氧、氮、磷、钾、钙、镁、硫等，这些元素叫大量元素。需要量较少的有铁、硼、铜、锌、锰、氯、钼等叫微量元素。

从生理学的观点来看，植物的必需元素可分为3类：一类是植物由水中得到的元素——氢和氧；一类是由大气中获得的元素——碳；再一类是从土壤中获得的元素——氮和灰分元素。

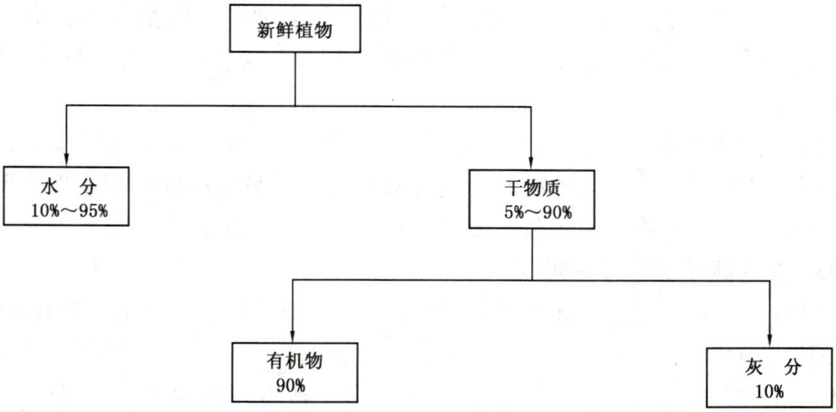

图1-21 植物体的成分构成

（二）必需元素的生理作用与缺乏症状

植物的必需元素的生理作用是多方面的。有些元素直接参与原生质或其他部分的构成，如氮是氨基酸、叶绿素和许多酶的组成元素之一，磷是核酸、磷脂等的重要组成元素，钙与果胶质生成的盐是细胞壁中胶层的主要成分，镁是叶绿素分子的组成元素等；有些元素则是酶的成分或酶的调节者等。

由于各种必需元素对植物具有特定的生理作用，因此，植物缺少某种元素时就会表现出特有的病症。例如植物缺氮时就会植株矮小、叶色变黄、干枯等。

二、矿质元素的吸收和运输

（一）矿质元素的吸收

1. 吸收矿质元素的部位

植物所需的矿质元素主要是从土壤中的无机盐中取得的，所以根系是主要的吸收器官。其中根毛区是根系吸收矿质的主要区域。深耕、施肥、除草等措施，可改善土壤环境条件，促进根的分枝和根毛的产生，对促进根对无机盐的吸收，具有重要意义。

2. 根系吸收矿质元素的原理

土壤中的无机盐要溶于水成为离子状态，才能被根部吸收。根系吸收矿质元素是一个复杂的生理过程，它包括被动吸收和主动吸收。

（1）被动吸收　当外界某种离子浓度大于根细胞内的浓度时，离子通过扩散作用的方式进入植物细胞，这种吸收不需要能量的供应，只靠细胞内外的浓度差进行。

（2）主动吸收　矿质离子通过离子交换的形式进入原生质的表面，然后与载体结合，进入原生质内部，这种吸收要靠呼吸作用提供能量来实现。

主动吸收是植物根系吸收矿质元素的一种主要形式。

3. 根对离子的选择性吸收

根对某些盐类的阴阳离子的吸收量是有区别的。例如，施用硫铵［$(NH_4)_2SO_4$］时，由于植物对氮的需要量大于硫，所以对阳离子（NH_4^+）的吸收量比阴离子（SO_4^{2-}）多，这样使很多没被吸收的阴离子（SO_4^{2-}）残留在土壤中，使土壤逐渐酸化呈酸性，因此，称硫铵为生理酸性盐。大多数铵盐属于生理酸性盐。供给植物硝酸钠（$NaNO_3$）或硝酸钙［$Ca(NO_3)_2$］时，植物吸收（NO_3^-）的量远较 Na^+ 或 Ca^{2+} 多，土壤溶液由于 Na^+ 或 Ca^{2+} 的存留渐渐碱化呈碱性，所以称之为生理碱性盐。大部分硝酸盐属于生理碱性盐。而硝酸铵（NH_4NO_3）这种盐由于植物对其阳离子和阴离子的吸收量几乎相等，故称为生理中性盐。

在实践中，我们应该注意肥性。生理酸性和碱性肥不宜长期单独施用，否则易使土壤过酸或过碱，对植物生长不利。

4. 影响根部吸收矿质元素的条件

（1）内部条件　植物的生活活动状况在一定程度上影响着物质的吸收，首先是根自身的扩展速度，范围及表面积大小，决定着其接触土壤养分数量的多少。其次，根的代谢强弱直接影响主动吸收的效率，此外根部生理活动分泌的酸可帮助溶解土壤中某些不溶物质，如 $CaCO_3$、$Ca_3(PO_4)_2$ 等使之被利用。

植物本身的浓度也影响着吸收，浓度大吸收慢。

（2）环境条件

土壤温度：在一定范围内，根对矿物质的吸收随温度的增加而加快，这是由于温度升高，根的呼吸作用加强，提供充足能量，使主动吸收加快。但温度过高、过低都不利于植物的吸收。

土壤通气：在一定范围内，氧气供应越好根系吸收矿质元素越多。土壤通气良好除增加氧气外，还有减少二氧化碳的作用。二氧化碳过多，必然抑制呼吸，影响盐类吸收和其他生理过程。

土壤溶液浓度：在土壤溶液浓度较低的情况下，随着溶液浓度的增高，根部吸收矿质元素的数量也增多，两者成正比。但在较高浓度的溶液中则矿质的吸收与溶液浓度便无紧密关系。当土壤溶液过高时，会影响根系吸水，造成植物烧伤，且造成肥料浪费。因此，施肥应做到“薄肥勤施”以利肥料的有效利用。

土壤酸碱度（pH 值）：土壤酸碱度能改变矿质盐类的溶解度，所以对矿质元素的吸收有很大影响。当土壤溶液碱性增高时，铁、铜、锌、钙、镁、磷的溶解度降低，从而吸收减少。当土壤溶液酸性增高时，能增大各种金属离子的溶解度，但易淋失，因此酸性土壤往往缺乏钾、钙、镁、磷等元素。另外，土壤酸碱度还会影响到微生物的活动。如在酸性土壤中，一些对土壤肥力有很大影响的微生物，如固氮菌、硝化细菌的活动会减弱，甚至停止活动。

5. 植物地上部分的吸收

植物除能用根从土壤中吸收营养元素之外，地上部分也能吸收矿质营养，这个过程称为根外营养（根外追肥即基于这一原理）。地上部分吸收矿物质的器官主要是叶片，所以也称为叶片营养。

根外追肥常用来解决一些靠土壤施肥不易解决的特殊问题。例如，植物速生期需肥量很大，而土壤中的肥料不能及时被吸收以及植物生长后期和根系受伤等造成根部吸收困难的情况下均可通过根外追肥来补充养料。另外有些元素易被土壤固定，特别是微量元素，可用叶面施肥的方法供给植物。例如，由于土壤酸性不足，常使可溶性二价铁离子氧化为不可溶的三价铁离子，使植物不能吸收。像杜鹃、山茶、栀子花、香樟等常因缺铁发生黄叶病。如对它们进行根外追肥、喷洒或涂抹 0.1% ~0.2% 的硫酸亚铁（$FeSO_4$）溶液，效果很好。根外追肥用量少，收效快，是生产上经常采用的施肥方式。

对植物进行根外追肥，应注意施用方法，施用浓度以及气候影响等与之相关的问题。

根外追肥的溶液浓度亦很重要，切忌过高，否则易烧伤植物。表 1-1 所列部分肥料施用浓度，可作参考，同时还应考虑植物种类、环境各种因素。

由于叶片只能吸收液体，如果溶液蒸发干，固体物质是不能透入叶片的，所以溶液在叶面上的时间越长，吸收矿物质的数量就越多。凡是影响液体蒸发的外界条件如风速、气温、大气湿度等都会影响叶片对营养元素的吸收量。因此，根外追肥的时间以傍晚或 16:00 以后较为理想。大风、干燥、炎热的天气不宜喷施。

表 1-1　部分肥料根外追肥使用浓度

肥料种类	喷施浓度（%）
硫酸铵	0.3～0.5
尿　素	0.1～0.3
过磷酸钙	0.5～1
磷酸二氢钾	0.1
硝酸钾	0.3～0.5
硫酸亚铁	0.1～0.2
硼　酸	0.025～0.1
硫酸锰	0.05～0.1
硫酸铜	0.01～0.5
硫酸锌	0.05～0.2

（二）矿质元素的运输和再利用

1. 矿质元素的运输

吸入根的矿物质，一部分存留在根内，大部分运输到其他部位。地上部分的吸收亦如此。

离子进入细胞后，可随原生质流动，并通过胞间连丝，从一个细胞进入另一个细胞，然后进入导管。

2. 离子的再利用

矿质元素进入植物地上部分后，有些元素（钾）仍呈离子状态；有些元素（氮、磷、镁）形成不稳定的化合物，不断分解，释放出的离子又转移到其他需要的器官去。这些元素便是参与循环的元素。另外有一些元素（硫、钙、铁、锰、硼）在细胞中呈难溶解的稳定化合物，特别是钙、铁、锰，所以它们是不能参与循环的元素。从同一物质在体内是否被反复利用的角度看，有些元素在体内能多次被利用，有些只能利用一次。参与循环的元素都能再利用，不参与循环的元素不能再利用（在体内被固定了）。参与循环的元素能从代谢较弱的部位运到代谢较强的部位。因此，大多分布于生长点和嫩叶等部分。同理，代谢旺盛的果实和地下藏贮器官也含较多元素。不参与循环的元素则相反。这些元素被植物地上部分吸收后即被固定而不能移动，所以器官越老含量越大。因此，植物缺乏某些必要元素最早表现病症的部位不同。凡是缺乏能再利用元素的生理病症如缺氮、磷，都发生在老叶；而缺乏不能再利用元素的生理病症，都出现在嫩叶如缺钙、铁等。

三、合理施肥的生理基础

植物生长需要矿质营养，当土壤中的矿质营养不断被植物吸收后，就会使养分逐渐不足，必须加以补充才可能使土壤维持肥力。因此，施肥是使植物生长良好的重要手段。

要做到合理施肥必须了解土壤结构特点和肥力，了解矿质元素对植物所起的生理功能，结合植物不同生育期的需肥特点，适时地、适量地施肥，才能做到少肥高效。

（一）植物的需肥规律

虽然各种植物都需要各种必需元素，但不同植物对各种肥料的需求量是不同的。园林植物中由于它们的用途不同，施肥的侧重点也不同。观叶植物如羽衣甘蓝、银边翠、红甜菜及各种以观叶为主的室内植物，就要多施氮肥，使之叶片鲜嫩、肥大。观花、观果植物特别是观果植物如金橘、佛手、石榴等，磷、钾肥要偏多，才能使植物早熟而早开花结果，同时也使花果颜色更加鲜艳。

同一植物在不同生育期对各种矿质元素的吸收量也不同。种子萌发期，一般不需从外界吸收肥料，幼苗期植物主要进行营养生长。此期要多施氮肥，肥要淡，次数要多；成苗后，植物将进入生殖生长，这时磷、钾肥要偏多施用。因此，在栽种苗木时，除施基肥外，还必须根据不同植物和不同生育期，对植物采用分期追肥法补施各种肥料。

（二）合理施肥的指标

植物的外在特征是很好的追肥指标。氮肥多，植株生长快、叶长而软；氮肥不足，生长慢、叶短而直，株型紧凑。

叶色也是一个很好的追肥指标。叶片是植物合成有机物的主要器官，叶色深的，叶绿素和氮的含量高；叶色浅的，两者含量都低。因此叶色可作为施用氮肥的依据。

目前，一般采用土壤分析和植物体营养分析的方法确定植物的营养状况，从而确定施肥措施。

（三）发挥和提高肥力的措施

1. 适当灌溉

肥水要适当配合，以水控肥，以肥济水。适时灌溉可以大大提高肥效。

另一方面，当施肥过多发生徒长趋势时，又可通过节制水分来抑制吸收。反过来，肥也可以济水的不足。肥料充足时，植物对水分利用较经济，而且也较抗旱。

2. 适当深耕

适当深耕使土壤容纳更多的水分和肥料。

3. 改善光照条件

施肥增产的原因主要是改善光合性能。因此，在施肥的同时，如能改善光照条件，效果必然更加显著。

4. 控制微生物的有害转化

土壤中相当大一部分氮素，通过硝化作用和反硝化作用，而白白地损失了。所谓硝化作用是指土壤中所存在的氨或其他氮化物，由硝化菌氨化成亚硝酸或硝酸的过程。反硝化作用是指土壤中的硝酸盐、亚硝酸盐通过微生物的作用转化为氮的过程。硝化作用和反硝化作用均是由于微生物的作用使氮肥转化而造成损失的。近年发现氮肥增效剂（硝化抑制剂）能抑制硝化作用，减少氮素损失，提高氮肥利用率。

复习题

1. 植物细胞由哪些部分组成？
2. 植物细胞的繁殖方式有哪几种？
3. 什么是植物组织？植物有哪些主要的组织？并说明其作用和分布。
4. 说明根、茎、叶的生理功能。
5. 说明根的种类和根系的类型。
6. 芽如何依着生位置、形态、结构及活动能力分类？
7. 说明枝条的种类并举例说明其分枝方式。
8. 茎依外部形态、习性及木质化分类各分哪几类？
9. 叶由哪几部分组成？何谓完全叶、不完全叶？
10. 何谓叶序？常见叶序有几种？分别说明其着生方式。
11. 以一、二种常见园林植物叶为例，从其叶形、叶缘、叶尖、叶茎、叶脉、叶质、叶色、叶的附属物等方面说明叶的形态。
12. 花是由哪些部分组成的？何谓完全花、不完全花？
13. 雌蕊和雄蕊各由哪几部分组成？
14. 什么是花序？什么是有限花序、无限花序？举例说明各有哪些类型。
15. 种子由哪几部分组成？

16. 果实可分哪几种类型？其中单果又包括哪些种类？
17. 说明水在植物生活中的意义。
18. 根系吸水的动力有哪几种？
19. 根系吸收矿质元素有哪两种形式？哪种是主要形式？
20. 影响根部吸收矿质营养的环境条件有哪些？

模拟测试题

一、填空题

1. 根据根的来源和发生部位不同，分为________、________和________。

2. 一片完全的叶是由________、________和________组成的。

3. 根据种子内子叶的数目，种子植物可分为三大类，即________、________和________。

二、选择题

1. 根系吸水的动力有2种，其中________是被动吸水的动力，是植物吸水的主要动力。

A. 根压　　B. 吐水　　C. 伤流　　D. 蒸腾拉力

2. 植物必需的营养元素分为大量元素和微量元素，全部为大量元素的是________。

A. 铁、锌、铜　B. 氮、镁、硫　C. 磷、钾、钼　D. 钙、锰、硼

3. 植物的花冠以形状不同分为整齐花冠和不整齐花冠，________组花均为整齐花冠。

A. 月季、桂花、石竹　　B. 二月兰、一串红、紫花地丁

C. 碧桃、槐树、泡桐　　D. 牵牛花、桔梗、紫藤

三、判断题

1. 植物的输导组织根据运输物质不同分为两大类，一类是运输营养物质的导管，另一类是运输水分及溶于水中物质的筛管。（　）

2. 花在花序轴上的排列次序成为花序，花序分为有限花序和无限花序两大类，总状花序和单歧聚伞花序均呈无限花序。（　）

3. 植物的茎依生长习性不同分为直立茎、匍匐茎、攀援茎和缠绕茎。（　）

四、简答题

1. 简述根吸收水分和矿质营养的主要部位和原因。

2. 什么叫根外营养？常用此法解决植物施肥中的哪些问题？

3. 植物细胞繁殖有哪几种方法？有丝分裂和减数分裂的区别及各有何意义？

模拟测试题答案

一、填空题

1. 主根、侧根、不定根

2. 叶片、叶柄、托叶

3. 单子叶植物、双子叶植物、多子叶植物

二、选择题

1. D　　2. B　　3. A

三、判断题

1. ×　　2. ×　　3. ✓

四、简答题

1. 答：根吸收水分和矿质营养的主要部位：根毛区。

原因：(1) 根毛区，根毛多，吸收面积大。(2) 根毛区，细胞壁外部由果胶组成，黏性大、亲水性强，利于与土壤颗粒黏着和吸水。(3) 根毛区输导组织发达，对水分移动阻力小，吸水能力强。

2. 答：植物除能用根从土壤中吸收营养外，地上部分也能吸收矿质营养，这个过程称为根外营养。

解决问题：(1) 植物速生期需肥量大，而土壤中的肥量不能及时被吸收。(2) 植物生长后期和根系受伤等造成根部吸收困难。(3) 有些元素易被土壤固定，特别是微量元素，可用叶面施肥的方法供给植物。

3. 答：植物细胞的繁殖方式有无丝分裂、有丝分裂和减数分裂 3 种。

有丝分裂是高等植物增殖的最普遍的一种分裂方式。有丝分裂的结果，由一个母细胞产生两个与母细胞在遗传性上完全相同的子细胞，子细胞的染色体数仍保持母细胞的染色体数为 $2n$，这就保持了物种特性不变。

减数分裂是植物在有性生殖过程中形成性细胞时进行的细胞分裂。减数分裂包括两次连续分裂，与有丝分裂基本相同，但染色体只复制一次。一个母细胞经过减数分裂后形成 4 个子细胞，其染色体数量是母细胞的一半，故称为单倍体，细胞内的染色体数量为 n 个。减数分裂具重要意义，因为性细胞是单倍体，受精后的合子又恢复了二倍体。且在减数分裂过程中染色体有片断交换，使物种产生变异性。

第二章

土壤肥料

本章提要：介绍土壤与土壤肥力、土壤的物质组成、土壤质地、土壤溶液与酸碱度等基本概念以及它们与园林植物之间的关系。另外还阐述了肥料的概念、有机肥与无机肥等常用种类、特性与使用方法等知识。

学习目的：了解土壤和肥料的基本知识，掌握土壤和肥料的主要种类及其重要特性，能科学地使用肥料。

第一节　土　壤

一、土壤肥料学在园林植物生产中的重要性

城市绿化最基本的物质是土壤。各种花草树木都要生长在土壤里，土壤供给植物生长所需要的水分、养分、空气、温度。

种类繁多的园林植物，对土壤的要求各不相同：如雪松要求土质疏松；而柳树却能在水湿的河边生长；水杉耐湿不耐盐碱；泡桐耐盐碱却不耐水湿；有些花卉喜酸性土（如杜鹃、茶花、栀子等）；有些在石灰性土中也能生长良好（如菊花、牡丹、月季等）；水仙耐水湿，仙人掌耐干旱。另外自然界的土壤也是各种各样。如土质有砂、有黏；土性有酸、有碱。园林工作者必须具备土壤肥料学的知识，以便根据园林植物本身的特性，把它们种在适宜的土壤上，这叫适地适树。有时，根据园林设计的美学要求、设计施工的树种并不适合当地的土壤，就要用改良土质或换土的办法解决。但是究竟如何改土，换哪种土壤更适应花木的习性，这些都需要园林工作者具备一定的土肥知识。以往栽植实践中，由于土壤不适合而使花木生长不良的事例时有发生，这些应该引起足够的重视。

土壤肥料学与植物学、植物生理学等一样，是园林植物栽培、养护的基础学科。为搞好城市绿化，应该学好土壤肥料学。

二、土壤与土壤肥力的概念

1. 土壤

它是地球陆地表面能够生长植物的疏松表层。陆地表层的岩石矿物，经自然界风吹、日晒、流水侵蚀等物理风化、化学风化、生物风化的作用，由大块碎成小块，再进一步粉碎成颗粒，就成了陆地疏松表层土壤。

2. 土壤肥力

即土壤有不断地供给植物生长发育所需要的水分、养分、空气和热量的能力。土壤具有这种能力才能使植物生长。土壤肥力是土壤的物理、化学和生物特性的综合表现。由母质、气候、生物、时间等自然因素形成的肥力，称为自然肥力；由耕作、施肥、灌溉、排水、土壤改良等人为因素形成的肥力，称为人为肥力。这两种肥力能为植物利用的，称有效肥力或经济肥力。

三、土壤的物质组成

土壤是由固相、液相、气相3类物质组成。固相物质的体积约占土壤总体积的50%。其中岩石矿物风化后形成的土壤矿物质占土壤固体部分重量的95%，还有5%左右的有机质，另有一些微生物及活的小动物。气相（空气）和液相（水分）占据在土壤孔隙里，约占土壤总体积的50%。空气多，水分就少；反之，水分多，空气就少。土壤由多种固相物质组成。土壤固相物质组成介绍如下。

（一）土壤矿物质

我们肉眼能见的一颗颗小土粒，绝大部分是自然界的岩石，多年来经物理风化、化学风化、生物风化形成的碎粒。所谓矿物就是天然的元素或化合物，如金、银、铜、铁、石灰、石膏等，各种异常繁多。与土壤组成最有关的是以下几类：

（1）长石　它是地壳中分布最广的矿物，化学成分为钠、钾、钙、铝、硅酸盐，如正长石、钠长石等。颜色白色或肉红色。长石风化后成为黏粒、释放出碳酸钾，是土壤中钾素的主要来源。

（2）辉石和角闪石　暗色矿物，一般为黑绿色，风化成褐铁矿及黏粒等。

（3）云母类　分黑、白2种。黑云母风化后的物质含铁素多，白云母则含有丰富的钾素。风化后形成黏粒。

（4）石英　在地壳中分布很广，化学成分为二氧化硅，一般为无色或乳白色、风化后成为土壤中的砂粒。

(5) 方解石 ($CaCO_3$) 多为乳白色或杂色，在土壤中常和碳酸反应生成重碳酸钙而进入地下水随水流失，是土壤中碳酸盐的主要来源。由方解石组成大理石（俗名汉白玉）和石灰石（可烧石灰）。

(6) 磷灰石 为土壤中矿质磷素的主要来源。矿物中含磷 (P_2O_5) 超过 20% 以上的即可制造过磷酸钙，或粉碎成磷矿粉肥料。

含各种元素的矿物在自然界中很少单独存在，都是几种矿物集合成岩石。在地壳中常见的岩石有花岗岩（含有正长石、石英、云母及角闪石等矿物）、闪长岩（以钠长石为主，另有角闪石、黑云母）、玄武岩（颜色深暗，主要由斜长石、辉石及橄榄石组成，风化物较黏），此外，还有砂岩（大部分是石英颗粒黏结而成）、页岩（黏土经压实脱水和胶结作用硬化而成）、石灰岩（由方解石组成）。

岩石矿物的种类和土壤的理化性质关系密切，如影响到土壤质地、土壤酸碱度、土壤养分含量等。

（二）土壤有机质

土壤有机质的含量虽较少，但它的作用很大，是土壤组成的重要部分。有机质来源于动、植物残体及其排泄物，其中所含有机成分主要是碳水化合物和蛋白质、树脂、蜡、单宁、灰分等。其化学成分主要是碳（C）、氢（H）、氧（O）、氮（N）、硫（S）、磷（P）。此外，还有钾（K）、钠（Na）、钙（Ca）、镁（Mg）、铁（Fe）、硅（Si）和其他微量元素。土壤有机质经微生物分解后又重新合成的黑色有机化合物，称土壤腐殖质。土壤腐殖质是土壤有机质的主要类型，约占土壤有机质的 85% ~90% 。土壤有机质含量越高，土壤颜色越黑，土壤越肥沃。

（三）土壤微生物

土壤微生物是活的有机体。它是肉眼看不见的微小生物，在土中数量很多，1 克土中可达几千万到几十亿个。这些微生物的作用是转化土壤养分。它们的种类很多，与花木生长相关的有下列几种。

1. 细菌

细菌中的腐生细菌靠分解有机物质获得能量，维持生命。它对养分转化的作用最大。它们要求有适宜的水分和温度。根据对空气要求，可分为：

(1) 嫌气性细菌 是在缺乏氧气的环境时分解有机质。

(2) 好气性细菌 是在氧气充分的环境里分解有机质。

2. 真菌

一般是好气的，在通气良好的酸性土壤中，是有机质转化的主力。在表土最为活跃。有许多真菌发育在高等植物的根部表面，或是伸入根的组织内部形成菌根，这些真菌统称菌根菌。菌根可帮助植物根吸收土壤养分。在农、林业生产上，为了提高苗木成活率和使它们生长健壮，最好让幼苗根部有菌根。

3. 放线菌

在土壤中的数量比细菌少，但它很耐干旱。如果土壤中水分过少，细菌无法生活而放线菌却生长得很好。放线菌也能分解土壤有机质。

4. 藻类与原生动物（略）

（四）活的小动物

土壤中的小动物很多，起作用最大的是蚯蚓。蚯蚓在土壤中活动翻动土壤，夜间将土面的植物残体拖入土穴中，与土壤一起吞食，把泥土质的球形蚯蚓粪排出土穴洞外。蚯蚓粪是上等优质肥料。将蚯蚓粪与砂土混合，可做苗圃花圃的肥料。

四、土壤质地

土壤固相部分是由大小不同矿物质颗粒组成。颗粒大小悬殊很大。如砂粒、粉砂粒、黏粒等。土壤质地就是土壤中粗细不同的土粒所占不同数量的百分比的组合。

（一）土壤颗粒分级

土粒大小不同，成分和性质也不同。根据土粒大小划分若干组，同组土粒成分、性质基本一致。根据原苏联卡庆斯基土粒分级标准：粒径凡大于1毫米颗粒为石砾，粒径小于1毫米大于0.01毫米的颗粒称为物理性砂粒。小于0.01毫米的颗粒称为物理性黏粒。

1. 砂粒

透水透气性好，无干缩湿胀性质，保水、保肥力弱，呈分散状态，不易形成团聚体。

2. 黏粒

具有胶体性质，物理化学性质活泼，有巨大表面能、带负电荷，能吸附土壤溶液中的阳离子，有很强的吸水、吸肥能力，有湿胀干缩性质。

（二）土壤质地分类

土壤质地分类方案很多，我国目前生产上应用苏联卡庆斯基的简化土壤质地分类方案，即根据物理性砂粒与物理性黏粒的含量划分为砂土、砂壤土、轻壤土、中壤土、重壤土和黏土6种土壤质地（表2-1）。

表2-1　土壤质地分类

种类	物理性黏粒（%）	物理性砂粒（%）
砂　土	0～10	100～90
砂壤土	10～20	90～80
轻壤土	20～30	80～70
中壤土	30～45	70～55
重壤土	45～60	55～40
黏　土	>60	<40

（三）土壤质地与肥力的关系

土壤质地影响土壤的物理和化学性质，生物化学性质。因此也影响土壤肥力的发展。现将质地影响肥力情况介绍如下。

1. 砂质土

主要成分为石英（SiO_2），土粒粗，大孔隙多，养分少，早春升温快，通气透水性好，保水保肥能力差。在施化肥时，砂土要少施勤施。在利用上注意选耐旱耐贫瘠树种，如油松等一些针叶树，还有杨树、刺槐、合欢、山楂、海棠、香椿等。腐殖质含量低，肥力低，适于作盆栽和扦插土。改良土壤时，多施有机肥料。掺施黏土、塘泥等改变土壤砂性。

2. 黏质土

黏土含矿物养分丰富。不仅钾、钙、镁等养分多，含氮量也比砂粒多。土粒间隙小保肥蓄水能力强，但透气性差，紧实板结，土壤昼夜温差小，湿时也可种垂柳、法桐、青桐、冬青、板栗等树种。

黏土的改良应从提高土壤的通透性着手，施用有机绿肥，深耕晒垡，客土掺砂，调整土壤质地。城市填充土壤亦有此类性质，应采取上述相应改良措施。

3. 壤质土

兼有砂、黏土的优点。克服砂、黏土的缺点，即有一定数量的大孔隙，还有相当多的毛管孔隙，所以通气透水性良好，保水保肥性强。水肥气热状况比较协调是理想的土壤质地，有利于植物扎根和生长发育及土壤的田间管理。

五、土壤溶液与土壤酸碱性

（一）土壤溶液

土壤中的可溶性物质溶于水中，成为土壤溶液。

除各种无机盐类外，土壤溶液中还包括可溶性有机物（简单的蛋白质、糖类等）。

土壤溶液的浓度一般为200～1000μL/L。如施肥量过大或盐碱土中土壤溶液浓度过大，总盐分大于0.2%，会造成植物死亡。追肥时应特别注意要测土施肥。

（二）土壤酸碱性

1. 表示方法

土壤酸碱性用pH值表示。一般pH=6.5～7.5呈中性，pH<6.5呈酸性，pH>7.5呈碱性。

土壤的水分及溶解在水中的物质组成土壤溶液，土壤溶液的成分很复杂，含有多种无机盐及有机化合物、胶体和氧气、二氧化碳等气体。

土壤溶液酸碱性不同。我国的土壤类型繁多，各类土壤的酸碱性差异很大，如黑龙江松花江流域的土壤表土pH值在5.5～6.5，河北、山东土壤pH值多在7～8，河西走廊8～9，长江以南各地土壤pH值<7，多为酸性。

根据我国土壤的情况将土壤酸碱性分为5级（表2-2）。

表2-2　土壤酸碱性分级

pH值	<5.0	5.0～6.5	6.5～7.5	7.5～8.5	>8.5
酸碱性	强酸性	酸性	中性	碱性	强碱性

2. 测定土壤pH值的方法

用广泛围的pH试纸测定。试纸盒上有14种颜色表示pH标准色板。取5克被测土壤样品放入50毫升的烧杯中，用量筒取25毫升蒸馏水（或者煮沸后的凉水）放入加土样的烧杯中，搅拌1分钟后静止1分钟，过滤下的清液为待测液。撕下一条试纸，蘸一点待测溶液，试纸很快显色。把它与比色板上颜色对照，找出相同颜色，立即可知道被测土壤的pH值。pH值越小，酸度越强。

第二节　肥　料

一、肥料概述

（一）肥料的概念和种类

凡是施入土壤中或喷洒于花木的地上部分（根外追肥），能直接或间接供给植物养分、提高花木质量、改良花木土壤的理化性状和肥力的物质，都称肥料。常用肥料种类见表 2-3。

表 2-3　常见肥料种类

有机肥料	人粪尿，家禽、家畜类粪尿等 堆肥、饼肥 腐殖酸类肥料
无机肥料	氮肥：硫铵、硝铵、尿素 磷肥：过磷酸钙、磷矿粉 钾肥：硫酸钾、氯化钾 复合肥料：磷酸二氢钾、磷酸铵、钼酸铵 微量元素肥料：硫酸亚铁、硫酸锌、硼砂、硼酸
微生物肥料	根瘤菌、固氮菌、菌根菌

（二）花木施肥的意义

施肥合理能使花木幼苗生长茁壮，提高合格苗的产量，定植后成活率高，生长速度快。盆栽花木因根系营养容积有限，不施肥花木不能正常生长、开花。城区绿地树木也应施肥，施肥可提高土壤肥力。因城区土地大多坚硬、紧实、通气性差，土壤中有机质含量少，营养元素缺乏。树木常因土壤缺乏肥力而出现枯梢、秃顶、黄叶等现象，施肥可提高土壤肥力，增强树木生长势，使树木枝叶旺盛。

（三）合理施肥的方式方法

园林植物种类繁多，包括乔灌木、花卉、草坪、树桩盆景等。有多年生也有 1 年生的。施肥应根据不同植物、不同生长发育阶段来定。按施肥期不同，肥料可分基肥、追肥、种肥等。

1. 基肥

又称底肥，是为满足植物整个生长发育期对养分的要求。结合整地、定植或上盆、换盆时施入的肥料。基肥应多施含有机质多的迟效肥（肥效发挥得缓慢）。一般以有机肥为主。有机肥可以改良土壤结构，提高土壤肥力。

2. 追肥

在植物生长期间施入肥料的方法叫追肥。目的是解决植物不同发育阶段对养分的要求，补充土壤对植物养分的供应。应以施速效性肥料化肥为主。

3. 种肥

在苗木播种或移植时施入的肥料。目的是供给林木生长初期所需养分，应以速效性肥料为主。种肥，肥细而精，无病虫害，充分腐热，供应稳定，含营养元素多。

4. 根外追肥

在植物生长季节，根据植物生长情况，将配好的营养液喷洒在植物体叶面上，植物叶表皮及气孔将其养分吸收，称为根外追肥。注意：以喷叶背面为好，中午不要喷。如用硫酸亚铁溶液喷洒叶面，可缓解不少花木的黄化病。

根据肥料的供应情况和土壤的肥沃程度，植物对肥料的需要情况采用不同的施肥手段，具体施肥方法有撒施、沟施、穴施、条施、环状施肥等。以上方法均是将肥施入后用土覆盖为好。另外注意树木施肥范围，要在树冠投影周围均匀将肥料施入土中，以提高肥效。

二、无机肥料

凡是用化学方法合成的或者是开采矿石经加工精制而成的肥料，称化学肥料，又称无机肥料，简称化肥。

（一）无机肥料的特征

（1）无机肥料养分含量高　如 0.5 千克硫铵所含氮素相当于人粪尿 15 ~ 20 千克，0.5 千克过磷酸钙所含的磷素相当于厩肥 30 ~ 40 千克。

（2）无机肥养分单纯　一般化肥只含一种或几种营养元素，便于根据植物及土壤情况选择使用。

（3）无机肥肥效快，持续时间短　多数化肥易溶于水，施入土壤后很快被植物吸收利用。显出肥效，但肥效不如有机肥持久。

（4）有酸碱反应　主要是肥料经植物选择吸收后产生了酸碱反应，称为生理酸性肥或生理碱性肥。如硫酸铵，植物主要吸收铵离子，余下硫酸根离子与氢离子结合生成硫酸，增加土壤溶液的酸性。

（5）长期使用化肥使土壤板结　造成土壤盐渍化，破坏土壤结构。因此，应配合施用有机肥，以利于恢复地力。

（6）使用方便　化肥体积小，养分含量高，运输和使用方便，但价格贵。另外化肥贮存时要注意防潮结块，造成养分消耗，施肥时困难。

（二）无机肥料种类

无机肥料包括氮肥、磷肥、钾肥、复合肥料、微量元素肥料等。

1. 氮肥

包括铵态氮肥、硝态氮肥和尿素。氮肥除铵态氮肥中的氨水为淡黄色液体外，其他都是白色结晶颗粒。

（1）铵态氮肥　即肥料成分中都有铵离子（NH_4^+），如氨水、硫酸铵、氯化铵等。它们的共同特点是：易溶于水，可及时供给植物需要的氮素。遇碱性物质可分解出氨气来，氨气易挥发，损失掉氮素。移动性小，被土壤胶体吸附后，不易随水流失。

硫铵是生理酸性肥料，一般是石灰性土壤中，长期、大量施用硫铵，产生硫酸钙细粒，会使土壤板结。

（2）硝态氮肥　在肥料成分中都有硝酸根离子。主要有硝酸铵、硝酸钾、硝酸钙等。它们的共同特性是：吸湿性强，在潮湿的空气里，硝酸态氮肥会潮解，要防潮。移动性强，硝态氮肥中的硝酸根离子，不能被土壤胶粒吸附，易随降水或灌溉水流失。最好不用硝态氮肥做基肥，也不要在雨季或砂质土中施用。硝态氮肥有助燃性，贮藏运输时不要和易燃品放在一起。

（3）尿素　属酰胺态氮肥，是固体氮肥中含氮量最高的肥料。尿素易溶于水，在土壤中移动性大，容易流失。尿素施在土壤中，要经过一段时间的转化，一般为 7 ~ 10 天，温度高时，转化时间缩短。在此期间，尿素转化为碳酸铵，遇水汽进一步分解成碳酸氢铵后，植物才能吸收。

尿素适于根外追肥，苗木喷洒尿素适宜浓度为 0.1% ~0.5% 。尿素不宜做浸种、拌种用。

2. 磷肥

（1）水溶性磷肥主要是过磷酸钙，水溶液呈酸性反应，由于含有大量石膏，适用于碱性土中。速效磷在土壤中是不稳定的。经常发生变化变成植物难利用的磷酸盐，在酸性土壤中，速效磷与 Fe^{3+} 、Al^{3+} 作用生成磷酸钙和磷酸铝的沉淀。在石灰性土壤中，速效磷与土壤中钙结合成难溶性的物质，降低了过磷酸钙的有效性，这称为磷的固定。所以要集中施用（条施或穴施），或是与有机肥以 1:2 或者 1:4 混合，制成颗粒肥料。再有就是以 1% 或 2% 的浓度配成溶液喷洒在苗木叶子上。

（2）弱酸溶磷肥　如钙镁磷肥，只溶于弱酸中。

（3）难溶性磷肥　如磷矿粉、骨粉。

后两种磷肥适合酸性土壤中，如南方种花，盆底铺的基肥，就是粗骨粉（含磷 20% 左右和 3% ~5% 的氮素）。

3. 钾肥

主要是硫酸钾和氯化钾，都是生理酸性肥料，都能溶于水。但在盐碱性土壤中不要用氯化钾。

草木灰是植物体燃烧后残留的灰分。内含钾、磷、钙、镁、硫、铁等多种元素，以钙最多，钾次之，可算做钾肥，以水溶性钾为主，是碱性反应。不适于盐碱土，也不宜于与铵态氮混合。施用草木灰时为防止被风吹散，可加 2 ~3 倍湿土拌和。

4. 微量元素肥料

一般情况，土壤中所含微量元素完全可满足植物的需要，不需要施用微量元素肥料，但在不良的土壤条件下，不少微量元素成为不溶状态，植物无法利用会出现缺素症，这时就需要补充微量元素。微量元素肥料主要有：

（1）硼肥　硼砂或硼酸。皆为白色结晶粉末，最好用于根外追肥。用浓度 0.1% ~0.2% 溶液喷于叶面。

（2）铁肥　硫酸亚铁。由于铁肥施入石灰性土壤中很快变成难溶性化合物，植物不能吸收，最好不要把铁肥直接施在土表，而是将硫酸亚铁配成 0.2% ~0.5% 的溶液，喷施在叶面上。每隔 15 天喷施一次，连续喷数次可使失绿的叶片复绿。

此外还有锰肥、锌肥、钼肥、铜肥。

5. 复合肥料

现在世界先进国家化肥多向复合肥料方向发展。凡是含有氮、磷、钾等营养元素中 2 种以上成分的化学肥料都称为复合肥料。如硝酸钾（含钾和氮素）、氨化过磷酸钙（含氮和磷素）、磷酸铵（含磷和氮素）等。

除此还有氮、磷、钾三元复合肥料。其中各营养元素的含量习惯用 $N-P_2O_5-K_2O$ 相应的百分含量来表示。如 12 –24 –12 即表示含氮 12%，含磷 24%，含钾 12%。

复合肥料有以下优点：

（1）含多种营养元素，有效成分高，施用方便。

（2）养分分布均匀，每株植物都可吸收均匀浓度的养分。

（3）无用的副成分含量很少，减少对植物和土壤的不良影响。

（4）生产成本降低，施用时节省劳力。

市场上销售的花肥片、颗粒肥等都属复合肥料。

三、有机肥料

有机肥料是指含有丰富的有机质的肥料，一般是动植物的残体和动物的排泄物，由农民自己在当地种植、收集、堆制而成，所以习惯上称农家肥料。

（一）有机肥料特性

（1）有机肥料中所含营养物质多是有机状态的，植物不能直接吸收，一定要经过微生物的分解才能转化成可溶解的养分。所以施有机肥后，虽肥效缓慢，但肥效持续时间长，有的不仅当年有效，也有较长的后效。

（2）有机肥中有大量腐殖质，营养全面。它能吸附土壤中的钾、钠、铵、镁、钙等养分，使这些营养元素不会被水淋失。腐殖质中的腐殖酸和腐殖酸盐可以形成缓冲溶液，减弱因施化肥而引起的土壤酸碱变化，有助于各种促酵作用，保证植物有正常的生长环境条件。

（3）有机肥料中的腐殖质，可以促土粒形成团聚体，增加土壤孔隙。团聚体多的土壤土温高，水、气相均良好，也有利于养分的转化。所以说有机肥有改良土壤理化性质的作用。

（4）多数有机肥要在施用前经过腐熟，才能施入土中。有机肥腐熟的作用是：在腐熟过程中，有机态养分分解，植物才能吸收利用。有机肥在腐熟过程中产生高温，能消灭潜藏在肥料中的病菌虫卵、杂草种籽。若施未腐熟的肥料入土，因腐熟而产生的高温，有机酸与氨气会烧坏幼苗。厩肥、堆肥等腐熟后由硬变软，质地由不均变为均匀，更利于施用。

（二）园林植物常用的有机肥料

1. 人粪尿

人粪尿是以氮为主的完全肥料。1 个成年人 1 年可排泄人粪尿 790 千克，（其中人粪 90 千克，人尿 700 千克）折合 4 ~ 4. 5 千克氮，1 个人 1 年的粪尿均可施肥一亩①地。

① 1 亩 =0. 0667 公顷。

人粪的组成中有水分 70% ~80%，有机质 20%，主要是纤维、蜡脂、蛋白质、氨基酸、酶等，另有 5% 的灰分和磷酸盐、氯化物以及钙、镁、钾、钠等盐类，还有大量微生物及寄生虫卵。人尿的组成中有水 90%，另有水溶性有机物和无机盐约 5%，其主要成分是尿素、氯化钠。

2. 家畜粪尿与厩肥

牲畜粪尿是富含有机质和多种营养成分的完全肥料。厩肥就是以牲畜粪尿为主混以各种垫圈材料积制而成的肥料。

牲畜粪的养分含量各有不同，以羊粪中的氮、磷、钾含量最多，猪粪、马粪次之，牛粪最少。另外牲畜粪的粪质粗细和含水量多少不同，如牛粪含水量多，通气性差，分解缓慢，发酵温度低，肥效迟缓，称为冷性肥料。马粪中纤维素高，粪的质地粗，疏松多孔，水分含量少，同时粪中含有大量的高温纤维素分解菌，能促进纤维素分解发出的热量多腐熟快，称热性肥料，可做温床的酿热材料。在制造堆肥时加入适量马粪可促进堆肥腐熟。猪粪性质柔和，后劲长，含较多磷、钾元素。南方习惯用猪粪施在桂花上，利于开花。

3. 堆肥

堆肥是利用城市园林垃圾、氮肥等主要原料堆积而成。堆积过程以好气性微生物分解为主，发酵时产生高温。微生物越活跃，堆肥腐熟得越快、越好。微生物活动需要有水分、空气，温度、堆肥材料的碳氮比（C/N），以及微生物所处环境的酸碱度等。堆肥时应该尽量满足微生物的需要，以使微生物活跃。

4. 绿肥

凡是把正在生长的绿色植物直接耕翻入土或是割下后，运往另一块当做肥料翻入土中的都叫绿肥。适于在北京栽种的如田菁、沙打旺、草木犀、紫花苜蓿、紫穗槐等。

绿肥对土壤有改良作用。因绿肥产量大，有机质丰富，尤其是豆科绿肥，如紫穗槐、紫花苜蓿等能固定空气的氮素，可增加土壤的含氮量。绿肥根系深，可以吸收土壤深层中的养分，待绿肥翻压后，可使表层土壤养分丰富起来。

绿肥的使用方法，栽培绿肥最好在盛花期稍前的时期内利用，因为这时鲜物质增长量最高，茎叶中的养分含量最多，而且组织尚幼嫩，易分解。当然，也要考虑苗木的播种时期，适当提前施入。栽养绿肥可以收割运出或就地耕翻，埋入土中。埋入的深度要浅（一般为 7 ~10 厘米），但盖土要严，否则绿肥分解慢，而且易漏风保墒，埋后要耕地和镇压。新鲜绿肥在土壤中腐烂需要 15 天左右。苗圃施绿肥后 2 周，可进行播种或移栽。

苗圃中栽培绿肥的方式，有轮作、间作等。在有条件的地方，苗圃地可分面在三四年内安排种植一次绿肥或豆科农作物（如大豆、蚕豆等），对于增加土壤有机质、改良土壤结构有一定的效果。特别是在盐碱土地区的苗圃，种植田菁对改良土壤有较大作用。有时在苗床边上间种一些绿肥或豆科农作物，能起遮荫作用。在园林生产中可用来栽种绿肥的地方很多，如荒坡、隙地、湖面、水边、池塘、河岸等都可发展利用种植绿肥。

5. 饼肥及糟渣肥

饼肥是油料作物的种籽榨油后剩下的残渣，主要有大豆饼、棉籽饼、菜籽饼、茶籽饼、花生饼等。饼肥含氮量高，是优质的有机肥。但饼肥中的氮、磷为有机态，不能直接供给植物利用。只有经过腐熟被微生物分解后才能使植物吸收。由于饼肥的碳氮比小，分解速度快，很容易发挥肥效。

苗圃用饼肥做追肥时，事先要充分粉碎。施用时要拌入少量农药，以免招引地下害虫。要适当早施，并与幼苗保持一定距离，以防止饼肥分解发酵时产生的热量灼伤幼苗。

主要饼肥中肥料三要素的平均含量见表 2-4。

表 2-4　主要饼肥中肥料三要素的平均含量

种　类	N（%）	P_2O_5（%）	K_2O（%）
大豆饼	7.00	1.32	2.13
棉籽饼	3.41	1.68	0.97
菜籽饼	4.60	2.48	1.40
茶籽饼	1.11	0.37	1.23
桐籽饼	3.60	1.30	1.30
柏籽饼	5.16	1.39	1.19

糟渣肥，有些农产品加工中产生的各种糟渣，含有不同数量的养分，有的可直接做肥料。如花卉业常用芝麻酱渣做基肥或追肥，含氮量 6.59%，含磷 3.30%，含钾 1.30%，有很高的肥效。其他像可可壳、咖啡渣、麦芽渣、饴糖渣、甘蔗渣等也都含有一定养分。

糟渣肥多属迟效肥，需经发酵或与厩肥一起堆沤后再施用。为了提高肥效，应集中沟施、穴施，施后覆土。

6. 家禽类粪肥

家禽粪是指鸡、鸭、鹅、鸽粪等。家禽粪的性质和养分含量与家畜粪尿有所不同，家禽粪中氮、磷、钾的含量比各种家畜粪尿都高。因家禽饮水少，各种养分的浓度也较高。其中以鸡、鸽粪养分含量最高，而鹅、鸭粪的含量较低。

禽粪一般多作基肥施用，腐熟良好的，也可作追肥施用。

禽类粪肥养分含量见表 2-5。

表 2-5　新鲜家禽类粪肥养分含量

种　类	水分（%）	有机物（%）	N（%）	P_2O_5（%）	K_2O（%）
鸡粪	50.0	25.5	1.67	1.54	0.85
鸭粪	56.6	26.2	1.10	1.40	0.62
鹅粪	77.1	23.4	0.55	0.50	0.95
鸽粪	51.0	30.8	1.76	1.78	1.00

7. 腐殖酸类肥料

草炭又称泥炭或泥煤，它是一种矿物质不超过 50%（干基计算）的可燃性有机矿物。新鲜草炭颜色呈棕褐色。在自然状态下含水很高，分解较浅的泥炭，保留有植物残体，呈纤维状，肉眼看出疏松的结构，分解较深的泥炭呈可塑状。

近十几年，为了合理地利用泥炭、褐煤、风化煤这些宝贵的资源，生产出多种腐殖酸类肥料，例如腐殖酸及盐类、硝基腐殖酸及盐类等。这些产品已在农业、畜牧业、医学、园林多方面广泛应用，取得很好的效益。用提纯腐殖酸和无机氮肥、磷肥、钾肥制做的有机、无机复合花肥，效果明显好，根系繁多，花好量大、叶片明显增厚色绿，是理想的园林肥料。施用黄腐酸二铵铁对防治树木黄化病效果胜过硫酸亚铁。

8. 泥肥

河、塘、沟、湖中的淤泥统称泥肥。它是由风、雨带来的地表细土、无机盐、污物枯枝叶等汇集于河、沟、塘、湖底部，再加上水生动物的排泄物及遗体，水生植物的残体，经长期嫌气性分解而成。

各种泥肥肥效不同，如果淤泥水面发黑绿色，味臭，淤泥有很多蜂窝状孔穴，看不见植物茎叶的痕迹，体积较轻的肥效高；相反，如果水面清亮，挖出泥块颜色灰白，结构紧密，没有蜂窝状孔穴的肥效较差。

泥肥为迟效性肥料，肥效长而稳定，苗圃常用它做基肥，施用量很大。它不仅可以供给植物养分，而且可改善土壤物理性质增厚耕作层，是很好的改土肥料。

泥肥属冷性肥料，为了使泥肥养分迅速转化和消除因长期在嫌气条件下所产生的还原有毒物质，施用前先将挖出的泥肥铺开，晾晒一段时间后，再打碎施用。

9. 杂肥

杂肥指的是骨灰、兽蹄、兽角、鱼粕、烟筒灰等。

骨灰含较多磷素，全磷量可超过20%，但多属难溶性磷，适合施在酸性土壤中，如观花和杂木类苗木。可用骨灰做基肥，或将骨灰和水按1∶10比例配成骨灰液肥浇施。施量以每月2~3次为宜。

蹄、角类为高氮肥料，含氮量可达10%~14%。氮素为复杂的蛋白形态，不易分解，可将蹄角泡水后埋入土中做花木基肥，或泡发腐熟后，取其清液，兑水浇施。

烟筒灰是工厂烟筒扫下来黑粉。其中除游离碳素外，含氮量较高，有的可达3.5%，大部分为速效的铵态氮，质轻，吸热性较强，利用它提高土温。

复习题

1. 从事园林工作，学习土壤肥料学的意义有哪些?
2. 土壤和土壤肥力的概念是什么?
3. 土壤的三相物质组成是什么? 它们之间的比例关系是什么?
4. 土壤固相物质组成包括的四相? 其中微生物包括的内容是什么?
5. 土壤有机质来源于动植物残体及其排泄物，土壤腐殖质的定义是什么?
6. 为什么土壤颜色越深，土壤中有机质含量也越高，标志土壤越肥沃?
7. 土壤质地的定义? 我国6种土壤质地的名称是什么?
8. 土壤溶液的定义是什么? 土壤酸碱性是由pH值表示，土壤酸碱性的5级标准是什么?
9. 什么是肥料?
10. 肥料种类有3大类? 有机肥有哪9种? 无机肥有哪5种?
11. 合理施肥的方式和方法是什么?
12. 无机肥料（又称化肥）的定义? 无机肥料有哪些特征?
13. 无机磷肥有哪几种? 骨粉是难溶性磷肥吗?
14. 氮肥、磷肥、钾肥各对植物生长有什么作用?
15. 微量元素肥料中的铁肥常用的是哪种? 如何施为最好?
16. 复合肥料的定义及优点是什么?

17. 有机肥料的特性是什么？为什么多数有机肥在施用前要通过腐熟？

18. 为什么牛粪是冷性肥料，马粪是热性肥料？

模拟测试题

一、填空题

1. 土壤的三相物质组成________、________、________。

2. 目前生产上土壤质地的分类为________、________、________、________、________、________。

3. 合理施肥的方法有________、________、________、________、________。

二、选择题

1. 国际上卡庆斯基的分级标准，以________毫米土粒直径为界线区分物理性黏粒与物理性砂粒。

A. 0. 1　　B. 0. 01　　C. 0. 001　　D. 0. 0001

2. 土壤酸碱性是用 pH 值来表示，如土壤是酸性时，pH 值应在________范围。

A. 7. 5 ~ 8. 5　　B. 6. 5 ~ 7. 5　　C. 5. 0 ~ 6. 5　　D. 8. 5 ~ 9. 0

3. 采取根外追肥时，施肥的时间很重要，应在____________。

A. 上午 10:00 点左右　　B. 中午　　C. 傍晚　　D. 随意

三、判断题

1. 土壤中含有机质越高，一般土壤颜色越深，标志土壤越肥沃。（　）

2. 草木灰是植物体燃烧后残留的灰分，为磷肥。水溶液呈偏碱性。（　）

3. 马粪是热性肥料，牛粪是冷性肥料。（　）

四、简答题

1. 什么是土壤肥力？

2. 合理施肥的方式有哪几种？

3. 复合肥料的定义及其优点是什么？

模拟测试题答案

一、填空题

1. 固相、气相、液相
2. 砂土、砂壤土、轻壤土、中壤土、重壤土、黏土
3. 撒施、沟施、穴施、条施、环状施

二、选择题

1. B　　2. C　　3. C

三、判断题

1. ✓　　2. ×　　3. ✓

四、简答题

1. 答：土壤肥力是土壤能为植物生长供应和协调水分、养分、空气、温度（热量）的能力。

2. 答：基肥、追肥、种肥、根外追肥 4 种。

3. 答：凡是含有氮、磷、钾等营养元素中 2 种以上成分的化肥称复合肥料。

复合肥的优点：（1）含多种营养元素，有效成分高，养分分布均匀。（2）生产成本降低，施用方便，节省劳力。（3）无用的副作用小。

第 三 章

园林树木

本章提要：介绍国内木本植物资源数量、种类及古树名木，园林树木的作用，园林中观花、观果、观叶及观枝干树种，以及树木冬态的概念。

学习目的：了解我国树木资源概况，了解园林树木在改善和保护环境方面具有的作用。掌握不同园林树种的各种不同观赏因素的观赏特性。掌握冬季和夏季识别园林树木的相关知识，运用所学知识观察、识别树种。

第一节　园林树木资源概况

一、我国的树木资源

我国疆域辽阔，自然条件优越，适于各种树木生长，树木资源极为丰富，在世界上享有“园林之母”盛名。各国园林界、植物学界视我国为世界园林植物重要发祥地之一。中国原产的木本植物约为 7 500 种，在世界树种总数中所占比例甚大。中国已故树木分类学家陈嵘先生曾做过统计，中国一国之乔木，竟较全世界北温带地区所产的总数还多。在世界著名的园林树木中如银杏、水杉、水松、金钱松、玉兰、珙桐、猬实、银杉、香花木、夏蜡梅以及著名的山茶、杜鹃等均来自我国。我国各种名贵园林树木，几百年来不断传向世界，为世界各地园林建设起到了重大的推动作用。

二、北京的树木资源及利用情况

（一）北京的树木资源

北京是一座具有悠久历史的古城，早在 50 万年前，便有人类在北京地区活动。两千年前，北京已成为我国北方的重要城市。由于人口汇集、活动频繁，森林被砍伐、土地被开垦，致使植物种类和植被类型发生改变。今天除交通不便、人烟稀少的偏远山区外，已基本上看不到原生植被。

北京山区在海拔800米以下的阳坡主要是以油松、栓皮栎、槲树、蒙古栎（柞树）为主的松栎林。其中，还杂生有元宝枫、栾树、臭椿、鹅耳枥等。阴坡一般是由毛花绣线菊、蚂蚱腿子、薄皮木等构成的密灌丛，有时夹生着油松、槲栎、元宝枫等乔木。

海拔800～1200米的山区主要分布有辽东栎，此外还夹杂生有椴树类、榆树类、大叶白蜡等。灌木有鼠李类、榛子、荆条、太平花、东陵八仙花及忍冬类等。

海拔1200～1500米的山区分布着以华北落叶松、辽东栎为主的针阔叶混交林。沿沟谷还分布核桃楸、辽杨、蒿柳等。

海拔1500米以上主要是华北落叶松林，其中还杂生有青杄、白杄、辽东栎、元宝枫、黄花柳等乔木树种。灌木则有忍冬类、土庄绣线菊、三裂绣线菊、六道木、榛子等。

北京平原上原生植被类型大致是森林和草原兼而有之。在山麓或低地，凡是土壤较湿润处均可见到旱生落叶林，以油松、侧柏为主，也有山桃、山杏、槐、桑、元宝枫、楸、梓、臭椿、栾树、朴树等；在较干燥的土壤上有臭椿、榆、构树等；多石土壤上有刺灌木以酸枣、荆条、杜梨、山楂、小叶鼠李、野皂荚、锦鸡儿等为主；而河岸区则多杨、柳树。

（二）北京树木资源利用情况

北京地区的树木资源相当丰富，这为北京城市园林绿化引种、利用本地野生树种资源提供了很好的条件。据中国科学院植物研究所植物园的初步调查，北京地区有野生树木247种（变种），约占华北地区野生树种的80%。其中160种具有一定的观赏价值，可直接用于园林绿化、美化或作为育种的原始材料。

在本地区的野生树种中，有些在新中国成立前就已通过人们长期引种栽培驯化，成功地应用于城市园林中，如丁香、珍珠梅、榆叶梅、太平花、小叶朴、栾树、元宝枫、油松、侧柏、地锦等。新中国成立后北京的园林和植物学工作者继续进行野生树木资源的调查、挖掘工作，在短短的三四十年间先后引种驯化白杄、青杄、栒子、北京丁香、溲疏、流苏、木本香薷、天目琼花、白鹃梅、南蛇藤、稠李、接骨木、蔷薇类、忍冬类、木蓝类等一批具有利用价值的树种，大大丰富了园林树木种类。在本地区野生树木资源的利用方面潜力仍然很大，只要科学地、合理地、因地制宜地加以利用，首都北京的园林树木种类会进一步丰富，城市生态环境及园林景观一定会进一步得到改善和提高。

三、北京园林树木应用概况

北京是一座已有3000多年历史的文化名城，近1000年作为辽、金、元、明、清五朝都城，在历史的延续中曾留下许多皇家园林、寺庙园林及私家宅园、山庄别墅等园林名胜资源。在新中国成立以前的历史变革中，这些资源或毁于战火，或年久失修，日趋荒废。至1949年北京解放时，城近郊区对外开放的大公园只有中山公园、北海公园、景山公园、天坛、太庙（今劳动人民文化宫）、颐和园、西郊公园（今北京动物园）等7处。此外，还有正义路、中华门、景山东街、东长安街、公主坟等5处绿地，街道树、河道树只有87千米15万余株，树种单调，城区主要是槐树，郊区为杨、柳树，其中80%为病虫危害或枯老植株。公园树木栽植87种（含变种）5万株，其中常绿乔木8种，常绿灌木1种，落叶乔木52种，落叶灌木19种，藤木7种。旧城区内居民四合院和一些机关庭院内栽植的树木，当时缺乏调查资料，从以后的调查及统计资料看，新中国成立初期旧城区庭院一般多种杨、柳、榆、槐、枣、柿树、核桃、海棠、银杏、圆柏、丁香、紫薇、爬山虎等北京人传统喜栽的树种。此外，还零星栽有黄金树、楝树、卫矛、栾树、黑枣、酸枣、杜仲、椴树、山茱萸等树种。这就是新中国成立初期北京园林树木概况。

新中国成立后，随着城市建设的推进，北京的园林绿化事业也在不断发展，园林树木引种工作从新中国成立之初充满活力，并不断深入地开展。新中国成立50年来，在挖掘利用本地区野生植物资源同时，积极引进国内外园林植物。北京市先后引种、繁育、试种了一批优良的园林树种，其中不少已取得成功并推广应用，如雪松、龙柏、蜀桧、西安桧、河南桧 、金塔柏、叉子圆柏、粗榧、矮紫杉、紫叶李、兰考泡桐、毛泡桐、山楂、绒毛白蜡、杂交马褂木、望春玉兰、红花刺槐、扶芳藤、海仙花、紫叶小檗、平枝栒子、金叶女贞、紫叶矮樱、红王子锦带、猬实、糯米条、天目琼花、欧洲荚蒾、台尔曼忍冬、布朗金银花。另外还有月季新优品种如丰花型月季，包括杏花村、曼海姆宫殿、金色赫尔斯坦；藤本月季如金绣娃、多特门德、光谱、瓦尔特大叔等。据2000年不完全统计，北京城近郊区公共绿地应用的绿化树种已达372种（含变种、品种）。其中常绿乔木38种，落叶乔木139种，常绿灌木37种，落叶灌木143种，藤木15种。与新中国成立初期相比，常绿树种增加了6.6倍，落叶树种增长了2.8倍。这些树种在园林中的示范栽植及应用，对丰富北京市园林树木种类、美化市容、改善城市生态环境发挥了显著作用。

北京的市树为槐树和侧柏。

四、北京园林古树、名木概况

（一）古树、名木的概念

建设部在广泛征示意见的基础上，决定以100年作为古树的树龄。凡树龄达100年者即可称为古树。名木则是指具有历史意义、纪念意义（礼品树、友谊树等）或珍稀名贵树种。古树有亦集名木于一身。有些古树以有趣的传闻或古怪奇异的形态而闻名于世，如北京天坛公园的九龙柏、孔庙内的“触奸柏”等。也有些古树因被历代帝王封为王侯而闻名中外，如北海公园的“遮荫侯”、“白袍将军”，潭拓寺的“帝王树”、“配王树”等。

（二）北京园林古树、名木概况

北京悠久的历史为城市保存了一大批的古树、名木。据北京市1990年古树资料显示，北京城近郊区现有古树29种23 527株，其中树龄在300年以上（一级古树）的古树有3804株，百年以上（二级古树）的古树19 723株。这些树木数量众多，分布广泛，多数集中在皇家宫苑、坛庙寺观、陵寝等风景区，亦散见于王府宅第、大街小巷及居民庭院中；皇家宫苑以松、柏类为主；寺观中多植银杏、七叶树；坛庙、陵寝则是古柏较为集中的地方；而街巷及一般居民庭院中以槐树、枣、榆树居多。

现在北京古树的历史，可追溯到千年以上，如城区中山公园社稷坛南门外的7株桧柏为辽代兴国寺之旧物；京郊古刹大觉寺的银杏亦为辽代种植，树龄近千载；北海公园画舫斋内一株槐树为唐代所植，其树龄已千年。至于树龄三五百年的古树，如侧柏、圆柏、油松、白皮松等，则城郊宫苑、寺观坛庙多处可见。

古树是活的文物。它不仅见证着城市的历史，并且以有趣的传闻、古怪可异的形态而闻名于世。它们与北京园林名胜古迹相辉映，形成北京这座历史名城的特色风貌，是园林中的“瑰宝”。继承和保护好古树，使之传于后人是当代人的历史责任。北京市政府及职能机构为保护古树制定颁布了一系列法规，在广大市民中广泛开展爱护古树的教育活动。园林文物部门对古树名木进行了全面细致普查，在此基础上对古树名木进行分级、编号登记造册存档；开展古树名木保护的科学研究，并运用科学技术新成果于古树、名木管理及复壮养护中；建立了古树卫星定位系统，针对古树生存状况及衰弱原因采取了设置围栏、堵洞、支撑，做地面透气装置，清除影响古树正常生长的各种违章建筑及污染源等一系列保护及复壮措施，有效地保护了这些宝贵的树木资源。

第二节　园林树木的作用

一、园林树木改善环境的作用

1. 改善温度条件

众所周知，夏季在树荫下会感到凉爽宜人，这是由于树冠能遮拦阳光，减少日光直射热并降低小环境内的气温所致。不同的树种具有不同的降温能力，主要决定于各种树木的大小和树叶的疏密度以及叶片的质地。

当树木成片成林栽植时，不仅能降低林内的温度，而且由于林内、林外的气温差而形成对流的微风，这样就使降温作用影响到林外的周围环境。这种对流的微风可带走皮肤表面的热量，促进蒸发，增加凉爽的感觉，使人感到舒适。

在冬季落叶后，由于树枝、树干的受热面积比无树地区的受热面积大，同时由于无树地区空气易流动而散热快，所以在树木较多的小环境中，其气温要比空旷处为高。总的说来树木对小环境起了冬暖夏凉的作用。当然，树木在冬季的增温效果是远远不如夏季的降温效果的实践意义大。

2. 改善空气湿度

树木具有强大的蒸腾能力，根系吸收水分的绝大部分以水汽形式从叶面扩散到体外，使空气中的水汽增多，从而改善空气湿度。一株中等大小的杨树，在夏季白天每小时可由叶部蒸腾 25 千克水至空气中，一天的蒸腾量有半吨之多。如果在一个地方有 1000 株树，则有相当于每天在该处洒泼 500 吨水的效果。树木不断地把土壤中的水分吸进体内，再通过叶面的蒸腾作用把根部吸收的水分绝大部分以水汽形式从叶面扩散到体外。由于树木强大的蒸腾作用，空气中的水汽增多，因此树木可以调节空气的湿度。

据测定，一般在树林中的空气湿度要比空旷地的湿度高 7% ~14%，而树林里的湿度比城市高 36%。

3. 吸收二氧化碳释放氧气

据测定，每公顷园林绿地（以树木为骨干材料）每天吸收二氧化碳 900 千克，生产氧气 600 千克。体重 75 千克的人每日呼吸时排出二氧化碳 0.90

千克，消耗氧气 0.75 千克。据此计算，城市居民每人若有树林面积 10 平方米，就可以消耗掉每人因呼吸排出的二氧化碳并供给需要的氧气。

不同树种吸收二氧化碳的能力不同，一般言之，阔叶树种吸收二氧化碳的能力较针叶树种为强。据 1971 年日本研究的资料表明，每公顷阔叶林每天约可吸收二氧化碳 1 吨，放出氧气 0.73 吨，约可供1000 人的 1 天呼吸之用。

4. 吸收有毒气体

随着工业的发展，大气污染越来越严重，给人类及生物的生存造成危害。污染的大气包含多种有害气体，其中以二氧化硫为主，氯气、氟化氢次之。很多园林树木具有吸收不同有害气体的能力，因而能起到减轻大气污染，净化空气的作用。

据测定，吸收二氧化硫能力强或较强的树种有大叶黄杨、垂柳、悬铃木、刺槐、泡桐、臭椿、合欢、加杨、梧桐、木槿、构树、槐等。一般落叶树吸硫能力强，常绿阔叶树次之，而针叶树较差。

吸收氯气能力强或较强的树种有悬铃木、泡桐、大叶黄杨、梧桐、旱柳、臭椿、卫矛、忍冬、柽柳、君迁子等。

对氟化氢吸收能力较强的树种有大叶黄杨、垂柳、泡桐、加杨、梧桐、榉树等。

5. 阻滞烟尘

大气中除含有有害气体外还有大量尘埃，其中包括土壤微粒、金属性粉尘、矿物粉尘、植物性粉尘等。这些尘埃常常引起人们发生沙眼、皮肤病及呼吸道疾病。尘埃还会使多雾地区雾情加重，降低空气透明度，减少紫外线含量。城市居民区和工矿区由于燃煤，可产生大量粉尘。许多工业城市每年每平方千米平均降尘量为500 吨左右。

树木相当于一个滤尘器，其茂密的枝叶可以阻滞空气中的尘埃，使之吸附于树体表面，以后为雨水冲走。经雨水冲洗后，树木又能恢复吸尘的能力。不同树种滞尘能力差别很大，如针叶树比杨树滞尘能力大 30 倍。一般言之，凡树冠浓密、叶面粗糙或多毛及分泌油脂或黏液者滞尘能力均较强。榆树、木槿、圆柏、构树、臭椿、核桃、松类、侧柏、云杉等都是滞尘效果较好的树种。

6. 分泌杀菌素

空气中散布着各种细菌。细菌的数量在不同环境条件下差异甚大，据调查，城镇闹市区空气里的细菌数比公园绿地中多 7 倍以上。这是由于很多植物具有分泌杀菌素的能力。不少园林树木体内含有挥发性油，它们具有杀菌能力。如松柏类、核桃、黄栌、臭椿、悬铃木等。据计算1公顷圆柏林24小时内即能分泌出30千克杀菌素，能杀死肺结核、伤寒、痢疾等病菌。

据原苏联的系统研究，常见的有杀灭细菌等微生物能力的树种主要有松、桧等；具有杀灭原生动物能力的树种有侧柏、圆柏、雪松、黄栌、锦熟黄杨、大叶黄杨、核桃、合欢、刺槐、槐、紫薇、木槿、悬铃木、枣、水栒子、垂柳、栾树、臭椿等。

7. 减弱噪声

噪声也是一种环境污染。当噪声超过70分贝时，对人体就有不利影响，如长期处于90分贝以上的噪声环境中工作，就有可能发生噪声性耳聋。噪声还能引起其他疾病，如神经官能症、心跳加快、心律不齐、血压升高、冠心病和动脉硬化等。树木能够吸收、反射部分声波。当声波通过时，树木摇动的枝叶可使声波减弱而逐渐消失。据测定，40米宽的林带，可以降低噪声10～15分贝，公园中成片的树林可降低噪声26～40分贝。绿化的街道比不绿化街道可降低8～10分贝。较好的隔音树种是雪松、圆柏、悬铃木、梧桐、垂柳、云杉等。

二、园林树木保护环境的作用

1. 防风固沙的作用

大风可以造成土壤的风蚀，增加土壤蒸发量，降低土壤水分，并携带沙土埋没城镇与农田。据调查，从20世纪60年代在我国北方万里沙线上，平均每年沙化面积达2000万亩。

园林树木的种植有防风固沙方面的显著功效。据测定，树木较多的公园要比城区内的风速小80%～94%。我国东北三省西部防护林，在同样条件下，林带防保范围以内的地区，要比附近空旷无林地带的风速平均降低19.2%～39.7%。

一般来讲，合理搭配高矮和适当疏密的带状种植树木，其有效的水平防护距离约为树高的15～20倍，选择树种时，以生长迅速、枝干韧性强、根系深广、抗病能力强、寿命长而又有一定经济收益者为好。北京地区常选用树种有杨、柳、榆、桑、刺槐、紫穗槐等。

2. 防止水土流失的作用

树木可以遮拦雨水，缓和降雨强度，减少地表径流，部分雨水渗入地下变成地下水，所以林区终年泉水清澈，溪水淙淙。而在植被树木稀少的荒山区，在大暴雨的冲刷下，山地表土逐渐流失，以致石头裸露，山洪暴发，一泻千里，势不可挡，造成特大洪灾。

各种不同的树木对水土保持的作用是不同的。据测定，一般针叶树种遮挡雨水的能力大于阔叶落叶树种，而在针叶树中，云杉遮挡雨水能力最强。

在园林绿化中，为了涵养水源的目的，应选择树冠厚大、郁闭度强、遮拦雨水能力大、耐荫性强而生长稳定和能形成富于吸水性落叶层的树种。根系深广也是选择的条件之一，因为根系广而须根多便可加强固土、固石的作用，根系深则有利于水分渗入土壤的下层。一般常选用大乔木和灌木及藤本、木本地被进行复层种植。

3. 监测污染

前面曾谈到许多树种对大气中有害气体具有较强抗性和吸毒净化能力。但是也有一些树种恰恰相反，它们对有害气体的抗性和吸收能力很差。当空气中有毒气体含量很低时，它们就很快表现出伤害症状，我们称它们为敏感植物。这类树种虽不具解毒作用，但却可起到监测有毒物质污染的"哨兵"作用。我们可以利用它们的敏感性做为监测手段以确保人们能在合乎健康标准的环境中工作和生活。

据调查和试验的资料，对二氧化硫敏感的树种有油松、雪松、榆叶梅、紫荆、杏等。对氟化氢敏感的树种有榆叶梅、雪松、紫荆、杏、李、樱桃、桃等。对氯及氯化氢敏感的树种有桃、油松、雪松、苹果等。

监测空气中有毒物质最好用仪器，但在设备不足情况下采用敏感植物监测仍是有效的方法，而且比起仪器观测来，绿化植物监测法具经济方便、易为群众掌握、适合大范围监测的优越性。

三、园林树木的美化作用

园林树木是组成园林景观的主要题材，它种类丰富，具有美丽的姿态、丰富的色彩和四季的变化。春季梢头嫩绿，花团锦簇；夏则绿叶成荫，浓影复地；秋则果实累累，色香俱上；冬季白雪挂枝，琼干银鳞——真是春夏秋冬各有其风彩与妙处。园林树木的体态、色彩与风韵之美对创造园林境界起着决定性的作用。因此，掌握园林树种的各种观赏特点对建设城市优美园林景色是十分必要的。

（一）园林树木的树形及枝形观赏性

1. 树形（株形）

不同树种其千姿百态的树形是构成园林景观的因素之一。根据美化配置的需要，通常可将园林树木的树形分为下述各类型：

（1）针叶树类　圆柱形：如杜松、塔柏；

尖塔形：如雪松、窄冠侧柏；
圆锥形：如圆柏；
盘伞形：如老龄油松；
卵圆形：如球柏；
密球形：如万峰桧；
倒卵形：如千头柏；
偃卧形：如鹿角桧；
匍匐形：如铺地柏；
丛生形：如翠柏。

（2）阔叶树类　圆柱形：如钻天杨、新疆杨；
卵圆形：如加杨；
圆锥形：如银杏幼树；
棕榈形：如千头椿、棕榈；
倒卵形：如刺槐；
扁球形：如板栗；
倒钟形：如槐；
球　形：如五角枫；
伞　形：如龙爪槐；
馒头形：如馒头柳；
斜平顶形：如合欢；
圆球形：如黄刺玫；
丛生形：如玫瑰；
拱枝形：如连翘；
匍匐形：如铺地蜈蚣。

上述列举了孤立树的自然树形，各种树树型的美化效果并非机械不变的，它常依配植的方式及周围环境的影响而有不同程度的变化。但是总的说来，在乔木方面，凡是有尖塔状及圆锥状树形者，多有严肃端庄的效果；具有柱状狭窄树冠者，多有高耸静谧的效果；具有圆钝、钟形树冠者，多有雄伟深厚的效果；而一些垂枝类型者，常形成优雅和平的气氛。

在灌木方面，其团簇丛生者，因有朴实之感，最宜用于树木群丛之外缘，或装点草坪、路缘及屋基。其具拱形及悬岩状者多有潇洒的姿态，宜供点景用，或在自然山石旁适当配植。一些匍匐而生者，常形成平面或坡面，多数种类均宜供作岩石园配植用。

园林树木的树形造就，可概括为3种：一是遗传形，由遗传因子传宗接代相承下来，如前面列举的各种形类。二是大自然造就，其中包括气候因素、病虫危及因素等。如馒头柳就是6月份干热气候危及其枝头嫩尖，使其焦干，相当进行了一次圆冠修剪。平头油松原本有主干主尖，但遭遇松梢螟的危害，年复一年，侧枝横向发展形成平头大顶。三是人工造型，如对一些花灌木，为了提高观赏效果把榆叶梅等修剪成单干圆头形；把碧桃修剪成杯形；利用垂枝国槐的生长特点把龙爪槐修剪成伞形；有的利用树木生长着的枝条，编枝修剪成各种艺术造型。盆景制作更是典型的人工造作。

2. 枝形（枝条变异）

（1）垂枝形　一般树木枝条的离心生长性决定其向上或斜上方生长。因其基因变异改变了这一常规，变为枝条下垂，从而具有枝形特有的观赏性。如常见的垂柳、垂枝榆、垂枝碧桃、龙爪槐等。

（2）曲枝形　枝条顶端生长点不断的细胞分裂，促使枝条向正前方延伸，但因某些遗传变异影响使其不断改变延伸方向，形成曲枝。因其奇特而具有观赏性，如常见的龙爪柳、龙桑、龙枣、疙瘩槐。

（二）园林树木的叶及其观赏特性

园林树木的叶具有极其丰富多彩的形貌。无论是叶的大小、结构，还是叶的形状、颜色，都是千变万化，难以言状。但归纳言之，可简述以下两方面。

1. 叶的形状

（1）单叶类　针形叶：如油松、雪松；
披针形：如柳、杉；
卵形：如桑；
圆形：如猕猴桃、河北杨；
掌状：如元宝枫、梧桐；
马褂形：如马褂木；
条形：如冷杉；
椭圆形：如胡颓子；
倒卵形：如玉兰；
心形：如紫荆、丁香；
匙形：如槲树；
扇形：如银杏。

（2）复叶类　羽状复叶：如槐树、臭椿、珍珠梅、栾树；
掌状复叶：如七叶树、五叶地锦等。

2. 叶的颜色

叶的颜色有很大的观赏价值。虽同为绿叶，但有嫩绿、浅绿、鲜绿、浓绿、黄绿、赤绿、褐绿、蓝绿、黑绿等的差别。将不同绿色的树木搭配在一起，能形成美丽的色彩感。例如在暗绿色针叶树丛之前，配植黄绿色树冠，会形成满树黄花的效果。近年来彩叶树应用越来越多，被人们称为不落的“花”，很多被用作基础、地被种植，展示成各种艺术图案。

(1) 叶色呈深绿色　油松、圆柏、雪松、云杉、青杆、侧柏、槐、毛白杨、构树等。

(2) 叶色呈浅绿色　水杉、七叶树、马褂木、玉兰等。

(3) 春色叶树　早春叶色有显著变化的树种。如臭椿之春叶呈红色，黄连木呈紫红，如将其植于浅灰色的建筑物或浓绿色树丛之前，能产生较好的观赏效果。

(4) 秋色叶树　在秋季叶色有显著变化的树种。秋季气温逐步下降，叶绿素在特定气候条件下转化为花青素，展现为红、黄色彩。如秋叶呈红色或紫红色的，有黄栌、元宝枫、地锦、五叶地锦、小檗、火炬树、柿、卫矛、山楂、花椒等。秋叶呈黄或黄褐色的，有银杏、白蜡、马褂木、加杨、柳、梧桐、栾树、悬铃木等。

某些树种，其叶背色与叶表色显著不同，在微风中就形成特殊的闪烁变化，这类树种特称为“双色叶树”。如银白杨、胡颓子、沙枣、栓皮栎等均属此类。

此外，有些树种的变种、变型或品种，其叶常年均为异色，称为彩叶树种。如红色、紫红色的紫叶小檗、紫叶李、紫叶桃、紫叶矮樱、红枫、美人梅、紫叶黄栌；金黄色的金叶女贞、金叶国槐、金叶连翘、金叶接骨木等。

有些树种绿色叶片上具有其他颜色的斑点或花纹亦可观赏，如金心黄杨、银边黄杨、变叶木、花叶槭等。

（三）园林树木的花及其观赏特性

园林树木的花朵，有各式各样的形状和大小，而在色彩上更是千变万化，层出不穷。单朵的花又常排聚成大小不同、式样各异的花序。

由于上述这些复杂的变化，就形成不同的观赏效果。例如艳红的石榴花如火如荼，会形成热情兴奋的气氛；白色的丁香盛开时似乎赋有悠闲淡雅的气氛；至于雪白色的繁密小花如绣线菊、三桠绣球等，则形成了一幅恬静自然的图画。

以观花树木花朵的颜色而论，可分为：

（1）红色系花 海棠、杏、合欢、贴梗海棠、石榴、锦带花、毛刺槐、香花槐、榆叶梅等。

（2）黄色系花 迎春、连翘、金钟花、黄刺玫、棣棠、栾树、蜡梅、小檗等。

（3）蓝色系花 紫藤、木蓝、毛泡桐、八仙花等。

（4）白色系花 溲疏、太平花、荚蒾、珍珠梅、梨、白鹃梅、刺槐等。

有些树种具有 2 种或数种花色，分为各花色品种。如樱花、玉兰、丁香、月季、紫薇、牡丹、蔷薇、碧桃、木槿、绣线菊等。

以花的芳香而论，可分为清香（如太平花、金银花）、甜香（如桂花）、浓香（如白兰花等）、淡香（如玉兰）、奇香（如树兰等）。

（四）园林树木的果实及其观赏特性

许多园林树种的果实既有很高经济价值，又有突出的美化作用。园林中为了观赏目的选择观果树种时，一般多着眼于以下两方面。

1. 果实的形状

一般果实的形状以奇、巨、丰为准。所谓“奇”，乃指形状奇异有趣为主。如南方的佛手，铜钱树的果实形似铜元、元宝枫的果实似元宝、紫珠的果实宛若许多晶莹的紫色珍珠。所谓“巨”，是指单体之果形较大，如柚；或果虽小而果色鲜艳，果穗较大，如接骨木，均可收到“引人注目”的效果。所谓“丰”，是指全树而言，无论单果或果穗，均有一定的丰盛数量，就可发挥较高的观赏效果。如金银木、山楂、水栒子、一些品种海棠（金星、红宝石）等，每到秋后，落叶前后，全树都是晶莹透体的成对红果，甚是美丽夺目。

2. 果实的颜色

果实的颜色刺激感观，具有观赏价值。各种观果色的树木可分列为：

（1）呈红色果实者 小檗类、铺地蜈蚣、水栒子、山楂、金银木、郁李、毛樱桃等。

（2）呈黄色果实者 银杏、杏、枸橘、南蛇藤（假种皮红色）、柿子、木瓜、贴梗海棠等。

（3）呈蓝色果实者 紫珠、蛇葡萄、李、海州常山等。

（4）呈黑色果实者 小叶女贞、水蜡、地锦、君迁子、金银花等。

（5）呈白色果实者 红瑞木。

有些树的果实可有 2 种以上颜色供欣赏，如石榴、苹果、樱桃、葡萄。

（五）园林树木的枝、干、树皮、刺毛及其观赏特性

1. 树木的枝条

枝条除因其生长习性而直接影响树形外，它的颜色亦具有一定的观赏意义。尤其是当深秋叶落后，枝干的颜色更为显目。对于枝条具有美丽色彩的园林树木，特称为观枝树木。习见供赏红色枝条者有红瑞木、山杏等；可赏古铜色枝者有山桃。冬季欲赏青翠碧绿色枝条者有迎春、棣棠等。观黄色枝条者如金枝梾木、金枝国槐、金竹等。

2. 乔木的树皮

（1）以树皮外形而言，大致分为以下几类：

光滑树皮：如核桃幼树、臭椿等；

横纹树皮：如山桃、桃等；

片裂树皮：如白皮松、悬铃木等；

丝裂树皮：如青年期的柏类等；

纵裂树皮：如丝棉木、栾树等；

长方裂纹树皮：如柿、君迁子等；

粗糙树皮：如云杉等。

（2）以树皮有显著颜色而言，大致分为以下几类：

呈暗紫色：如紫竹等；

呈红褐色：如山桃等；

呈绿色：如竹、梧桐等；

呈现斑驳色彩：如黄槽竹、木瓜等；

呈白或灰白色：如白皮松、白桦、毛白杨、朴树、悬铃木等。

第三节　园林树木的识别

一、冬季识别树种

（一）树木冬态的意义

北京地处北温带内，属大陆性气候。每年 10 ~ 11 月气温急剧下降。从 10 月中旬初霜至 4 月初终霜，全年霜期约 170 天。在近半年的时间里除常绿树和温室植物外，所有树木都落叶，停止生长，进入休眠状态。所谓树木的冬态就是指落叶树种在进入休眠时期，树叶脱落，露出树干、枝条和芽

苞，外观上呈现出和夏绿季节完全不同的形态，一般称为树木冬态。

（二）冬季识别树木

从冬态上识别树种一般遵循从整体到局部，由表及里的原则。主要着眼于如下特征。

1. 树形和树干

（1）树形　树形即树木外形。根据树木生长习性的不同，通常将树木分为乔木、灌木及藤木三类。乔木通常指树体高大，有明显的主干的种类。高度至少在5米以上，如槐树、毛白杨、臭椿、垂柳等。由于树干及分枝情况的不同，外观上呈现多样变化。泛指较孤立生长的树木通常有以下类型：

圆锥形：如银杏幼树等；

球形：如元宝枫、栾树、槐树、杏、杜仲、榆、千头椿等；

扁球形：如板栗、核桃等；

卵形：如加杨、白玉兰（实生）、毛白杨老树；

圆柱形：如钻天杨、新疆杨等；

阔（广）卵形：如银杏老树、白蜡等；

伞形：如龙爪槐；

半圆形：如馒头柳。

灌木通常指树体矮小，多干丛生或主干低矮者。高度多在5米以下。依枝、干特点可分为如下类型：

单干类：分枝直立型，如榆叶梅、碧桃；分枝拱垂型，如垂枝碧桃、垂枝榆、垂柳；分枝曲枝形，如龙桑、龙枣、龙须柳。

多干类：分枝直立型，如黄刺玫、棣棠、珍珠梅、贴梗海棠、丁香、小叶女贞、蜡梅、天目琼花等多数灌木树种属之；分枝拱垂型，如连翘、迎春、猬实、水栒子、蔷薇类等；分枝匍匐型，如平枝栒子。

在各类型中还可依据树形特点进一步分辨。

藤木茎干不能直立，只能靠缠绕或攀附他物才能向上生长。依其生长特点分为以下几类：缠绕类，如紫藤；吸附类，如爬山虎、五叶地锦、凌霄等；钩攀类，如蔓性蔷薇；卷须类，如葡萄。

（2）树干　树干特征主要从干皮看。观察干皮颜色、质地（如光滑还是粗造）、有无皮裂及皮裂的特点（深裂、浅裂、片状裂、鳞状裂、条状裂等）。干皮绿色者有梧桐、竹等。干皮白色或灰白色者如白皮松、朴树、核桃、悬铃木等。灰绿色如毛白杨、新疆杨等。红褐色者如山桃。干皮光滑者如幼年核桃、梧桐、山桃。干皮粗造不开裂的如臭椿、泡桐、小叶朴等。干皮片状剥落的有悬铃木、木瓜、白皮松等。干皮浅纵裂者，多数树种属之，如槐树、皂角、山杏、苹果等。干皮深纵裂者如加杨、刺槐、元宝枫、栾树、榆、垂柳、丝棉木、核桃老树等。干皮长方块状裂如柿树、君迁子。

2. 枝

各种树木枝条的粗细、断面形状、节间长短、枝条颜色、皮孔的形状、大小及色泽等存在着程度不同的区别。

（1）枝条粗细　粗的如臭椿、核桃、香椿、梧桐等。细的如垂柳、旱柳、馒头柳、柽柳等。

（2）断面形状　一般多为圆形。也有方形可近方形者如迎春、石榴、蜡梅、海州常山等。

（3）枝条姿态　有垂枝和曲枝 2 种。枝条扭曲的如龙爪枣、龙须柳、龙桑等。垂枝的有垂枝榆、垂柳、垂枝碧桃。

（4）枝条颜色　红色者如红瑞木。紫红色者如紫叶李、紫叶桃、杏、山杏等。绿色者如棣棠、梧桐、绿萼梅、槐树等。黄色者如金枝国槐、金枝梾木。

二、夏季识别树种

夏季识别树种主要以叶、花、果实等器官的形态为主。由于不同树种开花、结果的时期多不相同，而生长期内，叶片却都着生在树上，因此，我们重点介绍叶的形态，花、果实形态介绍从简。

（一）叶

树木叶片的形态多种多样，大小各不相同。识别时，首先区分是针叶树还是阔叶树。落叶树种一般多属阔叶树种，其叶片薄，开阔而平展。常绿树种多属针叶树种，其叶多呈针刺状或鳞片状。

1. 阔叶树种识别

识别阔叶树种时可从以下方面观察。

（1）单叶或复叶　大多数阔叶树种的叶为单叶，也有部分阔叶树种叶为复叶。根据小叶在叶轴上着生方式及小叶数量，可将复叶分为以下类型：

羽状复叶：小叶在叶轴上呈羽状排列。其中，叶轴顶端生有一片小叶子的称为奇数羽状复叶。如臭椿、槐树、刺槐、白蜡、紫藤、玫瑰等。叶轴顶端生有 2 片小叶的称为偶数羽状复叶。如香椿、皂荚等。

有些树种的羽状复叶的小叶再分裂成小叶，排列于支轴的两侧，形成二回羽状复叶，如合欢。二回羽状复叶上的小叶再分裂一次，就形成三回羽状复叶，如楝树、南天竺等。

掌状复叶：小叶集生于叶轴顶端，开展如掌状。如七叶树、荆条等。

三出复叶：由 3 片小叶组成的复叶。如胡枝子、葛藤的叶及爬山虎新枝上的叶等。

（2）叶形及大小　叶片的形状多种多样，如银杏的叶片，顶部平圆，下部狭窄呈扇形。紫荆叶片呈心形。河北杨叶片呈圆形。柳树的叶片呈披针形。小檗叶片呈匙形。加杨的叶片近于三角形。合欢复叶的小叶呈镰刀形。多数树种叶呈卵形、椭圆形或介于二者之间的形态。不同树种叶片大小亦多不相同。北京市园林树种中，叶片较大者，泡桐、悬铃木、梧桐、黄金树、梓树等的单叶及合欢、栾树、核桃、火炬树、臭椿等的复叶属之。叶片较小者，如小檗、小叶女贞。平枝栒子的单叶及黄刺玫的复叶等属之。

（3）叶序　叶在枝上的排列次序称为叶序。叶序有互生、对生及轮生 3 种基本类型。杨、柳类、槐树、银杏、榆叶梅、桃等树种，枝的节上只生一叶，为互生叶序。泡桐、元宝枫、丁香、金银木、太平花等树种，每节上着生两叶片，为对生叶序。楸树、夹竹桃等树种，在一个节上生有两片以上的叶，为轮生叶序。

（4）叶缘和裂叶　树木叶缘的形态存在多种差异。多数树种的边缘不具任何齿缺，称为全缘。如丁香、紫荆、泡桐、核桃、合欢、槐树、小叶女贞等的叶片或小叶属之。有些树种叶缘具有齿。如大叶黄杨具有齿端圆钝的锯齿；连翅、碧桃、黄刺玫、榆树、柳树等具有齿端尖锐的锯齿；珍珠梅、榆叶梅、樱花等的锯齿中又复生小锯齿，称为重锯齿；栓皮栎、糯米椴的叶缘具芒状锯齿；迎春小叶边缘具短睫毛；臭椿的小叶中上部全缘，近基部具 1 ~2 对腺齿。

当叶缘的齿缺凹入较深时，称为裂叶。如毛白杨、槲树、槲栎叶的波状缺刻；山楂叶的裂片为具尖锐锯齿的羽状裂；鸡爪槭的裂片为具齿的掌状 5 ~9 深裂；元宝枫叶的裂片为全缘的掌状 5 裂。

（5）叶尖与叶基　多数树种叶先端尖或圆钝。有些树种叶尖形态较特殊，如玉兰叶先端平圆，中间突出成一个短尖，形成突尖。银杏叶顶端 2 裂；鹅掌楸叶先端平截（或微凹）；樱花叶先端呈尾状；刺槐、皂角等一回羽状复叶的小叶先端具有短刺尖。一般树种叶基多呈楔形或近圆形。一些树种，如紫荆、梧桐、泡桐等叶基呈心形；元宝枫叶基呈截形，故又有平基槭之称；小叶朴、椴树、合欢、香椿等树种的单叶或小叶，叶基多不对称呈偏斜；小檗的叶基极狭，状如勺柄。

（6）叶柄与托叶　叶柄是连接叶片与茎的部分。大多数树种叶片具柄，但亦有树种叶片无柄，如盘叶忍冬。

树种的叶柄断面一般形状多为圆形或近圆形，有些树种如加杨，叶柄呈两侧压扁形状。花椒和枫杨的叶柄具翅。天目琼花、山杏、毛白杨、樱花等树种，叶柄上具有突起的腺点。

托叶为叶柄基部的附属物。有些树种如元宝枫、七叶树、核桃等不具托叶。有些树种的托叶在展后即脱落如柳树、紫叶李、碧桃、榆叶梅、玉兰等。还有的树种托叶与叶片同时存在，称为托叶宿存。宿存托叶的形态也是我们识别树种的根据之一。如悬铃木的托叶大，整个围绕着茎呈圆领形。贴梗海棠的托叶大，呈肾形或半圆形，托叶边缘具尖锐重锯齿。十姐妹、白玉棠托叶部分与叶柄合生，托叶边缘呈篦齿状。此外，枣树、刺槐的托叶还特化成刺，长期宿存于枝上。

2. 针叶树种识别

针叶树种多为常绿树，叶的寿命长，当年生叶不脱落，故称常绿树。识别针叶树种时，首先着眼于叶形。针叶树的叶形主要有 4 种，即针形、刺形、条形和鳞形。油松、白皮松、华山松、雪松叶为针形叶。杜松、刺柏、铺地柏等树种叶为刺形。辽东冷杉、云杉、水杉、矮紫杉、落叶松、粗榧等树种叶为条形。侧柏、香柏、日本花柏等叶为鳞形。圆柏（桧柏）、叉子圆柏（砂地柏）的叶既有刺形又有鳞形。

在每一类叶形中，还可根据形状、组成情况、叶在枝上着生方式、针叶的长短等特征进一步鉴别。如云杉和冷杉的针叶虽均为条形，但云杉叶呈棱状条形，冷杉叶呈扁平条形。油松、白皮松、华山松的叶均为针形，成束着生，但叶的组成却不相同。油松为 2 针一束，白皮松为 3 针一束，华山松为 5 针一束。樟子松与油松的针叶虽均为 2 针一束，但针叶长短不相同。樟子松针叶仅长 3～9 厘米，油松的针叶长 10～15 厘米。

（二）花

一朵典型的花由花托、花萼、花冠、雄蕊和雌蕊五部分组成。一朵花中雌、雄蕊都有的称为两性花，只有其中一种的称为单性花。单性花生于不同植株上称为雄雌异株，生于同一植株上，称为雄雌同株。同一树种既有单性花又有两性花的称为花杂性。单性花与两性花生于同一植株上称为杂性同株，反之称为杂性异株。多数园林树种的花属两性花，如丁香、连翘、榆叶梅、紫薇、刺槐、泡桐、栾树等。杨柳类、银杏、柘树、杜仲、白蜡等属雄雌异株的树种。核桃、悬铃木等属雌雄同株树种。臭椿属杂性异株树种。七叶树属杂性同株树种。

不同种类树木花冠的形状各异。蝶形花科树种如槐树、刺槐、紫穗槐、胡枝子等花冠为蝶形。山楂、棣棠、山桃、紫叶李、贴梗海棠、蔷薇等蔷薇科树种多为花瓣五片、离生的蔷薇形花冠。丁香属、女贞属树种花冠为漏斗形。金银木、泡桐、楸树、黄金树、梓树等的花冠为唇形。连翘、锦带花、海仙花的花冠为钟形。太平花、鸡麻的花瓣四片，相对排成十字形。

花在枝上的排列方式称为花序。花序种类的不同及同一类花序大小、形态、着生位置的差异也是从花的形态特征识别树种的依据。紫薇、珍珠梅、丁香、栾树、臭椿、槐树、七叶树等具圆锥花序。太平花、刺槐、紫藤的花为总状花序。杨树类、柳树类、核桃、桑、构树（雄株）的花为柔荑花序。合欢、悬铃木、柘树、构树（雌株）的花属头状花序。金银木、金银花、鞑靼忍冬等忍冬属树种花成对生于叶腋。绣线菊属的花序多为伞形，东陵八仙花、天目琼花的花序边缘有一圈大型不育边花等。此外还可依据花色、花部形态差异及花香等方面的特性进一步鉴别。

（三）果实

北京市园林树木的果实具多种类型。合欢、槐树、刺槐、紫荆、皂角、紫藤等树种果实为荚果。山桃、山杏、李、核桃、枣、小叶朴的果实属核果。元宝枫、榆、臭椿、白蜡、杜仲等树种果实为翅果。金银木、小檗类、柿、枸杞等树种果实属浆果。果实为蒴果的有丁香类、溲疏、泡桐、连翘、太平花、紫薇、香椿，黄金树。栗、栓皮栎、槲树、麻栎等壳斗科的树种的果实为具有木质化总苞的坚果。绣线菊类、玉兰、梧桐的果实属蓇葖果。苹果、海棠、贴梗海棠、梨、水栒子等果实为梨果。月季、玫瑰、蔷薇类的果实为浆果状的假果，特称蔷薇果，其真正的果实为包藏在假果内的骨质坚果。在每种类型果实中，还可依据果实的形状、大小、颜色及着生方式之差异进一步鉴别。例如同属蒴果，栾树果实膨大如灯笼状。梓树的果实，细长如筷子。丁香的果实扁形，成熟后二裂如鸟喙。皂荚与山皂荚的果实均为荚果且大小相近，但皂荚果实肥厚，直而不扭曲，山皂荚果实薄而扭曲。海棠花与小果海棠均俗称西府海棠，果形及大小相近，果序相同，但果色不同，前者果色黄，后者果色红。白蜡树与绒毛白蜡（小叶白蜡）的果实均为翅果，果实形态相近，但前者果实生于当年生枝顶或枝侧，后者果实生于2年生枝侧。

此外，在果实形态差异不显著时，还可从果实内种子的数量、形态的差异进行鉴别，如小叶女贞与水蜡果实形态相似，但从果内种子数量差异可区分。前者果实多具2粒种子，后多为1粒。

总之，各种树木形态表现各异，只要我们根据上述内容，对树木进行细心的观察、比较，在共性中找出树种特有的、较为明显的个性，不断实践，就能达到识别树种的目的。

第四节　树木各论

一、常绿乔木

1. 雪松（喜马拉雅杉、喜马拉雅雪松）

科属：松科，雪松属。

形态（图 3-1）：乔木，高达 72 米，胸径 3 米，树冠塔形，树皮深灰色，裂成鳞状块片；大枝不规则轮生，平展，其顶部及小枝常微下垂，枝下高极低；一年生小枝淡灰黄色，密生短绒毛，微有白粉；针叶幼时有白粉，呈灰绿色，老则成深绿色；花单性，雌雄异株或雌雄同株；球果甚大，种子有翅。花期 10～11 月，球果翌年 9～10 月成熟。

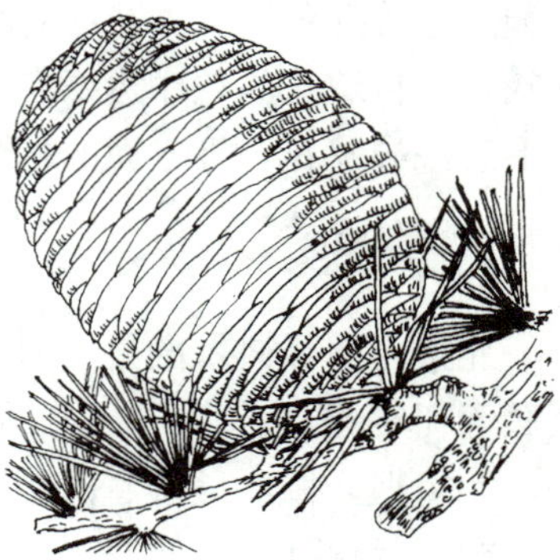

图 3-1　雪松

分布：喜马拉雅山西部，尼泊尔和印度海拔 1300～3300 米的山地。

习性：喜光树，喜光，也有一定程度的耐荫力，喜凉爽湿润气候，亦较耐干热，故于建筑物南、北侧，热辐射较强的广场及在林木侧方庇荫下均可生长。惟在楼北及开阔迎风地新植树头 1～2 年需设风障保护，以后即可自然越冬。一般大树的抗寒性较强，但树冠迎风面有轻微干尖。

喜土壤深厚、排水良好之中性、微酸性土壤，对城市渣土具有一定适应能力，植于城内公园、绿地各类渣土上多生长良好。较不耐土壤密实，在土壤过于密实条件下生长较差。较耐旱，但不耐水湿，土壤长期过湿，常导致大量烂根，植株焦针，生长不良或死亡。不甚耐盐碱。对二氧化硫及烟尘抗性较差。

繁殖：播种、扦插。

园林用途：雪松树体高大，树形优美，为世界著名庭园观赏树。最适于孤植于草坪中央、建筑物前、庭园中心或主要大建筑物的两旁及园门的入口等处。还可植列园路的两旁，形成甬路，亦极壮观。世界许多国家园林中栽植应用，在印度民间被视为圣树。我国引种栽培近 70 年，长江流域各城市多有栽培，青岛、旅顺、大连、西安、昆明等地亦有引种。北京于 20 世纪 50 年代中期少量引入，1954 年于西郊友谊宾馆大剧院前栽植的雪松，株高达 17. 5 米，胸径 65. 2 厘米，冠幅 14. 5 米 ×16. 8 米，经人工授粉已结实多年，长势良好。70 年代后引种数量渐多，现公园、道路绿地亦已多见。雪松作为优美的常绿观赏树宜在北京市城郊公园、庭院、街道绿地和居民区绿化中适当应用。

2. 油松（短叶松、短叶马尾松、东北黑松、巨果油松）

科属：松科，松属。

形态（图 3-2）：乔木，高达 30 米，胸径 1. 8 米，树皮灰褐色或褐灰色。树冠壮年期为塔形或广卵形，老年或孤立木树冠为平顶。叶 2 针一束，叶鞘宿存。球果卵圆形，宿存数年不落。花期 4 ~5 月，果次年 10 月成熟。

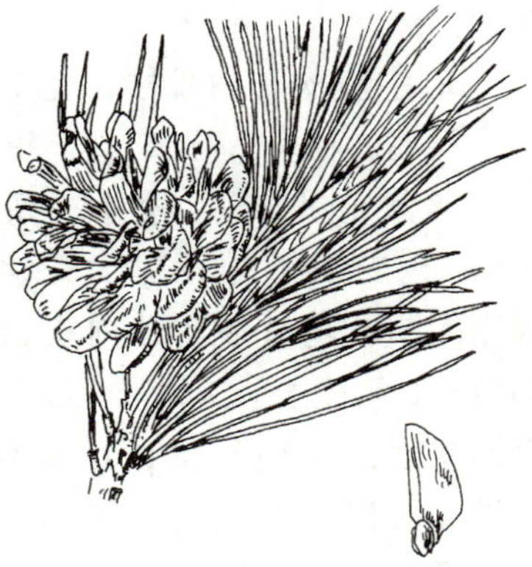

图 3-2　油松

分布：我国东北南部、华北及西北。

习性：强喜光树，喜光，但幼树亦稍耐荫，楼北栽植生长尚好。耐寒、抗风，也较耐热。在土壤适宜条件下，于城区广场、建筑前、道路两侧等热辐射强烈地区栽植，均能正常生长。

能耐瘠薄土壤。自然界中常见生长于山岭的陡崖上及岩壁石缝处。引入北京城郊平原地区栽植后，以近山地带及城西北郊区生长表观较好。在东南郊区由于土壤黏粒含量较多，土壤情况复杂，生长较差。对城市一般少量或中量渣土尚能适应，惟在石灰渣土及过量煤灰渣土上生长不良或死亡。

对土壤通气要求较高，不耐土壤密实。由于城区人踩车碾和各种机械夯实形成的过密土壤，不仅使土壤硬度加大，限制油松根系生长，而且减少土壤通气空隙，严重时使根系“窒息死亡”。城区于土壤密实地段所植之油松，由于栽植坑内土壤经过翻松，坑外密实，根系常形成围绕栽植坑壁生长的畸形分布，底层土壤密实又使垂直根系减少，生长不良，植于较窄分车带（3 米以内）者也因根系水平分布受阻，营养面积不足而生长衰弱。植于周围为铺装地面条件下的植株，由于土壤与大气的空气交换受阻，也造成根系通气不良，生长衰弱或死亡的现象。

较耐干旱，不耐低湿、盐碱，尤忌积水。于北京市东南郊、通县、大红门一带较低湿地区平地栽植较难成活，仅能在土台高岗处种植。地下环境是油松在北京城区生存的主要条件，如能注意以留足营养面积和避免低洼地种植，以及采取改良土壤、减少密实度和改善地下排水状况，避免局部积水的改地适树和养护措施，可使油松在北京城生长良好。油松在北京园林中栽培历史悠久。据统计，全市300年生左右的油松古木有220株，百年以上者近千株，多分布于城郊古刹、宫苑、庭院、陵园墓地等处。西山古刹戒台寺内的传为辽金时代所植，距今已近千年；城区北海团城承光殿东侧所植，曾由清高宗皇帝封为“遮荫侯”的一株古松，距今也有800年历史。油松在城市绿化实现四季长青的布局中占有较重要的地位，北京市于城郊公园、庭园及道路绿化广为栽植。

3. 白皮松（白骨松、虎皮松、龙松、蛇皮松）

科属：松科，松属。

形态（图3-3）：乔木，高达30米，胸径3米；树皮幼年时光滑，灰绿色；大树成不规则的鳞状薄片脱落，内皮粉白色，外皮灰褐色；1年生枝灰绿色，无毛；针叶3针一束，粗硬，叶鞘早落；花单性，雌雄同株；球果卵圆形或圆锥状卵圆形；种翅短，有关节，易脱落。花期4～5月，果次年10～11月成熟。

图3-3　白皮松

分布：山西、河南、陕西、甘肃、四川。

习性：喜光树，喜光亦略耐半荫，城区楼阴面及林木庇荫下长势也较好。耐寒、抗风，北京城区景山顶上栽植百年之大树长势尚好。不甚耐干热，植于城区高温及热辐射强地段常出现焦针、干皮受灼流脂。

对一般城市渣土尚能适应，惟于石灰渣土上栽植多生长不良甚至死亡。对土壤通气要求较高，不耐土壤密实，土壤过实常导致根系死亡。在城区栽植常因土壤密实而改变其深根特性，因此需注意改土及于较大营养面积处栽植。较耐干旱，但畏积水及水湿，抗盐力差，含盐量达0.2%时即可受害。对二氧化硫、一氧化碳及烟尘污染有较强之抗性，其抗毒及吸毒能力较油松为佳。

繁殖：播种。

园林用途：白皮松为东南亚少见之三针松，特产我国，为珍贵树种之一。自古以来配置于宫庭、寺院以及名园与墓地之中。其树干皮呈斑驳的乳白，醒目，加上衬以青翠树冠，可谓独具其观。白皮松在北京园林中栽植历史悠久。据统计，全市有古树400余株，多分布于宫庭园林、寺庙、墓地。其中树龄在300年以上的古树有百余株。西山古刹戒台寺内著名的“九龙松”，高达18.22米，干周6.19米，冠幅23米，树势仍颇为雄伟壮观。作为优良庭园绿化树种，新中国成立后在城郊公园、庭园及道路广为栽植。

4. 侧柏（扁柏、扁松、扁桧、黄柏、香柏）

科属：柏科，侧柏属。

形态（图3-4）：常绿乔木，高约20米，胸径1米；幼树冠尖塔形，老树冠广圆形；树皮薄，浅褐色，呈薄片状剥离；小枝扁平，鳞叶交互对生；雌雄同株，球花单性枝顶；球果卵形，种鳞木质，熟后开裂，种子无翅。花期3~4月，果熟期10月。

分布：极广，几乎全国各地均有栽培。

习性：喜光而有一定耐荫力，喜温暖湿润气候，但亦耐多湿，干燥和严寒。幼树不甚耐寒，于楼北回头风侵袭处栽植多易抽条或死亡。喜排水良好而湿润的深厚土壤，在酸性土、中性土或碱性土上均能生长，在土壤瘠薄处和干燥的岩石山路旁亦可见有生长，侧柏的抗盐性亦很强，可在含盐0.2%的土壤上生长。其根系发达，较油松有较强的耐湿力，适应性颇强，对多种有害气体污染抗性强，寿命长。

繁殖：播种。

园林用途：侧柏为我国应用最普遍的园林树木之一，自古以来多栽于庭园、寺庙和陵墓等处。在北京市园林中栽培历史长久，如北京中山公园有千年的辽代古柏。

侧柏在园林中常与圆柏、油松、黄栌、臭椿等混交，效果比纯林为佳。侧柏在淮河以北、华北、西北石灰岩山地及黄土高原为重要造林树种。侧柏耐修剪，是较好的绿篱树种。其栽培变种千头柏、金塔柏、洒金千头柏，树形、叶色美观宜园林中观赏种植。抗污能力强，适于工矿区绿化栽植。

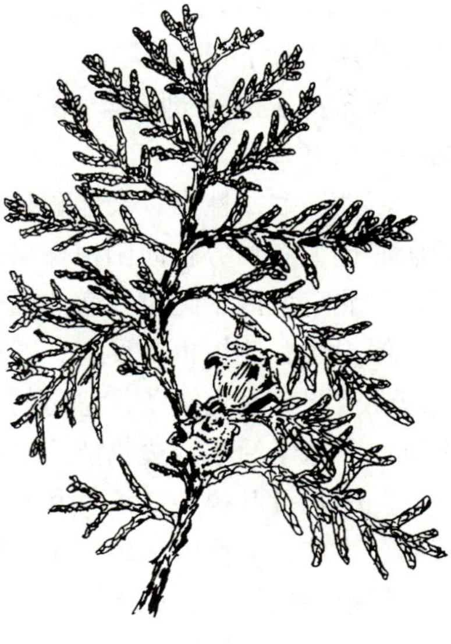

图3-4 侧柏

金塔柏（洒金柏、金枝侧柏）：本

种为侧柏之栽培变种（品种），其他形态同侧柏。树冠塔形，叶金黄色。果实熟前黄色或呈黄绿相间色，熟后变木质呈红褐色。南京、杭州、武汉、郑州等地有栽培。新中国成立后，北京市引入栽培。喜光，亦耐侧方遮荫，喜温暖湿润气候，不耐寒，北京市露地栽植需要背风向阳处，较耐干热。对土壤要求不严，对烟尘、二氧化硫等有害气体污染有一定抗性，首钢厂区绿化种植长势良好。繁殖方法为嫁接、扦插。金塔柏叶色金黄、树形优美，为优良的常绿观赏树，园林中常点缀于建筑、雕塑、山石、草坪中种植。还可与各种不同色彩、不同树形针、阔叶树种配植应用。

5. 圆柏（桧柏、刺柏）

科属：柏科，圆柏属。

形态（图3-5）：乔木，高达20米，胸径达3.5米；树冠尖塔形或圆锥形，老者则成广卵形、球形或钟形。树皮灰褐色，呈浅纵条剥离，有时呈扭转状。老枝常扭曲状；小枝直立或斜生，亦略有下垂者。冬芽不显著。叶有两种，鳞叶交互对生，常见于老树及老枝上；刺叶常3枚轮生，叶上面微凹，有两条白色气孔带。雌雄异株，极少同株；球果球形，翌年11～12月或第3年1～2月成熟，外被白粉，成熟时不开裂。花期4月下旬。

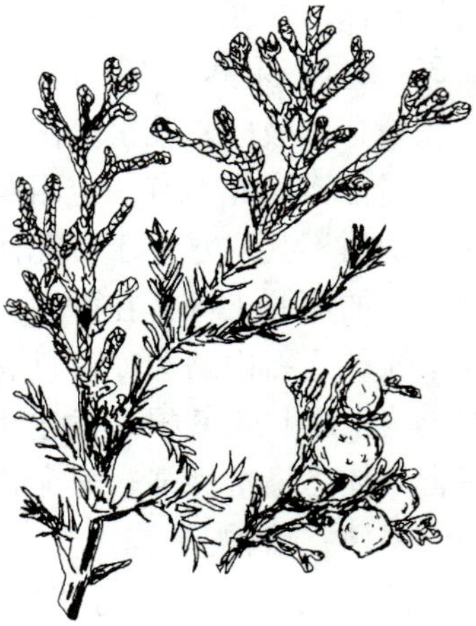

图3-5　圆柏

分布：东北南部及华北等地，几乎全国各地均有栽培。

习性：耐寒性强，又能耐热，喜光，也较耐荫，植于贴近建筑物北侧或浓荫庇护下者长势较向阳植株略差，但距楼北侧稍远或半荫条件下长势仍较好。现北京城区于建筑物南北两侧均广为栽植。

深根性，侧根也较发达，对土壤要求不严，对北京市区各种人工渣土的适应性极强，在土壤条件恶劣的条件下也能生长。较耐干旱，对潮湿也有一定抗性，植于活水沟边仍能正常生长。

圆柏是针叶树中对氯气和氟化氢抗性较强的树种，对二氧化硫的抗性也较油松为佳，并能吸收硫和汞，滞尘和隔音效果也较好。

繁殖：播种、扦插。

园林用途：我国自古以来多配植于庙宇陵墓作墓地树或圆柏林。其树形优美，青年期树冠整齐呈圆锥形，老树则干枝扭曲，奇姿古态，堪为独景。

圆柏在北京地区栽植历史悠久，据统计北京市百年以上的古树达4500余株。多分布于公园、坛庙、寺院内。地处市中心的中山公园内的古树传为辽代所植，至今已有千年，其中一株高达11.2米，干周105厘米，冠幅10米；西山古刹潭柘寺内一株千年古树株高达27米，干周380厘米，均长势良好。新中国成立后大量栽植，现已成为北京市园林绿化的主要常周绿树种。圆柏耐修剪，下枝不易枯，冬季颜色多不变，故作绿篱效果比侧柏更理想。河南、山东等地以圆柏作盘扎，整形之材料以及盆景材料。

龙柏为圆柏之品种，树形呈圆柱形，小枝略扭曲上伸，小枝密，在枝端成几等长之密簇状，全为鳞叶，密生，幼叶浅绿色，后呈翠绿色；球果蓝黑，略有白粉。原产日本、长江流域及华北地区城市园林中都有栽培。喜光，喜温暖湿润气候，并较耐干热，背风向阳处生长良好，不甚耐寒，对冬春干风侵袭反应敏感，植于迎风处或开阔地越冬小枝易枯梢。对土壤要求不严，较能适应城市渣土，亦较耐盐碱，于北京市龙潭公园东湖盐碱较重地带栽植，长势尚好。扦插、嫁接。龙柏叶色翠绿、枝叶紧密，侧枝旋扭向上宛若游龙盘旋，树形优美，为长江流域及华北地区城市绿化常见的优良庭园观赏树。园林中常以规则式列植于建筑前厅两旁，或自然种植于绿地草坪上。亦可用作盆景材料。

二、常绿灌木

6. 叉子圆柏（砂地柏、臭柏、新疆圆柏、天山圆柏）

科属：柏科，圆柏属。

形态（图3-6）：匍匐性灌木，枝斜上层，叶刺形或鳞形，刺叶常生于幼树上，鳞叶交互对生，斜方形，先端微钝或急尖，背面中部有明显腺体；多雌雄异株；球果熟时褐色或暗褐紫色，被白粉；种子1～5粒，多为2～3粒。

图3-6　叉子圆柏

分布：我国西北及内蒙古，欧洲南部和亚洲部分地区。

习性：喜光，亦较耐荫，楼北侧栽植亦可正常生长。耐寒、抗风，北京市区各类地段均可栽植。对城市渣土适应性强，耐旱性强，北京市

10 条立交桥绿地砾石渣土上含水量为 8.4%，仍正常生长。较耐瘠薄及盐碱。对二氧化硫、一氧化碳、烟尘污染抗性较强。生长迅速，北京市日坛公园 1980 年栽植一株冠幅为 60 厘米的叉子圆柏，5 年后高达 1.6 米，冠幅 3.6 米×2.6 米。

繁殖：播种、扦插。

园林用途：叉子圆柏对城市生态条件适应性强，耐粗放管理。很少病虫，且叶色苍绿，树型优美，为北京市可广泛应用的优良常绿灌木，亦可作地被植物大面积栽植。栽培中类型较多，其中以开张角度大、株形较矮生匍匐者观赏为佳，可大力繁殖推广应用。

7. 锦熟黄杨（小叶黄杨）

科属：黄杨科，黄杨属。

形态（图 3-7）：常绿阔叶灌木或小乔木，高 6～9 米，小枝多密集，有短柔毛。叶椭圆形或卵形至披针状矩圆形，先端钝或凹，上面暗绿色，下面色较淡或带黄绿色，两面有光泽。花丛生于叶腋，蒴果三脚鼎状。花期 4 月，果熟期 7 月。

分布：亚洲西部、非洲北部、欧洲南部，北京、山东、河南等地有栽培。

图 3-7　锦熟黄杨

习性：喜光，也耐荫，北京市庭园楼北侧及乔木冠荫下栽植均能正常生长，惟很少开花结果。耐热，城区栽植能正常越夏。耐寒性较强，北京市可露地越冬，惟在风口及高层建筑北侧回头风侵袭之地易灼条。

在城区道路、公园庭院各种少量及中量渣土上均能良好生长，但不甚耐旱，对渣砾含量过多的渣土适应性差。耐盐碱及低湿，在北京市青年湖公园地下水位 80 厘米，含盐量 0.21% 的湖边地段仍生长正常。能抗多种有害气体，是北京市厂矿绿化的优良常绿树种，可大量发展。

繁殖：播种、扦插、分株。

园林用途：本种枝叶茂密而浓绿，经冬不凋，观赏价值甚高。宜于庭园作绿篱或花坛边缘种植，也可在草坪孤植、丛植及路边列植，点缀假山。叶厚光亮，翠绿可爱。生长慢，耐修剪，宜于造型。

8. 大叶黄杨（冬青卫矛、正木）

科属：卫矛科，卫矛属。

形态（图 3-8）：常绿阔叶灌木或小乔木，高达 8 米。树皮浅褐色，有浅纵裂条纹。小枝稍为四棱形，绿色。叶对生，革质，倒卵形或长椭圆形，缘具钝锯齿，上面深绿色有光泽，下面淡绿色，平滑无毛；花白绿及黄绿色，花部 4 数，花丝细长，花盘肥大。蒴果粉红色，扁球形，有 4 浅沟，果梗四棱形，较粗壮；假种皮橘红色，种子棕色。花期 6 ~7 月，果期 10 月。

图 3-8　大叶黄杨

分布：原产日本，华北各地均有栽培。

习性：喜光树，喜光，也能耐荫。但抗寒性较差。在北京市庭院小气候条件下植于建筑物北侧、东西两侧及乔木树冠庇护下均可正常生长。但于迎风处栽植则枝叶易受冻干枯。

对土壤要求不严，在背风条件下，在一般城市土壤上均能正常生长，并较耐土壤密实。耐烟尘，并对二氧化硫、氯气、氟化氢等有毒气体抗性较强。是工厂区绿化的理想常绿树种。生长较慢，耐修剪，寿命长。

栽培上有银边黄杨、金心黄杨、金边黄杨等变种，北京市露地有栽植，较少见，耐寒性较大叶黄杨为差，越冬须防寒。

繁殖：扦插、压条、播种。

园林用途：本种叶色浓绿，大而有光泽，四季长青，且有各种花叶的变种，是较好的观叶树种。园林中常作绿篱或丛植于花坛、草坪，也可修剪成圆球形对植于门旁，其花叶变种更宜盆栽，用于会场装饰。

三、落叶乔木

9. 银杏（白果、公孙树、鸭脚树）

科属：银杏科，银杏属。

形态（图 3-9）：落叶乔木，高 40 米。干径达 3 米以上。树冠广卵形。树皮灰褐色，深纵裂。大枝近轮生，枝分长枝与短枝，1 年生长枝浅棕黄色。短枝密被叶痕，叶扇形，有长柄，脉二叉状，先端常二裂，基楔形。叶互生于长枝而簇生于短枝上。雌雄异株，球花生于短枝顶端的叶腋或苞腋；花期 4 ~5 月，风媒花。种子核果状，椭圆形，熟时呈淡黄色或橙黄色，外被白粉；外种皮肉质，有臭味；中种皮白色，骨质，内种皮膜质，棕红色；种子 9 ~10 月成熟。

图 3-9　银杏

分布：浙江天目山有野生种，沈阳以南、广州以北均有栽培。

习性：喜光树，喜光，幼树为耐荫，耐寒性较强，在北京能露地栽植，正常越冬及生长。能适应高温多湿气候，但耐干热能力较差。热辐射强地区常易促发焦叶。

喜深厚排水良好之土壤，在北京市一般渣土含量低于 30% 的城市渣土上均能正常生长。为深根性树种，在北京近郊三里河路农田土上栽植 4 年的幼树，主根已达 2 米多深，生长良好。但耐城市土壤密实能力较差，常因此影响其扎根深度，北京前三门分车带下层土壤密实，栽植 6 年的幼树根系仍只分布于 40～50 厘米土层之上，生长较弱。不耐积水，较耐干旱，在过于干燥、低湿之地生长不良，寿命较长，可达千年以上。

银杏生长速度较慢，发育也较慢。由种子繁殖者，需 20 年始能开花结果，40 年生始能进入结实盛年期，但结实期较长，近百年大树大年产量可达 1000 千克左右。

银杏在大树干茎周围易发生成排、成丛之萌蘖，可用以繁殖。

繁殖：播种、扦插、分蘖。

园林用途：银杏为我国特有的单一科、属、种的古老树种，是自古以来即习用的绿化树种，最常见寺庙殿前左右对植。四川灌县青城山中有汉代银杏。江西庐山黄龙寺银杏传为晋代所植。湖南衡山福严寺者传为唐代银杏。北京市西郊古刹大觉寺院内一株银杏高约 30 米，干周 778 厘米，冠幅 20 米，传为辽代所植，距今已近千年。城区西郊地质研究院内一株银杏高达 18 米，干周 409 厘米，冠幅 20 米 × 21 米，当为城近郊平原地区所见之巨树，至今长势仍甚良好。银杏树势雄伟，树荫浓密，叶形秀丽，秋叶色金黄，观赏及生态效益俱佳，为北京市园林中的优良庭荫树、行道树及秋色树种。用作行道树时宜选栽雄株以免熟落果实之异味及污染。

银杏雌雄株可从以下特征区别：

雄株：主枝与主干之间夹角小，树冠稍窄，且形成较迟。叶裂刻较深，常超过叶的中部。秋叶变色期较晚，落叶较迟。着生雄花的短枝较长（约

1～4厘米）。

雌株：主枝与主干之间夹角较大；树冠宽大，顶端较平，形成较早。叶裂刻较浅，未达叶的中部。秋叶变色期及脱落期均较早。着生雌花的短枝较短（1～2厘米）。

10. 毛白杨（大叶杨、响叶杨）

科属：杨柳科，杨属。

形态（图3-10）：大乔木，高达30米，胸径1.5～2米；树干通直；树皮灰白色或灰绿色，光滑，皮孔明显呈菱形；老年树皮纵裂，呈暗灰色；叶芽锥形，花芽尖卵形，嫩枝、芽、叶均有灰白色绒毛，后渐脱落；叶三角状卵形至三角状卵圆形，表面光滑，背面密背白色绒毛；叶柄长且扁平，柄端带有2～4圆形腺体。花单性，雌雄异株，成柔荑花序，花期3～4月，叶前开放。蒴果大，三角形，4月下旬成熟。

图3-10　毛白杨

分布：黄河流域，北至辽宁南部，南达江苏、浙江，西至云南。

习性：强喜光树种，喜光亦耐半荫，在楼北背阴处栽植生长尚好，于中层楼北处栽植趋光性明显，高生长迅速，干形多高大通直。耐寒性强，抗风。也耐干热，于城郊公园、庭院、绿地、道路及广场附近均可植栽。

喜深厚、湿润、肥沃土壤，酸性至碱性土壤均可生长。据对北京市植株测定，土壤养分尤其是氮的含量对其生长状况影响较大，城区渣土养分含量较低，故近郊原农田土上栽植者生长优于城区，其对城市渣土之适应状况以少量或中量渣土上生长较好。植于过量渣土者由于渣粒含量过多而使土壤黏粒及养分含量相对减少，生长较弱。对土壤密实有一定耐受能力，优于油松，但低于槐树。不甚耐干旱，据对城区大量植株观察测定，在北京市地下水位下降、人工补给水不足的条件下，水分匮乏已成为影响城区毛白杨生长状况的主要因子。在自然降水偏少年份及渣粒含量较高、保水性差的地段，表现尤为明显。于城区各地亦均可观察到大量栽于雨水口或自来水井旁、土壤湿润处的植株生长明显优于其他植株的实例。毛白杨虽喜湿润，但需排水良好，过湿，不抗涝。

对二氧化硫、一氧化碳及烟尘污染有一定抗性，对氯气及氯化氢抗性较弱。化雪盐（氯化钠）浓度达0.3%时侵入根区即可引起伤害。

繁殖：埋条、扦插。

园林用途：在园林中常作行道树和庭荫树栽植。近年北京市引种毛白杨雌株，在郊区栽植生长快，但耐旱性不如本地雄株，于城区内生长较差，且飞絮严重，只宜于郊区应用。

11. 旱柳（立柳）

科属：杨柳科，柳属

形态（图3-11）：乔木，高达18米，胸径80厘米；树冠卵圆形或倒卵形。树皮灰黑色，纵裂。枝条直伸或斜展。叶披针形或线状披针形，先端渐长尖，基部楔形，缘有细锯齿，叶背微被白粉，叶柄短。托叶披针形，早落。花单性，雌雄异株，成柔荑花序，雄花序轴有毛，雄蕊2个花丝分离，基部具2个腺体，雌花子房背腹面各具一腺体。蒴果，2瓣裂。花期4月下旬，果熟期5月上旬，常见变种有：馒头柳：分枝密，端梢齐整，枝冠半圆形，状如馒头，北京常见。绦柳：枝条细长下垂，华北地带常和垂柳混淆。龙爪柳：枝条扭曲向上，树体较矮小，易遭虫害，寿命较短。

图3-11 旱柳

分布：东北、华北，西至甘肃、青海，南至长江流域。

习性：喜光，喜水湿；耐寒，也能耐旱，对土壤要求不严，在干瘠沙土、低湿河滩和弱盐碱地上均能生长，而以肥沃、疏松、潮湿土上最为适宜。萌芽力强，根系发达，主根深，侧根和须根广布各土层中。固土、抗风力强，不怕沙压。此外，旱柳树皮能在受到水漫时，很快形成新根，悬浮水中吸收水分和养分，以保证水面下根系所需的通气条件，这是它不怕水淹和插条易活的重要原因。抗污染能力强。有多种病虫危害，管理上须加强防治。

繁殖：扦插、播种、压条。

园林用途：旱柳历来为城市绿化者所喜爱，也是华北地区乡土树种。其柔软嫩绿的枝叶，丰满的树冠，尤其是其变种的形态多姿，更为美观。加之成活容易，生长迅速，抗性强等优点，自古以来成为重要的园林绿化树种。最宜沿河湖岸边及低湿处、草地上栽植，亦可作行道树、防护林及沙荒造林等用。

12. 垂柳

科属：杨柳科，柳属。

形态（图 3-12）：高达 18 米；树冠倒广卵形。小枝细长下垂。叶披针形或线状披针形，先端渐长尖，缘细锯齿；托叶阔镰形，早落。花单性、雌雄异株、成柔荑花序，雄花具 2 雄蕊、2 腺体；雌花子房仅腹面具 1 腺体。蒴果，2 瓣裂。花期 4 月，果熟期 4 ~5 月。

图 3-12　垂柳

分布：长江流域及其以南各地平原区，华北、东北亦有栽植，垂直分布在 1300 米以下。

繁殖：扦插、播种。

习性：喜光，喜温暖湿润气候及潮湿深厚之酸性、中性土壤。较耐寒，特耐水湿，但亦能生于土层深厚之高燥地区。萌芽力强，根系发达。生长快，15 年生高 13 米，胸径 24 厘米。能抗多种有害气体污染。腐烂病及天牛等病虫危害较重，常致树木枯顶，大枝干枯，管理上须注重防治。

园林用途：枝条细长柔软下垂，姿态优美。植于河岸、湖池边最为理想，枝垂水面，别有风致，自古即为重要的庭院观赏树。亦可用作行道树及固岸护堤树种。

13. 玉兰（白玉兰、应春兰、玉兰花）

科属：木兰科，木兰属。

形态（图 3-13）：落叶乔木，高达 15 米；树冠卵形或近圆形，幼枝及芽均有毛。叶倒卵状长椭圆形，先端突尖而短钝。基部广楔形，幼时背面有毛。花大，纯白色，芳香，花萼花瓣状，共 9 枚。蓇葖果聚合成球果状。4 月初开花，盛花期 8 ~10 天，8 ~9 月果熟。

分布：原产我国中部山区，现国内外庭园常见栽培。

习性：喜光，略耐半荫，于庇荫条件下能生长，但多不开花。喜温暖湿润气候，嫁接苗木耐寒性弱，实生苗木耐寒性稍强，露地栽植宜选择楼南或东侧避风并有林木分布、空气较湿润的处所。不耐干燥、高温，多易焦叶，故植于北京市近山风景区者较城区生长为好，植于公园、庭院者又较街头绿地生长为佳。

在含夹杂物较少的渣土上生长较好，但忌石灰渣土。根肉质，畏积水，不耐低湿及盐碱。在栽培管理中如浇水量过大也易引起烂根死亡。较不耐瘠薄及土壤密实，常因此而加重焦叶。

嫁接玉兰生长较慢，实生苗木则生长显著为快，适应性也强于嫁接玉兰，但开花较迟且花朵较小，观赏稍差。

繁殖：播种、嫁接。

园林用途：玉兰花大而洁白、芳香，是我国著名之早春花木，自古即有栽培。北京园林中栽培历史有200余年。古树多见于皇家园林、寺庙及私宅庭院内，据1983年统计，北京市有古树9株。西山大觉寺内清乾隆年间所植玉兰，现株高达7米，冠幅7米，分枝点1.2米处胸径37厘米，至今长势好。玉兰宜列植室前，点缀庭院，于建筑物前配植或以常绿树为背景丛植于草坪，

图3-13　玉兰

14. 海棠花（西府海棠）

科属：蔷薇科，苹果属。

形态（图3-14）：小乔木，树形峭立，高可达8米。小枝红褐色，幼时疏生柔毛。叶椭圆形至长椭圆形，长5～8厘米，先端短锐尖，基部广楔形至圆形，缘具紧贴细锯齿，背面幼时有柔毛。花在蕾时甚红艳，开放后呈淡粉红色，径4～5厘米，单瓣或重瓣；萼片较萼筒短或等长，三角状卵形，宿存；花梗长2～3厘米。梨果近球形，黄色，径约2厘米，基部不凹陷，果味苦。花期4～5月，果熟期9月。

图3-14　海棠花

分布：全国各地均有栽培。

习性：喜光，不甚耐荫，荫底条件下虽能生长，但很少开花。耐寒性强，迎风面、开阔地、楼北侧均能正常越冬，不灼条。

对城市渣土适应性较强，在房渣土中生长较好，但较不耐密实。耐干旱，忌水湿，较耐盐碱，对二氧化硫、一氧化碳及烟尘污染抗性较强。

繁殖：播种、压条、分株、嫁接。

园林用途：为北京市著名春季观花树木，花期4月中下旬，盛开时繁花似锦，花蕾艳红，观赏甚佳。在北京作为古典园林及明清私宅庭院、寺院中常用的珍贵观赏花木栽培已久，颐和园内大树为清光绪年间栽植，至今生长良好。对气候、土壤适应性强，除不宜植于水湿处外，可于庭院、公园、街头绿地、居民区广泛栽植，但需注意对土壤密实的改良。

15. 紫叶李（红叶李）

科属：蔷薇科，李属。

形态（图3-15）：落叶小乔木，高达8米，小枝光滑。叶卵形至倒卵形，长3～4.6厘米，端尖，基圆形，重锯齿尖细，叶色紫红，背面中脉基部有柔毛。花淡粉红色，径约2.5厘米，常单生，花梗长1.5～2厘米。核果球形，暗红色。花期4～5月。

图3-15　紫叶李

分布：亚洲西南乃樱李之故乡，紫叶李是其观赏变型。

习性：喜光，也较耐荫。在楼东侧半日光照条件下及乔木树冠庇荫下也能生长，惟叶色不甚红。喜温暖湿润气候，不耐风寒，避风处栽植长势良好。植于楼间风道，开阔通风地区及立交桥等处易“抽条”。

对土壤要求不严，城区一般渣土上均能生长，较耐密实。据在北京宣武区绿地测定，在土壤硬度达14千克/平方厘米条件下仍生长较好。景山公园栽于炉渣含量达80%以上的渣土中仍能生长。对二氧化硫、一氧化碳等有害气体抗性较强，可用于污染厂区绿化。

繁殖：嫁接。

园林用途：此树整个生长季节叶片紫红色，宜于建筑物前、园路旁及草坪角隅处栽植，惟须慎选背景之衬托色。在避风、光照充足条件栽植，效果为佳，对有害气体污染抗性较强，宜工厂绿化应用。

16. 合欢（绒花树、马樱花、夜合欢）

科属：含羞草科，合欢属。

形态（图3-16）：乔木，高近16米，枝条开展，冠偏圆形，常呈伞状。

图 3-16　合欢

树皮褐灰色或淡灰色，不裂。小枝灰褐色，略带棱角，有纵细纹，具疏生皮孔。二回羽状复叶，羽片 4 ~ 13 对，各具小叶 10 ~ 30 对。小叶镰刀形，中脉偏向一侧，两面无毛或近叶缘及背面中脉有毛，夜间闭合。头状花序，多数成伞房排列，腋生或顶生，有毛及腺点，花丝淡红色，丝状。荚果条形，扁平。花期 6 ~ 7 月，果熟 9 ~ 10 月。

分布：黄河流域至珠江流域地区。

习性：喜光，亦较耐荫，在庭院小气候环境条件下，于楼北背荫处栽植多年生长良好，亦可开花结实。喜温暖较湿润气候，幼苗耐寒性较差，越冬易抽条。一般避开风口、风道及楼北回头风侵袭处栽植，效果较好。新中国成立前后曾于道路上多次栽植合欢，均未成功。幼树受风袭“抽条”，特别是吉丁虫严重危害，是其主因。庭院、公园栽植者也多受此害，树势严重衰弱以至死亡。据观察，吉丁虫危害多发生主干阳面部位，楼北栽植者以及有林冠庇荫者皮光滑，较少危害。合欢腐烂病常伴随吉丁虫而发生，均需注意防治。

喜温润、深厚及排水良好土壤，不耐水涝。较耐干旱，对城区少量渣土尚能适应，但以近郊原农田土栽植长势更佳。

对多种有害气体有一定抗性，在北京首钢厂及化工二厂等污染区种植，受害较轻，长势尚好，适于厂矿绿化种植。

繁殖：播种。

园林用途：合欢树姿优美，叶形雅致，盛夏红色的绒花满树，有色有香，且小叶昼展夜合，是美丽的庭院观赏树种。宜作庭荫树、园路树，植于房前、草坪、山坡、林缘都很适宜。近年发现花色及叶色不同类型，经选育可望培育出优良新类型。

17. 刺槐

科属：蝶形花科，刺槐属。

形态（图 3-17）：落叶乔木，高达 25 米。树冠椭圆状倒卵形，树皮灰褐色，纵裂，小枝无顶芽。奇数羽状复叶，小叶对生，7 ~ 19 枚，椭圆形至卵状长圆形。花蝶形，白色，芳香，成腋生总状花序。荚果扁平，种子肾形，黑色。花期 5 月，果熟期 10 ~ 11 月。其变种有红花刺槐、花粉红色；香花槐花玫瑰红色，5、7 月 2 次开花；还有从国外引进的四倍体刺槐，叶大，枝繁，木质疏松，生长快，有木材型和饲料型 2 种。这些变种、品种发展潜力很大。

图 3-17　刺槐

分布：原产北美，19 世纪末在青岛引种，现我国各地均有栽培，长江流域到辽宁、河北、内蒙古、宁夏一带较集中。

习性：强喜光，喜光，亦较耐荫，耐寒性强，喜凉润气候，也较耐热。在城区楼北侧及热辐射较强的地段栽植均能生长。浅根性，不抗风，迎风处易倾斜或倒伏。

耐瘠薄，对城市渣土适应性强，于少量石灰渣性土上也能生长。并较耐土壤密实。忌积水，不耐低湿，地下水位过高处，易出现烂根，叶黄化，枝枯叶稀，生长衰弱，甚至整株死亡。

较耐干旱，土壤含水量 8% ~9% 仍能存活。但极度干旱条件下，如北京东单公园土山阳坡短期含水量仅 4. 2% 时，枝多干枯生长不良，并出现死株。

侧根发达，浅根性，大部分分布于 20 ~ 40 厘米之表皮层中。但于深厚土层中栽植，其扎根度亦较深。北京西郊紫竹院路栽于排水良好的深厚冲积土的植株，根系多集中于 1 ~ 2 米土层内，最深根可达 4 米。侧根水平分布多超过冠幅，延伸一侧可达十余米，故于市区栽植，须选择营养面积较大的公园、庭院及道路里侧种植带较宽处种植，不宜于狭小的分车带内栽植。对多种有害气体抗性强。生长快，植龄为 35 年的植株高达 17. 3 米，胸径 52 厘米，冠幅 15 米。

繁殖：播种。

园林用途：刺槐树形高大，树叶茂密，花开时穗穗白花垂挂枝头，清香四溢，既可观赏，又为蜜源，为园林中优良的庭荫树，南北各地普遍栽植。北京市于 20 世纪引入，现广泛用于庭院、公园绿化，也有以行道树栽植应用。本种尤适宜四旁绿化、工矿区绿化及荒山、荒地绿化种植。

18. 槐树（国槐、家槐）

科属：蝶形花科，槐属。

图 3-18　槐树

形态（图 3-18）：落叶乔木，高达 25 米，胸径达 1.5 米。树冠圆形；树皮幼时绿色，老时灰黑色，粗糙纵裂。小枝绿色，皮孔明显。冬芽被青紫色毛，着生叶痕中央。羽状复叶，叶轴有毛，基部膨大；小叶 7～17，卵形至披针状卵圆形，上面深绿色，下面被贴伏毛及白粉。圆锥花序顶生，花冠乳白色，荚果绿色，肉质，念珠状，下垂，不开裂，种子间紧缢缩。花期 7～8 月，果熟期 10 月。

变种有：龙爪槐，粗枝扭转弯曲，小枝下垂，树冠如伞。通常用原种作砧木，以靠接和枝接繁殖。五叶槐，又名蝴蝶槐，仅 3～5 小叶，中间小叶常 3 裂，侧生小叶下边常有大裂片，下面有绒毛，脉上具簇生毛。

分布：我国南北各地普遍栽培，尤以黄土高原及华北平原最常见。

习性：耐寒性强，喜干冷气候，又耐高温，喜光，在建筑物北侧栽培（如北京展览路、前三门大街西段）也能存活，但长势稍差。为深根性树种，较耐密实土壤，对土壤通气要求不严是本树种在城区广为栽植的主要原因。根系穿透力强，在坚实土层中仍能沿土块裂缝局部延伸，表现出顽强的生命力，属于北京市区最耐土壤密实的树种之一。

适于北京城区碱性土壤（pH 值 7.5～8.5）上生长，工体北路 pH 值达 9.71 仍能生存。

较耐干旱瘠薄，对城市土壤适应性强，除煤灰、焦渣等渣砾含量过多、水分缺乏时生长不良外，适于一般城市夹杂物混杂的土壤上生长。由于槐树具备以上特性，在市区行道及分车带营养面积受城市构筑物限制的条件下仍能存活。

过度干旱、季节性积水、红蜘蛛危害均能造成槐树早期落叶。水涝常导致叶片黄化、脱叶、长势下降，甚至死亡。耐烟尘，对二氧化硫、氯气及氯化氢等有害气体有较强抗性。有槐尺蠖、红蜘蛛危害，均较易防治。

繁殖：播种。

园林用途：槐树为北京地区乡土树种，其枝叶茂密，树冠广阔而匀称，对城市环境适应性强，寿命长，是良好的庭荫树和行道树。槐树在北京市栽培历史悠久，现在于城区庙宇、宅门、古老园林庭院内的百年以上大树仍为数不少。北京北海画舫斋古舸亭前一株古槐估龄可达800余年，海淀区关帝庙前及东交民巷、正义路、南北长街、南北池子等地的槐树均为清代所植。

槐树耐烟毒能力强，宜于工厂矿区绿化种植。花富含蜜汁，也是良好的蜜源树种。

变种龙爪槐为中国庭园绿地中常用的观赏树种，富有民族特色，常成对配置门两侧或庭院中，亦可植于建筑物前或草坪边缘。五叶槐叶形奇特，宛若千万只绿蝴蝶栖止在上面。

19. 臭椿（椿树、白椿）

科属：苦木科，臭椿属。

形态（图3-19）：落叶乔木，高30米，胸径可达1米。树皮灰褐色、灰色或灰黑色，平滑或略有浅纵裂。树冠卵圆形或扁球形。小枝粗壮，缺顶芽。叶痕大，盾形。奇数羽状复叶，小叶13～25片或更多，有短柄，披针形，叶缘近波状，上全缘，下部近1/4处常有1～4腺齿。花杂性，雄花与两性花异株，圆锥花序顶生，直立。翅果扁平长椭圆形，初黄绿色，有时微带红色，成熟时多浅褐色，宿存。花期6～7月，果期9～10月。

图3-19　臭椿

分布：华北、华东、华中、华南及西北。

习性：喜光，亦耐荫，耐寒及耐热性均强，在楼北面及开阔地栽植均能正常越冬、生长。对城市渣土适应性强，在城市夹杂物含量较高的多量渣土中也能生长。耐瘠薄，并耐土壤密实。龙潭北里居民区绿地含90%的石灰三合土，土壤硬度为24千克/平方厘米，适应性较强的杨、柳树生长不良，但臭椿仍枝叶茂盛。

耐旱性强，在渣土通气性好的条件下也耐积水，北京龙潭湖公园游泳池南部低洼处所植臭椿，雨季地面积水达一个多月，长势中等，仍能存活。但在黏重土壤并积水的条件易烂根。较耐盐碱，北京龙潭湖公园东湖及青年湖公园含盐量达0.2%～0.3%，仍长势良好。

对二氧化硫、一氧化碳及烟尘污染抗性强。臭椿生长较快，据对栽植24年植株测定，平均年高生长54厘米，一般雄株生长较快。

繁殖：播种。

园林用途：臭椿树干通直高大，树冠开阔，树荫浓，是很好的庭荫树、行道树。北京市城郊庭院、公园、道路及四旁绿地普遍种植。臭椿为本地区乡土树种，适应性强，北京市部分庭院、公园、居民区新中国成立前所植大树，至今仍生长健壮。朝阳区南小街279号居民院内一株雄株胸径达72厘米，株高15米，长势良好。臭椿花果亦可供观赏，冬态也佳，为北京市较优良的园林树种。由于落叶较早，展叶较迟，亦于居民庭院、居住小区种植。

栽培中有果色艳红的类型，称之为红果臭椿，可进行优选培育。

其变种为千头椿，树形伞状，是作路树的好材料。

20. 元宝枫（华北五角枫、平基槭）

科属：槭树科，槭树属。

形态（图3-20）：落叶乔木，高8～12米，胸径可达1.2米。树皮深灰色，浅纵裂，幼时多灰黄色。树冠球形。单叶对生，近纸质，掌状5裂，裂片窄三角形，先端渐尖，全缘稀有疏锯齿，叶基截形或近心形。花杂性，雄花和两性花同株，常6～10朵组成顶生的伞房花序，萼片、花瓣各5片，花冠黄白色。翅果成熟时淡黄褐色，果体扁平，两翅张开成直角或钝角。花期4～5月，果期9～10月。

图3-20　元宝枫

分布：华东、华北及西北。在海拔500米以下的低山、平原多见，山西、河南西部山区可达1500米。

习性：弱喜光，耐半荫，喜湿润凉爽气候，耐寒，较抗风。不耐干热及强烈日晒，在北京市城区植于公园、庭园内林丛间者多能正常越夏。而于地表热辐射较强地区或道路绿化的强烈日晒地段，常出现焦叶，生势衰弱。据观察，元宝枫焦叶发生程度同年降雨量密切相关，一般在降水量较多的年份，空气湿度及土壤含水量相应增高，城区元宝枫焦叶率大为减轻。宜于公园、庭院林丛间或片林中间栽植，并要注意灌溉，不宜用作铺装路面的道路绿化，尤忌单行栽植，如在可形成复层结构的绿地用作伴生树栽植，可望长势较好。元宝枫焦叶的另一原因是由于天牛危害所引起，天牛严重危害已导致元宝枫逐渐被淘汰的趋势，应加强防治。

喜肥沃、湿润、排水良好之土壤，对北京市少量或中量渣土尚较适应。深根性，但在底层渣土坚实条件下常扎根较浅。在城区表现不甚耐干旱，也不耐涝，在地下水位偏高的盐碱低湿地多烂根，叶黄化，枝枯，生长衰弱。在郊区原农田土上生长较好，焦叶也少，能耐烟尘及有害气体。

繁殖：播种。

园林用途：本种树姿优美、叶形秀丽，嫩叶红色，秋季叶又变成黄色或红色，为著名之秋季观红叶树种。宜作庭荫树及行道树，在堤岸、湖边、草地及建筑物附近配植皆甚雅致。

21. 栾树（灯笼树）

科属：无患子科，栾树属。

形态（图 3-21）：落叶乔木，高达 20 米。树冠近球形。树皮灰褐色，深纵裂。小枝无顶芽，有柔毛。叶为大型 1 ~ 2 回奇数羽状复叶；小叶长卵形或卵形，边缘具锯齿或裂片，叶背沿脉有短柔毛；顶生大型圆锥花序，有柔毛，花黄色；蒴果膨大成灯笼状，三角状卵形，顶端渐尖，边缘有膜质薄翅 3 片。种子圆形，黑色。花期 6 ~ 7 月，果期 9 ~ 10 月。

分布：我国北部及中部，北至东北南部，南到长江流域及福建，西达甘肃东南部及四川中部，华北为常见。多分布于平原及低山，一般海拔 1500 米以下，最高 2600 米。

习性：耐寒性强，喜光，亦较耐荫，可在楼北栽植。栾树对城市土壤适应性较强，在一般街巷房渣土上生长较好。据在和平门中学测定，在地下 20 ~ 100 厘米土层含焦渣量达 80% 处长势尚好。但在石灰渣土及三合土上生长明显衰弱。较耐干旱瘠薄，喜湿润，并能耐短期的水涝。对城区密实土壤适应性较强，对土壤通气要求

图 3-21　栾树

不严，故适合于城区栽植。有较强抗烟尘能力。

近年调查发现北京市栾树存在花期差异的不同类型，连继几年观察表明不同类型植株花期稳定，花期最早5月下旬盛开，最晚的9月仍开花。一般早花类型花期6月6日~24日，中花6月12日~7月13日，晚花8月15日~28日（1981年物候资料）。选育晚花栾树在城市绿化配植中有一定的意义。国外选育有秋花栾树品种。天牛危害是影响栾树在城区栽植的大敌，应加强防治。

繁殖：播种为主，分根和根插也可。

园林用途：树形端正，枝叶茂密而秀丽。春季嫩叶多为红色，而入秋叶变黄色，夏季开花满树金黄，实为理想的观赏树木。宜作庭荫树、行道树及风景树。

22. 绒毛白蜡（小叶白蜡、津白蜡）

科属：木犀科，白蜡属。

形态（图3-22）：落叶乔木，高可达18米，树冠伞形，树皮灰褐色，浅纵裂。幼枝、冬芽上均生有绒毛。奇数羽状复叶、对生，小叶3~7枚，多5枚，叶缘具齿，顶生小叶较大。花单性，雌雄异株，圆锥花序生于2年生枝上。无花瓣，花萼4~5齿裂。翅果长圆形，长2~3厘米。花期4月，果10月成熟。

图3-22　绒毛白蜡

分布：原产北美，20世纪初引入我国济南，现辽宁南部、内蒙古南部，黄河及长江中、下游地区均有引种。

习性：喜光，亦较耐荫，在北京前三门高层建筑北侧庇荫条件下植龄5年的植株生长较好，但已略呈现朝街心方向的轻微偏冠。耐寒性强，北京市城区、郊区露地均能安全越冬，抗风力也较强。

对土壤要求不严，对城市各类渣土有较强的适应性，扎根较深，并较耐土壤密实，耐盐碱，在土壤含盐量达0.2%~0.3%的北京青年湖公园湖畔生长尚好。据天津市调查在土壤含盐量低于0.5%的条件下仍能正常生长，现已成为该市主要树种。不甚耐干旱，栽培中应注意适当灌溉。较耐水湿，在北京市公园或道路水边栽植长势良好。

较抗病虫。北京东郊栽植的馒头柳有木囊蛾严重危害，而仅一路之隔的绒毛白蜡蛀干现象明显减少。但在栽培中应注意避免同受木囊蛾严重危害的洋白蜡混植，以避免转主危害。耐烟尘能力强，在北京市石化、钢铁企业厂区绿化种植生长良好。

繁殖：播种、扦插。

园林用途：本种枝繁叶茂，树体高大，对城市环境适应性强，是城市绿化的优良庭荫树和行道树种。北京市于 1958 年从天津市引入栽植，70 年代以来在城郊道路、公园、庭院栽植渐多，已成为北京市绿化有发展前途的主要树种之一，尤适于道路绿化，应着力发展，推广应用。

23. 毛泡桐（紫花泡桐、绒毛泡桐）

科属：玄参科，泡桐属。

形态（图 3-23）：乔木，高达 17 米，树干通直，树冠宽阔，卵圆形至扁球形，树皮灰褐色。小枝节间长。叶卵形或广卵形，长 15～25 厘米，宽 10～20 厘米，全缘或 3～5 浅裂，端钝或尖，叶表绿色或黄绿色，叶背被灰黄或灰色星状毛。花序狭窄，长 40～60 厘米；花蕾倒卵形，花大，长 8～10 厘米；花萼钟状，倒圆锥形，基部尖，浅裂约 1/3；花冠钟状漏斗形，紫色，蒴果卵形或椭圆状卵形，长 3～5厘米，径 2.5 厘米，花期 4～5 月。果成熟于 10 月。

图 3-23　毛泡桐

分布：黄河下游，河北、山西、山东西部、河南、安徽北部及湖北等地。

习性：喜光树种，喜光。亦较耐荫，在城区庭园小气候条件下于高层建筑北侧栽植，亦可开花结实，惟生长较慢。喜温暖气候，耐寒性稍差。

喜水肥，也较耐旱，对城市瘠薄渣土适应性较强，在房渣土及炉灰渣土中仍长势良好，生长快。北京市 1954 年栽植于东城区文化部宿舍内的 2 株，1983 年调查，高达 19.3 米，胸径 96 厘米，冠幅 15 米 ×14.7 米。根肉质，不耐盐碱及低湿。对二氧化硫、一氧化碳等多种有害气体及烟尘抗性较强，适于污染厂区绿化种植。

繁殖：播种、分根。

园林用途：兰考泡桐树干通直，叶大荫浓，花大型，紫色，钟状，先叶开放，盛开时香气四溢，观赏甚美。惟寿命较短，20 余年后即见衰老。为优良庭荫树及道路绿化树种。抗污染，宜庭园、道路、工厂区绿化应用。

四、落叶灌木

24. 红叶小檗（日本小檗）

科属：小檗科，小檗属。

图 3-24　红叶小檗

形态（图 3-24）：落叶灌木，高 2 ~ 3 米。小枝通常红褐色，具沟槽；刺通常不分叉，叶倒卵形或匙形，先端钝，基部急狭，全缘，深紫色，花浅黄色，1 ~ 5 朵成簇生状伞形花序。浆果椭圆形，熟时亮红色。花期 5 月，9 月果熟。紫叶小檗是小檗（日本小檗）的变种，主要形态同原种，惟叶色平时呈紫红色。

分布：原产日本。我国很多城市引种栽培。

习性：喜光，喜温暖气候，较耐风寒。不甚耐荫，楼北栽植生长衰弱，叶色多不红。对土壤要求不严，并有一定耐旱能力，亦较耐土壤密实。生长较慢，萌蘖性强，萌生枝上叶色多艳红，耐修剪。

繁殖：播种、扦插、分根。

园林用途：本种生长季节叶色紫红，观赏甚佳。3 月下旬展叶，11 月中落叶，观叶期达 8 个月，春季开小黄花，果实 7 月下旬着色，秋果艳红，均可供观赏。与绿色、黄色观叶植物配置应用，实为色彩富于变化相映成趣，可于草坪、庭院、公园、街头绿地、分车带及广场上作色块及色篱应用。

25. 太平花（京山梅花）

科属：虎耳草科，山梅花属。

图 3-25　太平花

形态（图 3-25）：丛生灌木，高达 2 米。树皮栗褐色，薄片状剥落；小枝光滑无毛，常带紫褐色。叶卵状椭圆形，基出三主脉，先端渐尖，基部广楔形或近圆形，缘疏生锯齿，通常两面无毛，或有时背面脉腋有簇毛；叶柄稍带紫色。花5～9朵成总状花序，花单瓣，花瓣4，乳白色，径2～3厘米，有香气；萼外面无毛，内面沿脉有短毛。蒴果陀螺形，四瓣裂。花期6月，果熟期10～11月。

分布：我国北部及中部，各地庭园常有栽培。

习性：喜光，亦较耐荫，楼北及树荫下栽植可开花，惟物候稍迟。耐寒，多生于肥沃、湿润之山谷或缓沟两侧排水良好处。也能生长在向阳的干瘠土地上，不耐积水。

繁殖：播种、分株、扦插。

园林用途：花乳白色而有清香，多朵聚集颇为美丽。宜丛植于草地、林缘，亦可作自然式花篱或大型花坛之中心栽植材料。

26. 珍珠梅（吉氏珍珠梅）

科属：蔷薇科，珍珠梅属。

形态（图3-26）：丛生灌木，高2～3米。奇数羽状复叶，小叶13～21枚，卵状披针形，长4～7厘米，缘具重锯齿；无毛或脉腋间有柔毛。顶生圆锥花序，花小而白色，蕾时如珍珠，花期6～8月。

图3-26　珍珠梅

分布：我国北部，河北、山西、山东、河南、陕西、甘肃、内蒙古等地均有分布。垂直分布200～1300米的山坡及杂木林中。

习性：喜光，能耐荫，耐寒性强，于楼北及背荫处栽植皆能正常生长及开花，仅物候期稍为推迟，故现多作耐荫树种配置应用。

对城市渣土适应性强，在北京东单公园，多量煤灰渣土（含量50%以上）栽植的尚能存活生长。较耐干旱，在湿润排水良好疏松土壤条件下生长较快，在城市渣土条件下存活能力虽强，但生长较慢。对氯气及氯化氢等有害气体抗性较弱。

繁殖：分株、扦插。

园林用途：生长茂盛，叶秀丽。花期长，又值夏季少花季节，是很好的夏季庭院观赏花灌木。宜丛栽于草地边缘、林缘、路旁或水边，也可栽成自然式绿篱，耐荫，是北京市园林绿化中适于荫地栽植的少有的优良观花灌木。

27. 月季

科属：蔷薇科，蔷薇属。

形态（图 3-27）：落叶或半常绿直立灌木，通常具有钩状皮刺。小叶 3～5，广卵状椭圆形，长 2.5～6 厘米，先端尖，缘有锐锯齿，两表无毛，表面有光泽，托叶大部附生在叶柄上。花数朵簇生或单生，颜色多样。果卵形至球形，红色。花期 4～11 月。月季花的变种及变型极多，已达万余种。根据形态及园林用途不同可分为：丰花形月季、地被形月季、藤本月季、壮花月季及高接造型的树状月季等。

图 3-27　月季花

分布：湖北、四川、湖南、江苏、云南、广东，现全国各地普遍栽培。

习性：适应性强，喜光，喜温暖、较耐寒、对土壤要求不严，但以富含有机质、疏松肥沃的微酸性土壤最好。较耐热，夏季温度高时对开花不利。有些月季品种抗寒性较差，在绿地栽植中有“抽条”现象，大多数品种可在城市绿地中安全越冬。多年生月季抗寒性会增强。

繁殖：扦插或嫁接。

园林用途：月季花色艳丽，花期长，园林中宜作花坛、花境、花篱及基础种植，亦可盆栽或作切花观赏。

28. 黄刺玫

科属：蔷薇科，蔷薇属。

形态（图 3-28）：灌木，高 1～3 米，树皮深褐色。小枝紫褐色或褐色，分枝稠密有硬直之皮刺。奇数羽状复叶，小叶 7～13，宽卵形或近圆形，稀椭圆形，先端钝，基部近圆形，边缘有圆钝锯齿；托叶大部分附着于叶柄上。花单生，无苞片，无毛，萼片针形，全缘，宿存，花后反折；花冠重瓣或单瓣。花瓣倒卵形，黄色。果近球形，红黄色，先端有宿存反

图 3-28　黄刺玫

折的萼片。花期4～5月，果熟期7～8月。

分布：华北、东北及西北。

习性：喜光，耐寒，于楼北或林冠庇荫处栽植均能正常越冬，营养生长也较好，惟花量较向阳处植株显著减少。据1983年在北京东长安街南北两侧绿地调查对比，路南庇荫处植株比路北朝阳处植株初花期延迟5～6天，花期缩短4天，花量减少90%。耐热性强。喜湿润、肥沃土壤，但对城市渣土适应性较强，耐旱，较耐盐碱。对二氧化硫、一氧化碳、烟尘抗性较弱，在北京首钢焦化厂区种植者，叶多焦卷、早落、生长较差。黄刺玫性强健，初期生长较快。北京日坛公园栽植5年者株高达2.1～3.4米，冠幅2.6～4.5米。

繁殖：扦插、分根、压条。

园林用途：本种花期长，鲜黄色，略有香味，为北方地区春夏观花灌木之一。花盛开于5月初，金花满枝，为“五·一”节日增添园林春色。分枝细密，冠形匀称，小枝紫褐，冬态观赏亦佳。适应性强，宜于草坪、林缘、路边丛植，亦可作花篱及基础种植，可大量发展。为求观花效果，宜选向阳地段或稀疏林冠下栽植。

北京市栽培中有单瓣类型，花黄色或浅黄，多易结果，因观赏较重瓣者为差，栽植较少。

29. 棣棠

科属：蔷薇科，棣棠属。

形态（图3-29）：落叶灌木，高1.5～2米。小枝绿色，有隆起条纹，无毛。叶卵形或三角状卵形，先端渐尖，基部截形或近圆形，边缘有重锯齿，上面无毛或有稀疏短柔毛，下面微生短柔毛；花单瓣，花瓣5，黄色，径3～4.5厘米，单生于侧枝顶端；瘦果黑色，半圆形，无毛，萼片宿存，通常很少结实。花期4～5月。

图3-29　棣棠

分布：河南各山区，华东、华中、华南和西南地区，北京、河北、山西、山东有栽培。垂直分布100～1500米的山间、岩石旁或灌丛中。

习性：喜光，耐半荫，在乔木冠荫下能正常生长，但花量减少，喜温暖略湿环境。畏风寒，在北京植于背风处也常出现轻度

“抽条”，如天坛公园长廊南侧两丛棣棠仍“抽条”5～10厘米；栽于百花园西北角迎风处的6丛则“抽条”较重，最重一株可达90厘米，故只宜于避风向阳地段栽植。喜富含腐殖质的酸性土，但在市区有机质含量少而偏碱的城市土壤上栽植仍较适应。

繁殖：以扦插和分根为主，播种亦可。

园林用途：本种枝、叶、花均美，丛植于篱边、墙际、水畔、坡地、林缘及草坪边缘，或栽作花径、花篱，或与假山配置，都很合适。其变种重瓣棣棠在本地区自4月上旬始花，盛开于4月中旬，其后每生新梢即有花，不断开放直至11月，观花期达200余天，观赏价值更高，北京园林中栽培较多。冬季落叶后枝条碧绿，可供观赏，如与红瑞木一起配置，观赏效果尤佳。

30. 观赏碧桃

科属：蔷薇科，李属。

形态（图3-30）：落叶小乔木，高达8米，小枝红褐色或褐绿色，无毛，芽密被灰色绒毛。叶椭圆状披针形，先端渐尖，基部阔楔形，缘有细锯齿，两面无毛或背面脉腋有毛，叶柄有腺体。花单生，粉红色，近无柄，萼外被毛。核果近球形，表面密被绒毛。花期3～4月，叶前开花，6～9月果熟。

图3-30　观赏碧桃

桃树在我国栽培历史悠久，我国桃的品种约近1000个。根据果实品质及花、叶观赏价值分为食用桃（“大桃”）与观赏桃（“碧桃”）两大类。

观赏桃如：白碧桃：花白色，复瓣或重瓣。红碧桃：花红色，复瓣，萼片常为10。垂枝碧桃：枝下垂。紫叶桃：叶紫红色，花单瓣或重瓣，淡红色。洒金碧桃：花复瓣或近重瓣，白色或粉红色花瓣上有二色。同一株上花有二色或同朵花上有二色。寿星桃：树形矫小紧密，节间短；花多重瓣。花色白色或红色。

分布：华北、华中、华南。

习性：喜光，耐旱，耐高温，耐寒，喜肥沃而排水良好土壤。不耐水湿则落叶，重则死亡，碱性土及黏重土均不适应。

繁殖：以嫁接为主，各地多用切接或“T”字形芽接。砧木北方用山桃，南方为毛桃；如用杏砧寿命长而病虫害少，惟初期生长略慢。

园林用途：桃花烂漫芳菲，妩媚可爱，不论食用种、观赏种，盛开时节皆“桃之夭夭，灼灼其华”，加之品种繁多，着花繁密，栽培容易，故南北园林中多应用。观赏桃宜种山坡、水畔、石旁、庭院、草坪街道上，惟须注意选阳光充足处。且应注意与背景之间的色彩衬托关系，我国园林中习惯以桃、柳间植水滨，以形成“桃红柳绿”之景色。

31. 榆叶梅

科属：蔷薇科，李属。

形态（图 3-31）：落叶灌木，高 2～5 米。枝紫褐色或褐色，幼时无毛或微有细毛。叶宽椭圆形或倒卵形，先端有时 3 浅裂，基部宽楔形，边缘具粗重锯齿，两面具有疏柔毛。花 1～2 朵腋生，先花后叶，花梗短几无梗；萼筒钟状，有细锯齿，花瓣粉红色，倒卵形或近圆形。核果近球形，红色，有沟，有毛。花期 4 月，果期 7 月。

图 3-31　榆叶梅

变种、变型有：

鸾枝：小枝紫红色；略扭曲，花 1～2 朵，罕 3 朵，单瓣或重瓣，紫红色，萼片 5～10；雄蕊 25～35。北京多栽培，尤以重瓣者为多。单瓣榆叶梅：花单瓣，萼、瓣各 5，近野生种，少栽培。复瓣榆叶梅：花大，深粉红色。萼片通常 10，花瓣很多，花梗与花萼皆带红晕。花朵密集艳丽，观赏价值很高，北京常见栽培。

榆叶梅品种极为丰富，北京就有 40 余个，且有花瓣多达 100 枚以上者，还有长梗晚花等类型。

分布：我国北部，河北、山西、山东、浙江等地有分布。

习性：喜光，亦耐半荫，耐寒，耐旱，对轻碱土也能适应，不耐水涝。对烟尘污染抗性较弱。

繁殖：播种或嫁接。砧木用山桃或榆叶梅实生苗。

园林用途：本种栽培管理简易，早春开花，花且繁茂，在北方园林中最宜大量应用。在公园或庭院中最好以苍松翠柏作背景丛植或与开黄花的连翘配植，最能反映春光明媚、花团锦簇欣欣向荣的景象。此外，还可作盆栽、切花或插花材料。

32. 紫薇（百日红、满堂红）

科属：千屈菜科，紫薇属。

形态（图 3-32）：落叶灌木或小乔木。高可达 7 米。树皮光滑，淡褐色，小枝四棱，通常有狭翅，上面红色，下面淡红色。叶对生或近对生，椭圆形、倒卵形至矩圆形，先端尖或钝，基部圆形或广楔形，光滑或下面沿中脉有毛。圆锥花序顶生。花鲜红或粉红色，花瓣基部具长爪，圆形，皱纹状，通常 6 瓣。蒴果，广椭圆形。花期 6 ~ 9 月，果期 10 ~ 11 月。

变种：银薇，花白色，幼枝及叶下面显黄绿色；翠薇，花紫堇色，叶色暗绿。

分布：华东、华南及西南地区。

习性：喜光，亦稍耐半荫，但在庇荫条件下生长较慢，且花量显著减少。喜温暖，不甚耐寒，迎风处易“抽条”。尤以幼苗为甚。城区近年于道路绿地上培植尚能适应，而以避风处长势最好。

图 3-32　紫薇

习性：喜光，较耐荫，楼北栽植亦可开花。耐寒，喜土层深厚，也耐干旱瘠薄，对土壤要求不严，怕涝。

繁殖：扦插、压条、分株、播种，以扦插、播种为主。

园林用途：本种树姿优美，树皮光滑洁净，花色艳丽，并于夏季少花季节长期开放，为北京市园林中的主要夏秋观花灌木，花期近 3 个月，故俗称“百日红”。最适植于庭院及建筑前，也宜栽于池畔、路边及草坪等处，构成一片夏秋佳景。此外，也是盆栽及制作盆景、桩景的好材料。

33. 红瑞木

科属：山茱萸科，梾木属。

形态（图 3-33）：落叶灌木，高达 3 米，枝血红色，无毛，初时常被白粉，髓大而白色。叶对生，卵形或椭圆形，先端尖，基部圆形或广楔形，全缘。侧脉 5 ~ 6 对，表面暗绿色，背

图 3-33　红瑞木

面粉绿色，两面均疏生贴生柔毛。花小，黄白色，成顶生伞房状聚伞花序。核果斜卵形，成熟时白色或稍带蓝色，花期5～6月，果熟期8～9月。

分布：东北地区，内蒙古及河北、山东、江苏、陕西等地。

习性：喜光，稍耐荫，于建筑物东侧或乔木侧方庇荫下能正常生长，较耐寒，但枝条髓部大，组织疏松，对北京市冬春干冷风适应性较差。于迎风处栽植常“抽条”，严重甚至死亡。

喜湿润土壤，较耐水湿。在市区栽培对土壤水分要求反应敏感。耐盐碱，在北京市青年湖地下水位仅40厘米，根际土壤含盐量达0.14%，土壤表面出现2毫米厚的氯化钠白霜的条件下，虽长势较差，仍能存活。对北京城市渣土有一定适应能力。但由于浅根性，须根发达，对城区土壤密实适应性较差，须采取松土措施。对有害气体抗性较弱，在污染工厂区栽植效果较差。

繁殖：播种、扦插、分株、分蘖。

园林用途：本种茎枝终年鲜红色，均美丽可观，并有银边、黄边等变种。最宜丛植于庭园草坪、建筑物前或常绿树间，也可植作自然式绿篱，观其红茎白果，如与棣棠、梧桐等绿枝树种配植在冬季衬以白雪，则色彩美丽，相映成趣。此外，红瑞木根系发达，又耐潮湿，植于河边、湖畔、堤岸上，可收护岸固土之效。

34. 连翘（黄寿丹、绶丹、黄花杆）

科属：木犀科，连翘属。

形态（图3-34）：灌木，高达4米。茎丛生，直立，小枝稍四棱，拱形下垂，髓心中空，土黄色或灰褐色，皮孔突起，叶痕略隆起。叶半革质。对生，单叶有时为3小叶。叶卵形至矩圆状卵形，先端渐尖或锐尖。基部宽楔形或圆，边缘除基部外有锐锯齿，上面绿色，下面淡绿色，无毛或有柔毛。花冠黄色，1～3朵生于叶腋。蒴果卵圆形或长椭圆形，先端有短喙，皮孔明显。种子棕色，具膜质翅。花期3月下旬至4月，叶前开花。果期7～8月。

图3-34　连翘

分布：我国北部和中部。垂直分布400～1900米的山坡、溪谷、石旁的疏林和灌丛。

习性：喜光，较耐荫，楼北栽植亦可开花，耐寒，喜土层深厚，也耐干旱瘠薄，对土壤要求不严，怕涝。

繁殖：扦插、压条、分株、播种，以扦插、播种为主。

园林用途：本种花色金黄，早春先叶开放，艳丽可爱，是优良的早春观花灌木。宜于丛植于草坪、角隅、假山岩石下、阶前、篱下做基础种植，大面积群植于坡地、森林公园效果亦佳。园林中以绿树作背景与榆叶梅、绣线菊等配植效果尤佳。

35. 紫丁香（丁香、华北紫丁香）

科属：木犀科，丁香属。

形态（图3-35）：灌木或小乔木，高4～5米，树皮有沟裂，暗灰色或灰褐色。小枝粗壮，灰白色或灰褐色，无毛。芽卵形，褐色至红褐或带紫色，无毛。单叶对生，宽卵形、肾形，常宽大于长，先端突渐尖，基部心形，截形或宽楔形，全缘，无毛。圆锥花序宽而密，花淡紫色或暗紫堇色。蒴果椭圆形，稍扁，棕褐色。花期4～5月，果熟8月下旬至9月。

图3-35　紫丁香

分布：华北各地，东北南部及西北、西南地区。生长于海拔1500米以下的山地阳坡、半阳坡及山沟间。

习性：喜光，稍耐荫。喜湿润、肥沃、排水良好的土壤，耐旱怕涝，忌在低湿处种植。对烟尘污染有一定抗性。

繁殖：播种、分株、压条、扦插、嫁接均可。以播种为主，栽培品种以嫁接为主，亦可扦插。

园林用途：本种枝叶茂盛，花美而香，为华北庭院中应用最普通的花木之一。广泛栽植于庭院、机关、厂矿、居民区等地。常丛植于建筑前、茶室、凉亭周围；散植于园路两旁，草坪之中；与其他种类丁香配植成专类园，形成美丽、芳香、花开不绝的景色，效果甚佳。

36. 金叶女贞

科属：木犀科，女贞属。

形态（图3-36）：半常绿灌木，高达3米。单叶对生，椭圆形或卵状椭

图 3-36　金叶女贞

圆形，全缘，叶色为鲜黄色，尤以新梢叶色为甚。圆锥花序顶生，合瓣花小，花冠白色，漏斗状，四瓣裂，冠筒较花冠裂片稍长或近等长，雄蕊高出于花冠裂片。核果近球形，成熟时紫黑色，宿存，具一粒种子。花期6月，果期10～11月。

分布：金叶女贞为杂交种，由加州金边女贞与欧洲女贞杂交育成，欧、美园林中多有栽培，北京、大连、上海、广州等20多个城市引种。

习性：喜光，稍耐荫。较耐寒，在北京露地栽植，于背风处可安全越冬。迎风处栽植，越冬后仅当年生枝条抽条。幼年植株（2～3年生）抗寒性较差，随树龄增长，抗寒性也随之增强。对城市土壤适应性较强，能耐干旱、瘠薄和轻度盐碱。对二氧化硫、氯气污染抗性强，具有一定吸污净化能力。长势旺盛，萌蘖能力强，耐修剪。

繁殖：扦插。

园林用途：金叶女贞最大特点是整个生长季内叶呈黄色，在阳光下色彩特别鲜艳、明快。作为异色叶观赏树种，在园林中与叶色浓绿、紫红的观赏植物配置应用或以色彩相宜的建筑为背景，栽植效果甚佳。适宜于光照充足的开阔绿地（广场、立交桥绿地、大型建筑专用绿地等）观赏种植，荫地栽植叶色变绿，观赏效果欠佳。其枝条萌发力强，耐修剪，更适宜造型应用。

37. 迎春（金腰带、小黄花）

科属：木犀科，茉莉属。

形态（图3-37）：落叶灌木，高2～4米。小枝直立或弯曲呈拱形，幼枝绿色，四棱形。叶对生，小叶3枚（幼枝基部有单叶），卵形至矩圆状卵形，先端狭突尖，基部微突，边缘有短睫毛，下面灰绿色，幼时两面有疏毛，后变无毛。花单生于去年生枝上的叶腋，苞片叶状，花黄色。通常不结果，花期3～4月，开于叶前。

图 3-37　迎春

分布：我国北部和中部。

习性：喜光，亦较耐荫。喜温暖湿润

气候，较耐寒，北京可露地栽植。对土壤要求不严，在城区渣土中生长尚好，耐干旱、耐碱，怕涝，宜于通气排水良好的土壤或坡地种植。病虫少，较耐粗放管理。

繁殖：扦插、压条、分株。

园林用途：开花极早，花期3月中旬至4月上旬，达20余天。盛开时串串金花缀于披垂碧枝上，悦目宜人，为北京市著名早春观花灌木。小枝碧绿，细长披垂，冬态甚美。宜于坡地、岸边、庭院内栽植，也可种在岩石园和作花篱。目前公园内种植数量不多，可扩大栽植。在道路绿化中可选择避开风口的路北侧及东侧绿地内与常绿乔木配置试种。

38. 金银木（金银忍冬、马氏忍冬、马尿树）

科属：忍冬科，忍冬属。

形态（图3-38）：落叶灌木或小乔木，高达5米，小枝中空，幼枝具微毛。树皮灰褐色，薄带状纵裂，叶卵状椭圆形至卵状披针形，先端渐尖，基部阔楔形，全缘，两面脉上都有短柔毛，花成对腋生，唇形花冠初开白色后变黄，浆果合生，熟时为鲜红色，宿存。花期5月，果熟期9月。

图3-38　金银木

分布：东北、华北、西北、西南及中南等地区，日本也有分布。生长于山地林中及林缘处。垂直分布在800~2000米处。

习性：喜光，亦较耐荫，于楼北栽植生长良好，虽较光照充足处生长稍慢，花量略少，但仍能满足观赏需要，故现多作为耐荫树种配植应用。耐寒性强，在北京市露地栽植能安全越冬，抗风，并较耐干热。

对城市渣土适应性强，一般条件下均可栽植。北京市历史博物馆北侧绿地石灰砖渣土处生长亦佳。较耐土壤密实，喜湿润，但也较耐干旱，对烟尘污染有一定抗性。

繁殖：扦插、播种。

园林用途：本种树势旺盛。枝丰满，初夏开花有芳香，秋季果实累累，经冬不落，观果佳期达2个月左右。为北京市观花、观果均佳并耐荫的优良观赏灌木，病虫害少，易于管理，于绿地树丛间间植，林缘丛植或分散孤植，均为相宜，路边绿带、分车带或楼北庇荫处行植、丛植或自然配置效果均较好。近年已发现有大果类型及花带粉红色类型，可选优培育，提高其观赏效果。

五、藤　木

39. 地锦（爬山虎、中国地锦）

科属：葡萄科，爬山虎属。

形态（图 3-39）：落叶攀援大藤木，枝条粗壮，卷须短，多分枝，顶端有吸盘。叶宽卵形，常 3 裂，基部心形，叶缘有粗锯齿，上面无毛，有光泽，下面脉有柔毛，幼苗或萌发枝上之叶常成掌状 3 小叶，或为 3 全裂。聚伞花序通常生于短枝顶端的两叶之间。浆果小，球形，紫黑色，被蜡粉。花期 5～6 月，果熟期 9～10 月。

图 3-39　地锦

分布：华东、华北。

习性：喜荫凉湿润，不耐干热。墙体垂直绿化宜植于北侧及东侧，于南、西侧栽植者多焦叶枯枝。耐寒，可露地越冬，抗风，吸盘附着力强，不易从墙体上脱落，且绿化覆盖均匀。对土壤适应性强，北京市区一般渣土均可生长。较耐密实，较耐干旱，但于湿润、水分充足处生长明显为优。对二氧化硫具有较强抗性。

繁殖：扦插、播种、压条。

园林用途：本种叶子秋天变为鲜红色或橙色，颇为美观，是一种垂直绿化的优良攀援植物，能借吸盘爬上墙壁和山石，或建筑物及假山、老树干上。有抗污能力，工厂矿区可发展。

40. 美国地锦（五叶地锦）

科属：葡萄科，爬山虎属。

形态（图 3-40）：落叶大藤木，幼嫩枝叶带红色，卷须 5～8 分枝，顶端具有吸盘。掌状复叶，有长柄，小叶椭圆形至倒卵状矩圆形，先端渐尖，基部常楔形，边缘有粗而圆的锯齿，上面暗绿，下面稍具白粉并有毛。聚伞花序常呈顶生圆锥花序状。浆果蓝黑色，微有白粉。花期 6～7 月，果期9～10 月。

分布：原产美国，北京有引种。

习性：喜光，耐热，适于日光直射、热辐射很强的楼南墙面垂直绿化，也较耐荫，楼北栽植可生长，但长势略慢。喜温暖气候，耐寒性也强，北京市能露地越冬。

适于一般城市渣土上生长。对二氧化硫及烟尘污染抗性较强。生长旺盛，但攀援力较差，枝蔓易从墙体上脱落。

繁殖：播种、压条。

园林用途：本种秋叶艳丽鲜红，自10月上旬至11月中旬，观红叶期近40天，观赏甚美。但吸盘攀附力较差，迎风面处常从墙体上脱落，影响绿化效果。园林应用宜选择避风、光照充足的楼南、楼东侧栽植，也可用于山石、老树干绿化及作地被植物应用于庭园绿化。

图3-40　美国地锦

复习题

1. 原产的木本植物约有多少种？列举其中我国特有的树种2~3种。
2. 北京市的市树是什么？
3. 什么是古树？什么是名木？列举北京园林中常见古树3~5种。
4. 园林树木在改善环境方面的作用是什么？
5. 园林树木在保护环境方面的作用有哪些？
6. 园林中开红色、黄色、白色、蓝色的树种有哪些？分别列举3~5种。
7. 园林中观赏红色、黄色、蓝紫色果实的树种有哪些？分别列举2~3种。
8. 园林中秋季叶色变红、变黄的秋色叶树各有哪些？分别列举2~3种。
9. 园林中叶色常年呈紫红色、金黄色的异色叶树中有哪些？各举常见的树种。
10. 何为乔木？何为灌木？各列举2~3个树种。
11. 什么叫树木冬态？
12. 树叶的叶形主要有哪几种？结合具体树种分别举例说明。
13. 按藤木的生长习性通常可将其分为哪几类？每类中列举具体树种。

模拟测试题

一、名词解释

1. 乔木
2. 树木习性
3. 秋色叶树

二、填空题

1. 园林树木是栽植应用于园林绿地中的________植物，包括各种________、________和________。

2. 我国著名的“活化石”树种有________和________等。

3. 北京园林中开白色花的观赏树木有________、________和________等，开黄色花的观赏树木有________、________和________等，开红色花的观赏树木有________、________和________等。

三、选择题

1. 下列树种中属常绿树种的是________。

A. 油松　B. 锦熟黄杨　C. 银杏　D. 垂柳

2. 下列树种中叶序为对生的树种是________。

A. 紫丁香　B. 珍珠梅　C. 连翘　D. 木槿

3. 北京园林中果实为翅果的树种是________。

A. 榆树　B. 合欢　C. 栾树　D. 臭椿

4. 下列树种中遮荫降温效果较好的树种是________。

A. 垂柳　B. 银杏　C. 旱柳　D. 刺槐

四、判断题

1. 槐树、紫藤、珍珠梅、木槿的叶均为复叶。（　）
2. 山桃为落叶大乔木。（　）
3. 银杏做行道树应用时，宜选择雄株。（　）
4. 玫瑰、黄刺玫、月季枝上的刺均为皮刺。（　）

五、简答题

1. 列举北京市园林中的行道树树种（4种）。
2. 按园林树木观赏特性可将其分为哪几类？
3. 列举北京市园林中开蓝色花的观赏乔木、灌木、藤木各1种。

六、综述题

将下列树木按要求进行分类：毛白杨、白皮松、圆柏、垂柳、栾树、金银木、山桃、连翘、银杏、珍珠梅、爬山虎、锦熟黄杨。

1. 常绿针叶树种：

2. 落叶灌木树种：

3. 乔木树种：

4. 常绿阔叶树种：

5. 藤木树种：

模拟测试题答案

一、名词解释

1. 树体高大（5 米以上），具有明显主干的树木。

2. 树木习性是指树木生态习性和生物学特性。

3. 在秋季叶色有显著变化的树种。

二、填空题

1. 木本，乔木、灌木、藤木

2. 银杏、水杉

3. 珍珠梅、白碧桃、刺槐；连翘、栾树、黄刺玫；山桃、榆叶梅、玫瑰

三、选择题

1. AB　　2. BC　　3. AD　　4. BD

四、判断题

1. ×　　2. ✓　　3. ✓　　4. ✓

五、简答题

1. 答：槐树、毛白杨、银杏、栾树。

2. 答：可分为观花树木类、观果树木类、观叶树木类、观枝干树木类、观树形树木类。

3. 答：毛泡桐，丁香，紫藤

六、综述题

1. 答：白皮松、圆柏。

2. 答：金银木、连翘、珍珠梅。

3. 答：毛白杨、白皮松、圆柏、垂柳、栾树、山桃、银杏。

4. 答：锦熟黄杨。

5. 答：爬山虎。

第四章

花　　卉

本章提要：介绍花卉的概念、花卉在城市建设中的作用、我国花卉概况及几种花卉的分类方法。分别阐述常见的“五·一”、“十·一”花坛花卉，包括适宜的高度、花色等。并介绍了露地花卉的整形修剪、灌溉以及防寒措施。

学习目的：掌握花卉的概念，了解我国的花卉资源。了解花卉几种分类方法，掌握最常见的分类方法即依据生态习性分类以及露地花卉的内容。掌握常见的花坛花卉，了解其花色及其使用时间。掌握整形修剪的方法和作用，了解灌溉和防寒的基础知识，为今后的工作打基础。

第一节　花卉知识概述

一、花卉的概念

花卉有广义和狭义概念。狭义的花卉是指具有观赏价值的草本植物，如常见的菊花、芍药、鸡冠花、大丽花、美人蕉等。广义的花卉指具有观赏价值的植物，除了有观赏价值的草本植物外，还包括草本和木本的地被植物、花灌木、开花乔木以及盆景等，如沿阶草、麦冬、扶芳藤等地被植物，梅花、桂花、月季、桃花等乔木及花灌木。

二、花卉栽培在城市建设中的作用

花卉是反映一个国家文化、科学和艺术的一个侧面，这不仅表现在花卉种类和栽培技术的先进上，同时也表现在艺术布局和设计上。在城市里的一片绿色海洋里，花卉的点缀，犹如画龙点睛，创造出生动的景观。在某种意义上，它象征着国家的兴旺发达、生活丰富多彩、人民安居乐业的景象。

花卉是城市园林绿化、美化、香化的重要材料。花卉同其他植物一样，主要的作用是保护和净化环境。又因为花卉种类繁多，色彩丰富，栽培形式多种多样，因此增加了欣赏功能。花卉的色彩、姿态等能够消除人们的疲劳感，给人美的享受，如“五·一”、“十·一”的节日花坛为节日的庆祝活动增添欢快和热烈的气氛。总之花卉可以为人们创造优美的工作和休息环境。

三、我国花卉的种质资源

（一）我国的花卉资源丰富

我国土地辽阔，地势起伏，由南至北纬度跨度大，有热带、亚热带、温带和寒温带等不同的气候类型，在不同的气候条件下生长着许多不同类型的花卉，我国大约有 3 万多种高等植物，是世界上花卉种类和资源最丰富的国家之一。其中部分花卉为我国特有的，如牡丹、芍药、山茶、杜鹃、梅花、海棠、菊花、荷花、水仙、报春、龙胆等。世界上共有杜鹃花种类大约 900 种，我国就有 600 种，除了新疆、宁夏外，几乎各地均有分布，而以西南山区最为集中。在世界 500 种报春花中，我国就有 390 种，野生报春花遍及云贵高原和松辽平原。世界 400 种龙胆中，我国约有 230 种。世界上有蔷薇 150 种，我国就有 100 种。另外，我国的百合种类占世界的 60% 。

（二）我国的花卉栽培历史悠久

我国地域辽阔，自北纬 10° ~ 55°，其延长线达万余千米。如此广阔的地域，蕴藏着丰富的植物资源。这些资源最早是以药用、农用为主，而后才由宫廷的欣赏栽种及至广泛用于民间。

1977 年浙江余姚河姆渡新石器时期的遗址处，曾发掘出由 5 片叶子组成的栽培植物陶片，证明距今 6000 多年的古人，就已经开始欣赏大自然的花草。《诗经·郑风》中有“维士与女，伊其相谑，赠之以芍药”的记载，说明在战国时期我国就有花卉栽培了。汉武帝时张骞出使西域，引入了石榴、葡萄等既可观赏又可食用的植物，成为我国历史上引进花木的开端。据记载：汉有“竹宫”、“扶荔宫”等，且“扶荔宫”中种植了菖蒲、指甲花等，这是亚热带植物向中原地区移栽的开始，当时也建造了温室，是冬季栽培花木的早期设施。后来的历史文献则记载更为详细，西晋的《南方草木记》中曾记载茉莉、扶桑等各类花木的形态特征、花期、产地等，是我国最早见到的花卉园艺书籍之一。后魏的《齐民要术》中还记有花木嫁接、榆作园篱之法，为园林花木史上嫁接繁殖与绿篱应用的最早记载。唐代为花卉园艺栽培的盛行时期，花卉专著不断出现，如范成大著《苑林梅圃》、欧阳修著《洛阳牡丹记》等均盛极一时。元代的花卉事业曾一度衰落，至明代又渐趋昌盛，如王象晋的《群芳谱》、张谦德的《瓶花谱》、袁宏道的《瓶史》、陈淏子的《花镜》等著作，至今仍为珍贵的参阅资料。

河南洛阳、山东菏泽（漕州）历史上就盛产牡丹，河南鄢陵、北京的草桥（花乡）历史上就是花木之乡。中华民族对花卉生产和观赏情有独钟，花卉早已成为人们生活不可缺少的一部分。

（三）我国的花卉资源对世界园林的贡献巨大

我国的花卉资源为世界园林做出了巨大的贡献。17 世纪初，我国的牡丹、芍药、山茶、兰花等开始传入欧洲。鸦片战争后，英、法、俄等国相继侵入我国，商人、医生、传教士、职业采集家等不断深入我国，运走了大量的珍贵植物及标本。100 多年来，西方人从中国引走了数千种园林植物，足迹遍及全国各地，极大地丰富了西方的植物种类。以英国为例，在一些专类园中，很多植物都来自中国，如牡丹园中的牡丹全部来自中国。在花卉育种方面，许多世界名贵花卉如香石竹、月季、杜鹃等优良品种中，其亲本中都有中国的种类。

第二节 花卉的分类

园林中应用的花卉种类很多，范围很广，包括了广义的花卉学概念中的种类，这些种类绝大多数都是园艺学家经过长期杂交选育出来的，栽培应用方式也多种多样，因此花卉的分类形式也很多。

一、按照生态习性分类

依据花卉的生态习性分类是最常见的分类方法，该方法应用最为广泛。依据该方法，可以将花卉分为露地花卉和温室花卉。

（一）露地花卉

能够在自然条件下完成其全部生长过程，不需要保护栽培的花卉，称为露地花卉，如鸡冠花、蜀葵、美人蕉等。为了提前开花，早春需要利用温室或阳畦育苗的种类亦属于此范畴。

露地花卉根据生活史不同，又可以分为以下五类。

1. 一、二年生花卉

在一、二年内完成全部生活史的花卉。即从播种到开花、结实、死亡都在一、二年内完成的花卉。

通常情况下，在春天播种，夏秋季开花结实，然后枯死，即在一年内完成生活史的称为一年生花卉。因为一年生花卉常常在春季播种，因此一年生花卉又叫春播花卉。一年生花卉的原产地大多数在热带、亚热带地区，性喜高温，遇霜冻即枯死，如常见的鸡冠花、百日草、中国凤仙、翠菊等。一年生花卉常常用于"十·一"的花坛布置。

在2年内完成其生活史的花卉，称为二年生花卉。通常二年生花卉在秋季播种，当年只进行营养生长，第二年春夏季开花、结实、死亡。因其常常在秋季播种，次年开花，因此二年生花卉又称为秋播花卉，如金盏菊、金鱼草等。这类花卉大多原产于温带，在生长发育阶段喜欢较低的温度，幼苗能够忍耐－4℃或－5℃的低温，对夏季高温的抵抗力却很差。二年生花卉常常用于"五·一"的花坛布置。

另外，一些原产于热带、亚热带的花卉，在原产地能够存活2年以上，但在温带、寒温带则不能露地越冬，因此常常作为一、二年生花卉栽培。如雏菊、矮牵牛、一串红、三色堇等。

一年生花卉和二年生花卉的种类繁多，同一种花卉往往又有很多的品种和类型，它们的表现各不相同。总而言之，一、二年生花卉繁殖容易，栽培管理简单，对土壤要求不严，在排水良好的土壤上生长更为健壮。

2. 宿根花卉

为多年生草本花卉，是指植物体能够存活2年以上，地下部分正常、无变态的草本花卉。宿根花卉一般表现为耐寒性强，通常情况下，冬季地上部分枯萎，根茎生长点处于休眠状态下，仍然保持活力，第2年春季地上部分重新萌发。夏秋季开花、结实，冬季地上部分又枯死。如此反复，可以多年开花。如小菊、玉簪、萱草、蜀葵、大花秋葵等。

宿根花卉由于多数种类的雌雄蕊瓣化而不结实，或种子不成熟，或发芽后生长缓慢，因此大部分宿根花卉都以分株繁殖为主。凡属早春开花的种类，往往适宜在秋季或初冬进行分根，如芍药、荷包牡丹、鸢尾等；而夏秋开花的种类则多在早春萌动前进行分株，如桔梗、萱草、八宝景天等。有的种类也可以在在生长期掰取茎上的腋芽或嫩茎进行扦插繁殖。有的种类也可以采用播种繁殖，但必须在保证不失去其优良的观赏性状的前提下进行。通常是需要在短时间内得到大量的种苗，或者是为了培育新品种，先利用杂交育种的方式得到种子而后进行播种。

宿根花卉的主要优点：

（1）生活力强　一次栽植后可以多年生长，管理简单。便于大面积种植，且很快会形成万紫千红的气氛。关键是加强越冬管理，保护好根茎生长点，以利于翌年再生。

（2）种类多　宿根花卉种类繁多，形态各异，有的低矮，有的高大。因此宿根花卉的用途广泛，可以用作花境、花坛、花带、花丛、地被等，其中用作花坛花卉的种类通常植株低矮、花量大、花期整齐，如小菊、荷兰菊等。小菊的品种很多，早花的品种可以用于8、9月的花坛，而晚花的品种可以用于“十·一”的花坛。

（3）类型多　依据宿根花卉对不同生态环境的适应，可以将其分为多种类型，如耐旱型、耐湿型、耐荫型及耐瘠薄型等，因此可以有选择的用于不同环境的美化和绿化。

（4）有自播繁衍的习性　许多宿根花卉能利用自身的根茎或种子自行繁衍，因而可以省去人工繁殖。

3. 球根花卉

多年生花卉中有一部分根茎特别膨大，形态不一，同时开花又非常艳丽的种类，在园艺上将它另划为一类，统称为球根花卉。凡是生长期能在露地生存则称为露地球根花卉（在北京部分球根花卉仍需要入冬前将球根挖起，置于室内越冬的也属于此类）。

由于球根花卉的生长习性不同，栽植时间也有所区别，一般分为2种类型：凡是春季栽植于露地，夏季开花、结实，秋季气温下降时，地上部分即停止生长并逐渐枯萎，地下部分进入休眠状态者，称为春植球根花卉，如美人蕉、唐菖蒲等。春植球根花卉的原产地大多在热带、亚热带地区，故生长季节要求高温环境，其耐寒力较弱。凡是秋季栽植于露地，其根茎部在冷凉条件下生长，并渡过一个寒冷冬天，翌年春天再逐渐发芽、生长、开花者，称为秋植球根花卉，如百合、郁金香等。这类球根花卉的原产地大多为温带地区，因此耐寒力较强，却不适应炎热的夏季。

球根花卉与宿根花卉的区别在于球根花卉地下部分有变态。这些变态根据形态不同，可以分为5种：球茎、块茎、根茎、鳞茎、块根。前四者为茎变态，后者为根变态。

（1）鳞茎　茎部短呈圆盘状，上部有肥厚的鳞片状的变态叶，鳞片叶内贮藏着丰富的养分供植物初期生长用。其圆盘茎的下部发生多数细根，而上部鳞片间则抽生叶及花茎。如郁金香、百合、水仙等。

（2）球茎　为变形的地下茎，呈扁球状，较大，其上有节，节上有芽。

当植株开花后，球茎的养分耗尽逐渐枯萎，而在球茎上部所长的叶基处又膨大另长出新球取而代之。如唐菖蒲、小苍兰等。

（3）块茎　为变形的地下茎，外形不整齐，块茎内贮藏着大量养分，其顶端存在的芽翌年成长为苗。如仙客来、球根海棠、白头翁、晚香玉等。大部分有块茎的种类其块茎为多年生，虽然顶端有多数发芽点，但自然分球繁殖力很小，因此常常采用播种繁殖为主。此外晚香玉是鳞茎状块茎，其上部具有鳞片状茎，但着生在一块较大的块茎上，因此通常仍将其划为块茎类。

（4）根茎　稍带水平发育的地下茎，其内贮藏着养分。在地下茎的先端生芽，翌年抽生叶及花茎，其下方则生根。根茎上有节及节间，每节上也可以发生侧芽，如此形成更多的株丛，而原有的老根茎逐渐萎缩死亡。如美人蕉、荷花等。

（5）块根　地下部肥大的根，无芽，繁殖时必须保留旧的茎基部分，又称根冠。翌年春天在根冠四周萌发出许多嫩芽，利用嫩芽或掰芽扦插或连芽及块根一起分割后另行栽植使成为新株。如大丽花、花毛茛等。

4. 水生花卉

园林中一部分多年生或球根花卉，因其生长在沼泽或潮湿地带，因此往往又另列作水生花卉范畴，如荷花、睡莲、千屈菜、水葱等。水生花卉大多为草本花卉，根据生长期所需水量的多少，可以将水生花卉分为挺水植物（其根生于泥土中，茎叶挺出水面，如荷花、鸢尾等）、浮水植物（其根生于泥土中，叶片浮于水中或略高于水面，如睡莲、王莲等）、沉水植物（根生于泥土中，茎叶全部生长在水中）、漂浮植物（根生长在水中，叶片漂浮在水面，可以随水流动）。其中前两者多属于高等植物，故常用于园林绿化湿地植物。而后两者均属于自生于广大的水域，通常不作为水景绿化材料。

高等水生植物通常生长在60～100厘米的水中，或更浅些，水的深度还要根据具体的花卉种类而定。但水越深则水中氧气的含量越少，对植物的呼吸及生长均不利。

水生花卉的繁殖多以分根法为主，很少采用播种法。一些耐寒种类则可以在水中越冬，而半耐寒的种类则每到秋后或结冰前提高水位，使根部在冰层下越冬。若少量栽植则可以挖出后在不结冰的温室越冬，甚至终年都在温室生长。

5. 木本花卉

具有木质化的茎干，并且枝条低矮、瘦弱，可以作盆栽观赏的花灌木类。木本花卉为多年生花卉，寿命很长，可以用作庭院绿化及盆栽观赏。如牡丹、月季、紫薇、丁香等。

木本花卉可以采用播种、扦插、嫁接、压条等方法繁殖。木本花卉的耐寒性通常较强，但第一年栽植时，部分花卉仍然需要采取防寒措施。

（二）温室花卉

原产热带、亚热带温暖地区，在北方需要在温室内栽培或冬季需要在温室内越冬的花卉。由于地区不同，温室花卉的种类也不同，如棕榈、扶桑等在广州、昆明等地为露地花卉，但在北京则属于温室花卉。

1. 一、二年生花卉

在一、二年内完成其生活史的温室花卉。如瓜叶菊、蒲包花、香豌豆等。

2. 宿根花卉

能够存活多年、地下部分无变态的温室花卉。如君子兰、蝴蝶兰、大花蕙兰、万年青、新几内亚凤仙等。

3. 球根花卉

地下部分膨大为变态茎或变态根的温室花卉。如仙客来、马蹄莲、朱顶红、大岩桐等。

4. 木本花卉

具有木质化的茎干，并且枝条低矮、瘦弱，可以作盆栽观赏的温室花灌木类。如扶桑、一品红、叶子花、米兰等。

5. 多浆植物及仙人掌类

如仙人掌、蟹爪莲等。

6. 水生花卉

生长在水中或沼泽地的温室花卉。如王莲。

二、按照观赏部位分类

按照花卉的观赏部位可以分为观花类、观叶类、观茎类和观果类。

1. 观花类

主要的观赏部位是花，包括花的色彩、形状等，多为花色鲜艳的木本和草本植物，如花灌木类的杜鹃、月季、牡丹，球根的仙客来、郁金香、水生花卉的荷花等。大多数的一、二年生草本花卉都属于观花类。

2. 观叶类

主要的观赏部位是叶片，包括叶色、叶形等。有的植物常年异色叶，或叶色上有其他色斑，如紫叶李、紫叶矮樱、花叶常春藤、变叶木、花叶芋等；有的则有季节变化，如南天竹、雁来红、黄栌、蕨类植物等；有的植物叶形奇特，如龟背竹、文竹、苏铁等。

3. 观茎类

主要的观赏部位是茎干，多指那些茎干有特色的植物，有的形状异常，有的色彩鲜艳，如佛肚竹、光棍树、棣棠、金枝梾木、红瑞木、仙人掌类等。

4. 观果类

主要的观赏部位是果实，多为挂果时间长、果实奇特或色彩鲜艳的种类。如金橘、佛手、火棘、乳茄、冬珊瑚等。

其他还有个别具有某种特色的植物，如银芽柳以观赏银色的花芽为主，叶子花、一品红等的观赏部位为鲜艳的苞片，马蹄莲、安祖花等观赏部位为佛焰苞等。

三、按照利用形式分类

按照利用形式可以将花卉分为：

1. 花坛花卉

用来布置花坛的花卉。一般以一、二年生花卉为主，包括部分盆栽花卉。如三色堇、矮牵牛、一串红、天竺葵、金鱼草、四季海棠等。

2. 盆栽花卉

以盆栽形式装饰房间、美化环境，如仙客来、杜鹃、瓜叶菊、蒲包花、大花蕙兰、火鹤等。

3. 切花花卉

以生产切花为主的花卉，用于制作花篮、花束、插花等花卉艺术品，如唐菖蒲、香水月季、百合、香石竹、万代兰等。

4. 庭院花卉

用于布置庭院的花卉，包括木本、宿根及部分草花及水生花卉，如牡丹、芍药、月季、睡莲、美女樱、蜀葵等。

四、常见的“五·一”、“十·一”花坛花卉

常见的“五·一”、“十·一”花坛花卉见表4-1。

表 4-1 常见的“五·一”、“十·一”花坛花卉

种类	适宜高度（厘米）	最佳花期（月）	花 色	备 注
三色堇	15～25	3～6	黄、红、蓝、白、复色	五·一
石竹	15～20	3～6	红、白、粉、玫红、复色	五·一
金盏菊	20～30	3～6	黄、橘黄	五·一
雏菊	10～15	3～6	白、粉、红	五·一
四季海棠	15～25	4～10	红、玫红、粉、白	五·一、十·一
矮牵牛	20～25	4～10	红、玫红、粉、白、蓝	五·一、十·一
美女樱	15～25	5～10	红、白、玫红、紫、粉	五·一、十·一
万寿菊	25～35	5～11	黄、橘黄、白	五·一、十·一
孔雀草	25～30	5～11	红、橘红、复色	五·一、十·一
一串红	25～35	5～11	红、紫、白	五·一、十·一
百日草	30～35	7～10	红、玫红、白、粉、黄	五·一、十·一
头状鸡冠花	20～25	9～11	红、黄、玫红	十·一
穗状鸡冠花	20～25	9～11	红、黄、玫红、橘红	十·一
小菊	30～40	9～11	红、黄、白	十·一
五色草	5～15	5～11	红、绿、黄	五·一、十·一
彩叶草	20～30	8～10	红、绿、黄、紫、复色	十·一
翠菊	20～35	5～11	红、白、粉、黄、蓝、紫	十·一
非洲凤仙	15～20	9～11	红、粉、白、玫瑰红、紫、复色	十·一
雁来红	30～40	9～11	红、黄	十·一

第三节 露地花卉的栽培管理

露地花卉是指主要的生长发育时期能在当地的自然气候条件下露地栽培的花卉，如一、二年生的凤仙花、金盏菊，木本花卉的蜡梅和月季，宿根花卉的荷兰菊、小菊，水生花卉的荷花及睡莲等。由于我国地域辽阔，花卉种类繁多，有些在南方为露地花卉，但引种到北方就作为温室花卉栽培，因此露地花卉的种类也因地而异。

一、整形修剪

整形指整理花卉全株的外形和骨架，除了有美化造型意义外，更重要的是通过一定外形和骨架的建立而达到调节花卉生长发育的目的。修剪则是对花卉植株的局部或某一器官的具体修理措施，目的也是调节植株的生长和发育。整形和修剪须配合进行，方可收到良好效果，因而在花卉栽培措施中，常连称“整形修剪”。

（一）整形修剪的形式

为提高花卉的观赏价值，保持植株的外形美观，有必要对其整形修剪。常用的花卉整形修剪形式有下列几种。要造就这些形状，必须从幼苗开始就进行设计和修整。

1. 单干式

整株花卉只留一主干，不留侧枝，以后只在顶端开一朵或少数几朵大花。为达到此目的，就要从幼苗开始将所有侧蕾和侧枝全部摘掉，使养分集中。此种形式常用于菊花、芍药及大丽花。

2. 多干式

在苗期摘心，使基部形成数条主枝。根据所想留主枝的数目，再摘除不要的侧枝。一般主枝只留 3 ~ 7 条，使开出几朵花。如大丽花，留 2 ~ 4 主枝，菊花留 3、5、7、9 枝等，其余侧枝全部摘除。

3. 丛生式

通常在幼苗时期即进行多次摘心；促进其发生多数枝条，全株成低矮丛生状，此种形式可用于一串红、霍香蓟、美女樱等一、二年生草花、花灌木类等。以丛生式定型，要疏密相称、高低相宜。

4. 悬崖式

此式多用于小菊品种的整形，使全株枝条向一方下垂。

5. 攀援式

只用于蔓性花卉，使藤蔓自然攀援于花架、棚架、篱垣、山石等处。如牵牛、茑萝、风船葛、凌霄、紫藤等。

6. 匍匐式

利用枝条自然匍匐地面之特性使地面覆盖，如垂盆草、旱金莲等。

7. 支架式

通过绑扎，使植株攀附于一定形式的支架上，多用于大型及蔓性花卉。如大丽菊、旱金莲、盾叶天竺葵等。

（二）整形修剪的方法

当植物枝叶生长过于繁茂，内部通风透光受阻时，易引起病虫害，为了调节植株各部的生长，促进开花，防止病虫害，就要对它们进行整形修剪，常用的花卉整形修剪的方法有下列几种。

1. 摘心

摘除枝梢顶芽，称之摘心。摘心能促进植株萌芽形成丛生状，增加花朵数目，同时能抑制枝条生长，促使植株矮化，又能延长花期。摘心可用于控制花期，常用于一串红、大丽花等。

顶芽是植株生长旺盛的器官，含有较多的生长素，能抑制下部腋芽的萌发。一旦摘除顶芽，就会促使腋芽萌发，形成更多的分枝，利用这一特性可以对那些着花部位在顶部而又容易产生分枝的花卉如一串红、百日草等进行摘心，以促进分枝，从而达到株型丰满、花量多的目的。一些宿根花卉达到一定的高度（一般20～30厘米）时，就要进行摘心。如早小菊，如果不摘心则植株高大，脚叶脱落，茎干中空，易倒伏，开花小。而经过摘心，则植株矮小紧凑，花繁叶茂，开花适时。

摘心可以延迟花期，因此以下情况则无须摘心：需提早开花时不必摘心；对于分枝性好、植株矮小的种类不需要摘心，如三色堇、雏菊、虞美人等；主茎上花朵大而多的种类无须摘心，如鸡冠花、凤仙花、蜀葵等。

摘心次数和最后一次摘心时间依据花卉种类的不同以及预计花期的不同而不同。摘心次数并非越多越好，通常情况下，摘心次数为3～4次，次数太多，则分枝数量也越多，茎干越细，花朵也相应变小。不同的花卉最后一次摘心的时间也不同，荷兰菊，定干20厘米后，6月剪掉枝叶的2/3，9月初再修剪一次，国庆期间可以开花。一串红的最后一次摘心通常比预计的花期提前26天。

2. 除芽

除去过多的腋芽，减少不必要的分枝，以集中养分，使花朵大而美丽，此法常用于大丽花、香石竹及菊花。除芽时要注意保护有用的芽，留芽方向要合理，分布要均匀。

3. 剥蕾

摘除过早发生的花蕾或过多的侧蕾，使养分集中，可使顶端花蕾开花大，常用于主茎粗壮、顶端花大而美丽的种类，如芍药、菊花及大丽花，对于出现的侧蕾要及时剥除，待含苞待放时再去除，则养分耗费太多，影响顶端花的大小。

4. 修枝

可以分为疏剪和短截。疏剪是剪除枯枝、病枝、残枝和过密细弱的枝条，促进通风、透光，节省养分，改善株形，有利于开花。短截有强有弱，剪去枝条的大部分或梢端的一部分。强剪可诱发新枝，更新树势。月季花后强剪，有利于重发花枝，梅花长枝进行强剪可以多发花枝。

5. 折梢及捻梢

将枝条顶端折曲或捻转，使新梢连而不断，目的是为了抑制新梢的徒长，从而促进花芽的形成。牵牛花、茑萝常运用此法。

6. 曲枝

为使枝条生长均衡，将生长势强的枝条向侧方压曲，将弱枝扶正直立，以增强其生长势，从而使整个株形均匀整齐。对于立菊常用此法。

7. 摘叶

叶片过于茂密，影响开花结果，因此要摘去部分老叶、下脚叶和部分生长过密的叶，以促进开花。

二、灌 溉

花卉在生长发育过程，植株从周围环境中吸收大量水分和养分。露地花卉由于生长在自然环境中，可从天然降水获得水分。但由于降雨不均，远不能满足花卉生长所要求的适度湿润，特别是在干旱地区和干旱季节，干旱缺水对花卉的生长影响很大，因此灌溉是花卉栽培的重要关键。一般花卉较为娇嫩，在生长期间一度缺水，即影响其生长发育。露地播种苗，因植株过小，宜用细孔喷壶喷水，可避免因水力过大将小苗冲倒，上面泥土不致冲出沾污叶片。幼苗移植后的灌溉对幼苗成活关系甚大，因幼苗在移植后，根系尚未与土壤充分密接，而且由于移植一部分根系受到损伤，吸水力减弱，此时如不及时灌水，幼苗的生长易因干旱受到阻止，甚至死亡。一般在移植后，连续灌 3～4 次水后，生长可以稳定下来，以后看天气情况予以灌溉。每次灌水应充分灌足，不仅将土面湿润，而且要渗透到根以下土层，否则水分困蒸发迅速干燥，无济于事。

灌水量及灌水次数，常依季节、土质及花卉种类不同而异。一般在夏季及春季干旱时期，应有较多次的灌水。一、二年生花卉及球根花卉容易受到干旱，灌溉次数应较宿根花卉为多。灌水量又视天气情况而不同，晴天又风大时多浇；阴天无风少浇或不浇。轻松土质如砂土及砂质壤土之灌溉次数应较黏重土质为多。

灌水时间以季节而异，夏季灌溉应在清晨或傍晚时进行，因此时水的温度与土温相差较小，不致影响根系的活动。傍晚灌溉尤为适宜，可以避免日中水分的迅速蒸发。冬季灌溉应在中午前后进行，因冬季晨夕气温较低之故。灌溉用水以软水为好，应避免用硬水，一般河水为最适宜，其次为池塘水和湖水，不含碱质之井水也可利用。井水温度较低，对植物根系发育有害，如能先一日抽出贮存，待水温升高后应用，则更为适宜。沟水富含养分，水温亦较高，可尽量用于灌溉。有泉水之处可充分利用。小面积灌溉可用自来水，但费用较高，常用于花坛、草坪及温室植物的灌溉。工厂废水对植物有害，一般不可用。

三、防 寒

我国北方地区冬季寒冷，冰冻期又长，对于一些不耐寒的花卉种类如露地栽培的二年生花卉、不耐寒多年生花卉以及一些新移植的花灌木等，必须采取防寒措施，才能安全越冬。常用的越冬方法主要有：

1. 覆盖法

多用于圃地或露地花卉，在霜冻前，在畦面上或地面上覆盖干草、草席、马粪、塑料薄膜等。此法既经济效果又好，应用极为普遍。

2. 堆土法

对于冬季地上部分休眠的某些宿根花卉或花灌木，可以在浇封冻水后在其根茎四周堆起 30 ~ 40 厘米高的土堆（土堆要拍实），待第 2 年春天发芽前将土堆移走。如牡丹、芍药等常用培土法防寒。

3. 灌水法

冬灌能减少或防止冻害，春灌有保温、增温的效果。因水的热容量比干燥的土壤和空气的热容量大得多，灌溉后土壤的导热能力提高，深层土壤的热易于传导上来，因而这就可以提高近地表空气的温度。同时，灌溉又可提高空气中的含水量，而空气中的蒸气凝结成水滴时，则放出潜热，可以提高气温。在土壤封冻前浇一次透水，土壤含有较多水分后，严冬表层地温不至于下降过低、过快，开春表层地温升温也缓慢。浇返青水一般在早春进行，由于早春昼夜温差大，及时浇返青水，可使地表昼夜温差相对减小，避免春寒危害植物根系。

4. 阳畦风障法

入冬时在新植的花灌木周围，尤其是在主风的一侧用塑料布做风障防寒，或将一些草本花卉移进阳畦越冬。第 2 年三四月再移至露地。

5. 熏烟法

对于圃地露地花卉，可采用熏烟法以防霜冻。熏烟时，用烟和水汽组成了浓密的烟雾，能减少土壤热量的散失，从而防止土温降低。同时，发烟时烟粒吸收热气，使水汽凝成液体而放出热量，以提高气温，防止霜冻。但熏烟法只有在温度不低于－2℃时，才有显著的效果。一般在晴天无风的夜里进行，点燃草堆，利用烟雾减少土壤热量散失。此法对环境造成一定的污染，所以此种防寒措施在靠近市区的地方尽量避免使用。

复习题

1. 简述花卉的概念。
2. 根据花卉的生态习性，可将花卉分为哪几类？其含义是什么？举例说明。
3. 按照观赏部位可将花卉分哪几类？举列说明。
4. 按利用形式可将花卉分为哪几类？举例说明。
5. “五·一”、“十·一”常用花坛花卉各举5种。
6. 露地花卉的栽培管理措施有哪些？如何操作？

模拟测试题

一、填空题

1. 写出3种常见的花坛花卉________、________、________。

2. 花卉按生态习性分为两类，即________、________。

3. 露地花卉的修枝方法分为________、________2种。

二、选择题

1. 花卉中的金鸡菊、芍药、玉簪等在繁殖时常用的繁殖方法是________。

A. 分根　　B. 分株　　C. 分球　　D. 分茎

2. 露地花卉为抑制枝条生长，促进植株矮化并延长花期，常用的调节生长、发育的方法是 ________。

A. 摘心　　B. 除芽　　C. 剥蕾　　D. 短截

3. 露地花卉中蜀葵、菊花、美人蕉等均属 ________。

A. 一、二年生花卉　　B. 多年生花卉　　C. 球根花卉　　D. 宿根花卉

三、判断题

1. 球根花卉是多年生花卉。　　(　　)

2. 浇封冻水后在芍药根茎四周堆土，能帮助芍药安全越冬。　　(　　)

3. 夏季浇水应在中午炎热时进行。　　(　　)

四、简答题

1. 简述摘心的作用。

2. 一、二年生花卉灌溉时注意什么？

3. 不耐寒的露地花卉如何采用覆盖法、堆土法越冬？

模拟测试题答案

一、填空题

1. 矮牵牛、小菊、一串红　2. 露地花卉、温室花卉　3. 疏剪、短截

二、选择题

1. B　　2. A　　3. B

三、判断题

1. √　　2. √　　3. ×

四、简答题

1. 答：促进侧枝萌发，从而使株型丰满；促进植株矮化；促进花量增加；延缓花期。

2. 答：灌溉是一、二年生花卉栽培的重要措施，对于露地播种苗，因植株过小，宜用细孔喷壶喷水，可避免因水力过大将小苗冲倒。对于容器育苗或圃地育苗，一般在移植后，连续灌3～4次水后，以后看天气情况灌溉。一般在夏季及春季干旱时期，灌水量较多，一、二年生花卉容易受到干旱，灌溉次数应较宿根花卉为多。灌水量又视天气情况而不同，晴天又风大时多浇；阴天无风少浇或不浇。轻松土质如砂土及砂质壤土之灌溉次数应较黏重土质为多。灌水时间以季节而异，夏季灌溉应在清晨或傍晚时进行，冬季灌溉应在中午前后进行。灌溉用水以软水为好。

3. 答：对于不耐寒的露地花卉，可以采用覆盖法和堆土法越冬。覆盖法：即在霜冻前，在畦面上或地面上覆盖干草、草席、马粪、塑料薄膜等，此法既经济效果又好，应用极为普遍。堆土法：在浇封冻水后在其根茎四周堆起30～40厘米高的土堆（土堆要拍实），待翌年春天发芽前将土堆移走。

第五章

园林植物保护

本章提要：介绍病虫害基础知识、综合防治方法、常见虫害的危害、发生与防治以及常用农药的使用等。

学习目的：了解昆虫的主要形态特征，了解危害园林植物害虫的主要类别，掌握昆虫生物学与病害的一般知识以及常发生害虫的危害与防治方法。

第一节　病虫害基础知识

一、虫害基础知识

（一）昆虫的识别

大自然中的昆虫种类繁多，已定名的有100万种。危害园林植物的昆虫称之为园林植物害虫，我国有园林植物害虫约5000多种。

1. 昆虫的命名

昆虫的名称有拉丁学名、中文学名和俗名。拉丁学名常采用属名、种加词、定名人三部分组成。例如：*Myzus persicae* Sulzer，中文学名为桃蚜，俗名称为腻虫。

2. 昆虫的形态特征

昆虫的种类很多，由于对不同生活环境和生活方式的长期适应，其身体结构也发生了多种多样的变化。但昆虫有共同的基本结构。成虫的主要形态特征为（图5-1）：身

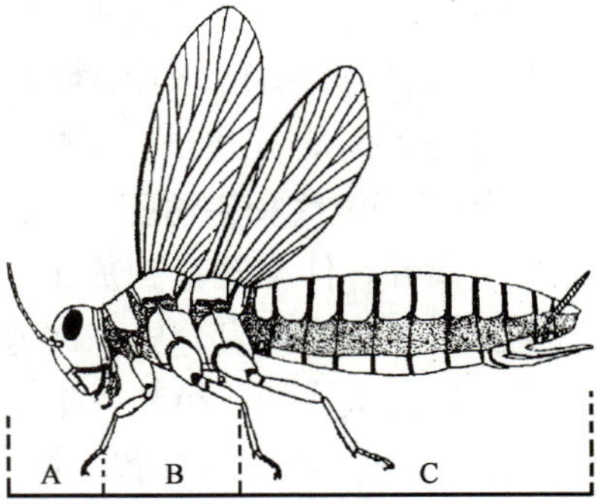

图5-1　昆虫成虫体躯的构造

A. 头部　B. 胸部　C. 腹部

体明显地分为头、胸、腹；有3对分节的胸足；胸部大多有2对翅；头部长有触角、眼和口器。口器又有咀嚼式与刺吸式之分。

3. 常见园林植物害虫分类

昆虫分类与其他动植物一样，分为界、门、纲、目、科、属、种。昆虫的分类地位为动物界、节肢动物门、昆虫纲。昆虫共分为33个目，与园林植物相关的常见昆虫目有：

（1）鳞翅目　蝶类和蛾类均属于此目。体形大小不一，颜色变化丰富。翅膜质，翅上有许多鳞片覆盖，各色鳞片构成多种花纹。成虫口器为虹吸式，幼虫口器为咀嚼式口器，如槐尺蠖、刺蛾等。

（2）鞘翅目　所有的甲虫均属于此目。此类昆虫多身体坚硬，头部发达。前翅角质化程度高，坚硬并无翅脉。口器为咀嚼式。如双条杉天牛、瓢虫等。

（3）同翅目　种类丰富且变化多端。前翅膜质，或略加厚，或略变革质；后翅膜质。有的种类为无翅型，口器刺吸式，如蚜虫、蚧虫、粉虱、叶蝉等。

（4）直翅目　身体中到大型。前翅狭长且革质，无翅脉；后翅膜质。复眼大，足发达。口器为咀嚼式。如蝗虫、蝼蛄等。

（5）膜翅目　各种蜂类均属于此类。身体小到中型。翅膜质，翅薄而透明，翅脉明显。口器为咀嚼式。如蔷薇叶蜂等。

（二）昆虫生物学

1. 昆虫的变态和发育

昆虫从卵发育到成虫过程中，在外部形态和内部构造上都有显著的变化，这种变化现象叫做变态。

常见的变态有完全变态和不完全变态。完全变态经过卵、幼虫、蛹、成虫4个虫态（图5-2），如国槐尺蠖等。不完全变态经过卵、若虫、成虫3个虫态（图5-3），如蝗虫、蝼蛄等。

2. 昆虫的世代和生活史

昆虫离开母体，发育到成虫产生后代为止的个体发育过程称为一个世代。昆虫在一年内的发育史，称为生活年史，简称为生活史。

各种昆虫世代的长短和一年内所能完成的世代数有所不同。如国槐尺蠖1年4代，桃蚜1年10多代。同一种昆虫因受环境因子的影响，每年的发生代数有所不同，如黏虫在东北每年1～2代，华北每年3～4代，华南每年6～8代。

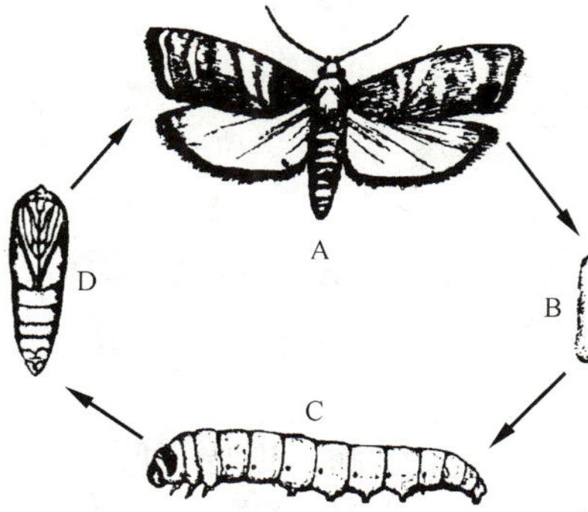

图 5-2　昆虫的完全变态

A. 成虫　B. 卵　C. 幼虫　D. 蛹

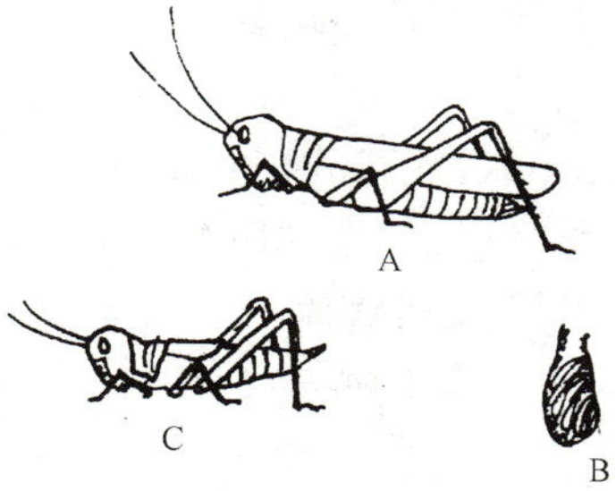

图 5-3　昆虫的不完全变态

A. 成虫　B. 卵　C. 成虫

3. 昆虫的习性

昆虫的习性包括昆虫的活动和行为，是昆虫的生物学特征和重要组成部分。主要有食性、活动的昼夜节律、趋性、群集性、假死性、休眠和滞育。

食性是昆虫取食的习性。按昆虫取食的性质分为植食性、肉食性、腐食性。按昆虫取食食物的种类多数又分为多食性、寡食性、单食性。

二、病害基础知识

（一）定义与分类

1. 定义

植物在其生长发育过程中，由于受到不良环境条件的影响，或有害生物的侵染，使植物在生理上、组织上、形态上产生一系列病理变化，甚至死亡，这种现象称之为植物病害。

2. 分类

园林植物病害一般分为非侵染性病害和侵染性病害。

（1）非侵染性病害　由非生物病原如营养条件不良、温度、湿度、肥、土壤、大气污染、日光、化学药剂等引起的病害。这类病害没有传染性，因此称之为非侵染性病害。如盐害、灼伤、缺素症、药害等。

（2）侵染性病害　由生物病原如真菌、细菌、病毒、类菌质体等引起的病害，这类病害可以进行再侵染，造成病害的传播，称之为侵染性病害。如真菌性病害月季黑斑病。

（二）主要真菌病害

1. 病害的主要特征

真菌性病害是由真菌类的微生物引起的病害。

真菌病害症状的特点是有明显的症状。常见的病状主要有斑点、萎蔫、溃疡、腐烂、畸形；常见的病征主要有霉状物、锈状物、粉状物、菌核、菌索等。

2. 常见真菌病害

（1）月季黑斑病（图 5-4）　病原菌主要侵染叶部，也危害叶柄、嫩枝、花梗、花瓣。发病初期叶片出现褐色斑点，逐渐扩大成紫褐色，边缘呈放射状的病斑，病斑上散生许多黑色颗粒小点，后期病斑相连，叶片变黄脱落。5 月开始发病，7 ~9 月为发病盛期。

图 5-4　月季黑斑病

A. 病叶　B. 病原（分生孢子）

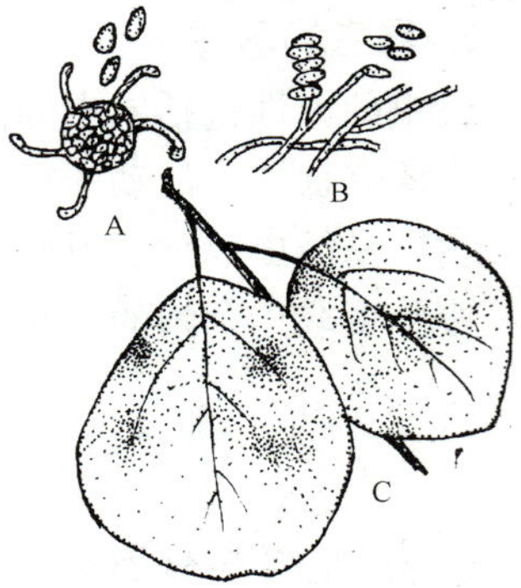

图 5-5　黄栌白粉病

A. 闭囊壳与子囊孢子　B. 孢子梗与分生孢子　C. 危害症状

（2）黄栌白粉病（图 5-5）　被害叶片的正面首先出现白色粉霉状斑点，逐渐扩大形成近圆形斑，发病严重时整个叶面上布满一层灰白色粉状物，之后在粉层上出现黄褐至黑褐色的颗粒物，被害叶片焦枯变黑并脱落。5 月降雨早发病亦早，8 ~9 月病情发展迅速。

（3）毛白杨锈病（图 5-6）　毛白杨锈病在苗圃普遍发生，主要危害毛杨幼苗和幼树幼芽、叶片及嫩梢等，严重时造成提早落叶，影响苗木生长。

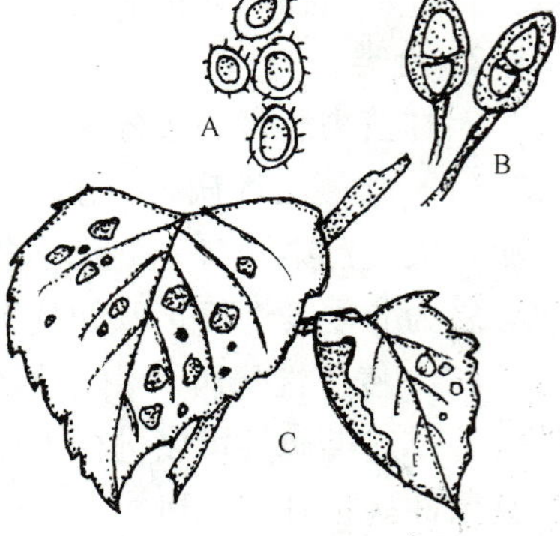

图 5-6　毛白杨锈病

A. 夏孢子　B. 冬孢子　C. 危害症状

病原菌在毛白杨冬芽内越冬，北京地区 4 月中下旬开始发病，病芽发芽较早，叶不能展开，被黄色的夏孢子粉覆盖，不久枯死。越冬病芽是当年初侵染源。发病的叶片及嫩梢上布满黄色的夏孢子堆。5～6 月为发病盛期。春末夏初雨水多，当年发病重。

三、病虫害主要防治方法

（一）综合防治概念与特点

1967 年联合国粮食与农业组织在罗马召开的有害生物防治专家讨论会，提出害虫综合管理（IPM）的概念。害虫综合管理是有害生物的一种管理系统，该系统考虑到有害生物的种群动态和与之相关的环境关系，尽可能协调地运用适当的技术和方法，使有害生物种群保持在经济危害水平之下。

害虫综合管理有两大特点。其一是它容许一部分害虫存在，这些害虫为天敌提供了必要的食物。其二是强调自然因素的控制作用，最大限度地发挥天敌的作用。

（二）主要防治方法

1. 植物检疫法

植物检疫是国家或地方行政机关通过颁布法规禁止或限止国与国、地区与地区之间，将一些危险性极大的害虫、病菌、杂草等随着种子、苗木及其植物产品在引进、输出中传播蔓延，对传入的要就地封销和消灭，是病虫害综合防治的一项重要措施。

从国外及国内异地引进种子、苗木及其他繁殖材料时应严格遵守有关植物检疫条例的规定，办理相应的检疫审批手续。

2. 栽培管理法

病虫害的发生和发展都需要一定的适宜的环境条件，栽培管理法是通过改变栽培技术措施，控制病虫害的发生和危害的方法。如选用抗病虫品种；合理的水肥管理；实行轮作和植物合理配置；及时清除病叶及虫枝，消灭病源和虫源等措施。

3. 物理机械和引诱法

物理机械防治法是根据某些害虫的生活习性，应用光、电、辐射等物理的手段来防治害虫。如高温处理防治土壤中的根结线虫；黑光灯诱杀鳞翅目成虫；微波辐射防治蛀干害虫；设置塑料环防治草履蚧等。

引诱法就是利用害虫的某些趋性，进行诱杀，如黄板诱杀蚜虫与粉虱等；引诱剂诱杀美国白蛾等；饵木诱杀双条杉天牛等。

4. 生物防治

生物防治是用有益生物来控制病虫害的方法。主要有以虫治虫，如利用瓢虫捕食蚜虫；以微生物治虫或治病，如利用苏云金杆菌防治槐尺蠖；以鸟治虫，如采用保护和招引食虫鸟类来防治害虫等。

5. 化学防治

当害虫大发生时可使用化学药剂压低虫口密度。在使用化学药剂时尽量选用毒性低且对环境无害的种类。

使用化学药剂防治病虫害时，要根据病虫的发生时期、发生量、发生规律，选用适当的药剂和合理的防治时期，采用正确的施药方法和使用浓度，才能达到很好的防治效果。

第二节　主要虫害的防治

一、食叶性害虫的防治

1. 槐尺蠖

属鳞翅目，尺蛾科，俗称“吊死鬼”。

分布与危害：全国分布，以北京、华北地区及西北等地危害严重。幼虫主要危害槐树、龙爪槐、蝴蝶槐，常把树叶蚕食一光，严重影响绿化美化效果和市容卫生，也常常给市民的生活带来困扰。

形态特征（图 5-7）：成虫体长 15 毫米左右，体黄褐色至灰褐色。前后翅面上有深褐色波状纹。卵，椭圆形，表面有网纹。老熟幼虫体长 36 毫米，体绿色，有黑点。胸足和腹足各 1 对，行走时体曲如弓，故称尺蠖。蛹圆锥形。

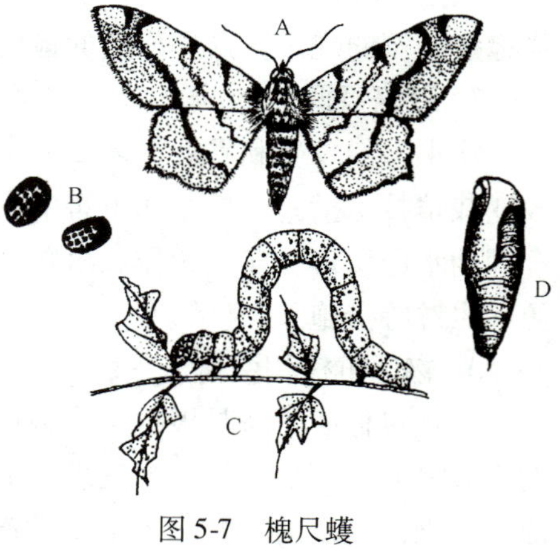

图 5-7　槐尺蠖

A. 成虫　B. 卵　C. 幼虫　D. 蛹

生物学特性：华北地区 1 年 3 ~ 4 代，以蛹在树下或墙根等处表土层中越冬。4 月中旬成虫开始羽化，成虫日伏夜出，有趋光性及取食清水和花蜜的习性。卵散产，多产在叶正面主脉上。幼虫共 6 龄，昼夜都取食。幼虫耐饥饿能力强。幼虫危害期5～9月。

防治方法：

（1）春秋两季挖蛹，消灭虫源；夏季幼虫吐丝下垂时，人工清扫幼虫。

（2）保护和利用天敌，如螳螂、赤眼蜂、胡蜂、姬蜂等天敌。

（3）幼虫期使用Bt粉剂1500～2000倍喷雾防治或采用化学药剂如灭幼脲8000～10000倍防治幼虫。防治时注意1、2代的防治适期，控制虫口密度。根据三、四代的发生实际情况选择用药。

2. 柳毒蛾

属鳞翅目，毒蛾科，又称雪毒蛾。

分布与危害：全国分布。幼虫主要危害多种杨、柳及白蜡、泡桐、槭树等，严重时常把树叶蚕食一光，严重影响树木生长和绿化美化效果。

形态特征（图5-8）：成虫体长18毫米左右，体白色，足上具有黑白相间的环纹。卵扁圆形，灰白色，卵块覆盖白色胶状物。老熟幼虫体长50毫米，体背部灰黑色，背线褐色明显，两侧各有黑褐色纵带，各节毛瘤上长有黄白色长毛。蛹黑褐色，长有黄白毛。

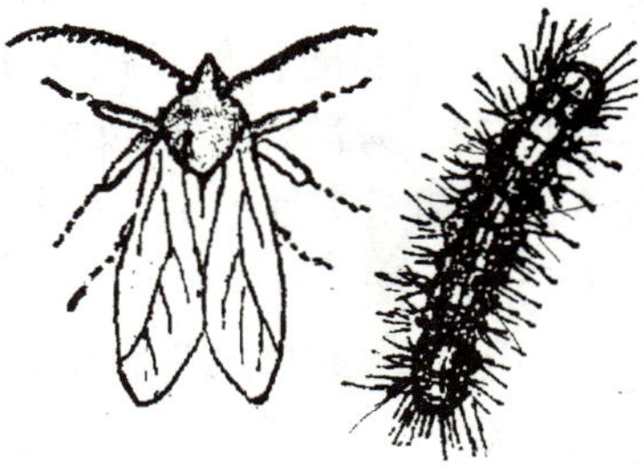

图5-8　柳毒蛾
A. 成虫　B. 幼虫

生物学特性：北京地区1年2代，以幼虫在树皮缝、树洞、地面石堆下和落叶层下结薄茧越冬。4月中旬活动危害，7月为第1代幼虫危害盛期，9月为第2代危害期，成虫昼伏夜出，趋光性强。

防治方法：

（1）于5月中旬左右，在树干基部周围撒5%西维因粉剂，触杀上下树的幼虫。

（2）结合养护管理，人工采卵、灭蛹，可保护毛虫追寄蝇、毒蛾赤眼蜂等天敌。

（3）幼虫期使用3000倍的氯氰菊酯、4000倍灭扫利喷雾防治。

3. 黄刺蛾

属鳞翅目，刺蛾科，俗称“洋辣子”。

分布与危害：全国分布。北京常见的刺蛾主要有黄刺蛾、褐边绿刺蛾、扁刺蛾、双齿绿刺蛾等。刺蛾幼虫食性杂，因此寄主植物种类多，如黄刺蛾危害杨、柳、槐、银杏、月季、紫薇、牡丹、石榴等100多种。严重危害时，常把叶子吃光，影响植物的生长和观赏价值。

形态特征（图5-9）：成虫前翅黄色，有倒“V”形褐色线，另有2个褐点。幼虫短粗，黄绿色，背面有个紫褐色哑铃状斑，刺枝较大。

生物学特性：刺蛾种类不同，发生代数、越冬场所也不同。黄刺蛾1年2代，幼虫在树杈、树枝上作茧越冬，黄刺蛾茧为白色和紫褐色的长圆形。成虫有趋光性，昼伏夜出，卵多产在叶上，为散产。幼虫危害期分别为6月下旬至7月下旬、8月下旬至9月下旬，常常仅留叶柄。

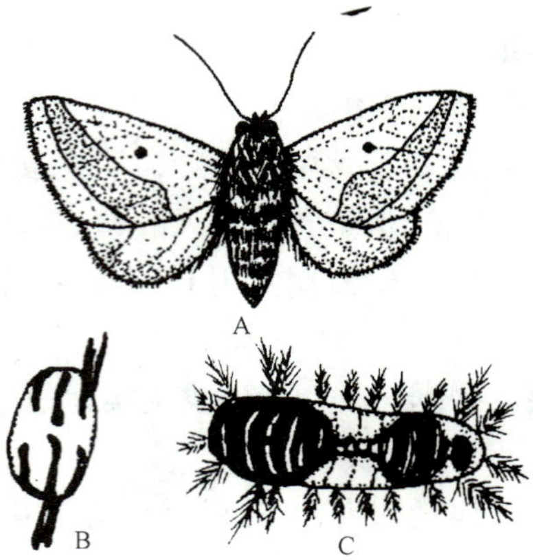

图5-9 黄刺蛾

A. 成虫 B. 茧 C. 幼虫

防治方法：

（1）消灭越冬幼虫，结合冬季修剪，修剪或刷除枝干上的黄刺蛾虫茧并集中烧毁。

（2）利用3龄幼虫以前集中危害习性，摘除虫叶。

（3）保护和利用天敌。幼虫期使用Bt粉剂1500～2000倍喷雾防治，保护螳螂、蠋蝽、赤眼蜂、刺蛾广肩小蜂、刺蛾紫姬蜂、上海青蜂等天敌。

（4）药剂防治如采用辛硫磷1000倍液防治幼虫，或喷施苦参碱乳油1500倍。

4. 黄褐天幕毛虫

属鳞翅目，枯叶蛾科，俗称“顶针虫”。

分布与危害：分布于东北、华北、西北、江苏、湖南、江西等地。幼虫危害杨、柳、海棠、山桃、山杏、元宝枫、黄刺玫、樱花等。此虫寄主植物种类丰富，危害严重，常常把树叶吃光，易造成幼树死亡，严重影响绿化和观赏效果。

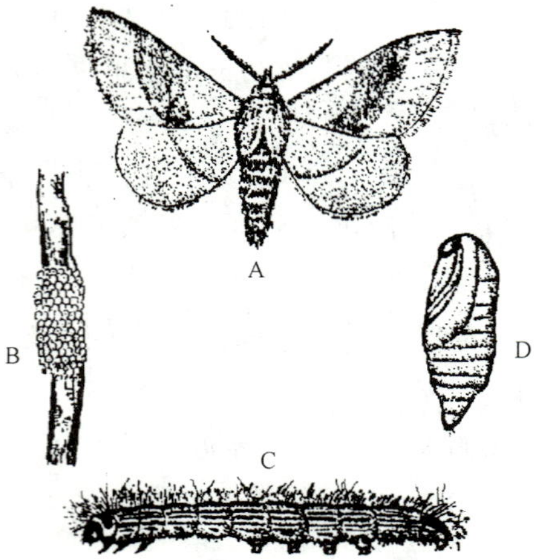

图5-10 黄褐天幕毛虫

A. 成虫 B. 卵 C. 幼虫 D. 蛹

形态特征（图5-10）：成虫体长16毫米左右，体褐色。前翅中间有一条深褐色宽带，后翅淡褐色。卵椭圆形，灰白色，顶部中间下凹，卵产于小枝上，呈顶针状。老熟幼虫体长 55 毫米，体侧有鲜艳的蓝灰色、黄色和黑色带，体背灰白或紫色，有明显的橙红色和白色的条纹，各节有黑色毛瘤。蛹，黑褐色，有金黄色的毛，茧丝质灰白色。

生物学特性：北京 1 年 1 代，以完成胚胎发育的卵越冬。4 月初幼虫孵化，低龄幼虫群集危害嫩叶，吐丝结网，白天群集潜伏在天幕状网巢内，故此虫得名天幕毛虫。有昼伏夜出习性。老龄幼虫分散危害，易暴食成灾。6 月上中旬成虫羽化产卵，卵多产在当年的小枝梢上，卵发育成小虫后在卵壳内休眠越冬。

防治方法：

（1）结合秋季修剪，剪除“顶针”状卵块，并烧毁处理，消灭虫源。

（2）4 月中下旬捣毁网幕，消灭群集在网幕内外的幼虫。

（3）应用核多角体病毒和抱寄蝇、黑卵蜂防治。

（4）采用化学药剂如喷施菊酯类来福灵 3000 倍防治幼虫。

5. 榆绿叶甲

属鞘翅目，叶甲科，又称榆绿金花虫。

分布与危害：分布于华北、东北、西北等地，是危害榆树的主要害虫。成虫和幼虫取食叶片，严重时把叶片吃光。因其危害严重，有些地方已把榆树视为淘汰树种。

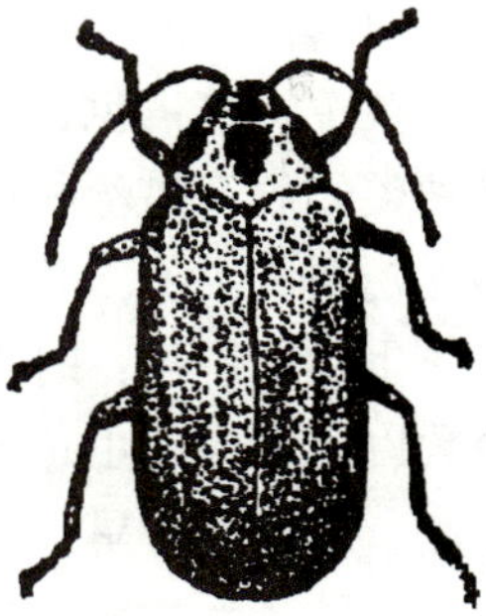

图 5-11　榆绿叶甲

形态特征（图 5-11）：成虫体长 8 毫米左右，近长方形，头褐黄色，鞘翅绿色，有金属光泽。前胸背板两侧各有 1 个黑斑，中央为倒葫芦形黑斑。卵黄色，梨形，似炮弹直立两行排列。老熟幼虫体长 11 毫米，深黄色，体背有黑色毛瘤，前胸背板有对四方形黑斑。蛹乌黄色，椭圆形，背部有黑褐色毛。

生物学特性：北京 1 年发生 1～2 代，以成虫在屋檐、砖石堆、墙缝及杂草等处越冬。4 月上旬越冬成虫补充营养危害榆树，4 月下旬开始在叶背产卵，5 月上旬幼虫孵化，啃食叶肉呈网状，6 月中旬至 7 月上旬为第 1 代成虫高峰期，此时危害严重易成灾。部分羽化较早的成虫则产卵，幼虫孵化后继续危害，直到 8 月羽化为成虫越冬。成虫有假死性，飞翔力较强，趋光性弱。

防治方法：

（1）选择优良的抗虫品种如苦叶榆等。

（2）在幼虫群集在树干化蛹时，人工刷除老熟幼虫和蛹。

（3）保护利用天敌，如瓢虫、小蜂、太平鸟、灰喜鹊、大山雀等。

（4）使用植物性药剂烟参碱乳油1000倍等防治。

二、刺吸性害虫的防治（附螨类）

1. 蚜虫

属同翅目，蚜总科，俗称“腻虫”。

分布与危害：全国分布，危害园林植物的蚜虫北京有50多种。此类害虫种类多，寄主范围广泛，如桃蚜危害园林植物近100种。成虫和若虫刺吸植物体内养分，造成叶片卷曲、畸形、枯黄和花蕾脱落，影响植物正常生长及开花，可诱发煤污病并传播多种病毒病。

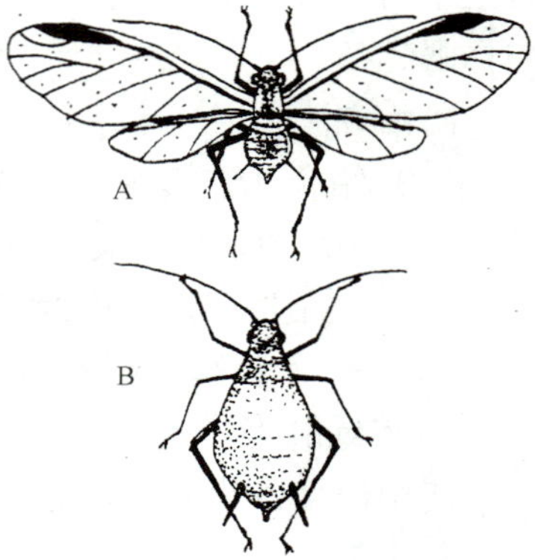

图5-12　蚜虫

A. 有翅蚜　B. 无翅蚜

形态特征（图5-12）：体小柔软，体长1~4毫米左右。多为椭圆形，少数为纺锤形或扁平椭圆形。刺吸式口器。体色多为绿色、黄色、红褐色、灰褐色、暗绿色等。有些种类体表有蜡丝和蜡粉。蚜虫分为有翅型和无翅型。

生物学特性：蚜虫繁殖力很强，1年可发生几代至20多代，多数以卵，少数以成虫或若虫越冬。成虫可进行有性繁殖和无性繁殖。蚜虫多数有迁移习性。蚜虫喜干旱，怕雨水冲刷。每年的5~6月、9~10月危害严重，雨季虫口数量大幅度下降。蚜虫因其分泌蜜露而得名“腻虫”。

防治方法：

（1）在植物发芽前，结合防治叶螨，使用20号石油乳剂防治植物上的越冬卵、若虫、成虫。

（2）保护利用天敌，如蚜茧蜂、瓢虫、食蚜蝇、蚜小蜂、草蛉等。

（3）利用黄板诱杀。

（4）在危害期喷施3000倍吡虫啉或1000倍烟参碱等药剂防治。

2. 草履蚧

属同翅目，硕蚧科，又名“草鞋蚧”。

分布与危害：全国分布，危害槐树、白蜡、栾树、柳树、毛白杨、核桃、樱花等园林植物。若虫和雌成虫聚集在树木枝干和芽上，吸食汁液，造成被害芽萎缩，树势衰弱，并且污染环境，影响市民生活。

形态特征（图 5-13）：雌成虫扁椭圆形，体长约 9 毫米，褐色，体被薄层蜡粉，体形似草鞋状。雄虫体长 4 毫米，紫红色，前翅黑色。卵长圆形，黄色至红褐色，卵袋为白色棉絮状。若虫体形与雌成虫相似，小而色深。

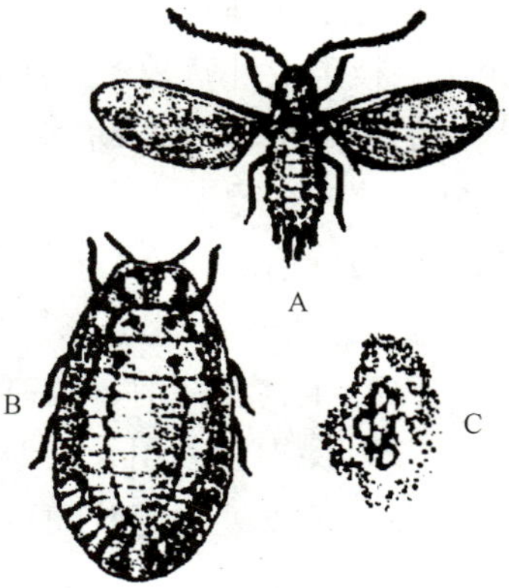

图 5-13　草履蚧

A. 雄成虫　B. 雌成虫　C. 卵块

生物学特性：1 年发生 1 代，以 1 龄幼虫或卵在被害树木附近的土中、墙缝、树皮裂缝等处越冬。1 月下旬越冬幼虫开始活动，卵开始孵化。3 月下旬至 4 月中旬为上树危害期。若虫沿树干爬到幼芽、嫩枝上取食汁液。4 月下旬雄虫化蛹，5 月上旬变成虫，并于 5 月中旬开始产卵，卵在卵袋中或孵化为 1 龄幼虫在其内越夏、越冬。

防治方法：

（1）在植物发芽前，使用 20 号石油乳剂防治植物上的越冬若虫。

（2）保护和利用天敌，如红环瓢虫、厚缘四节瓢虫等。

（3）在越冬场所人工挖除越冬虫卵，减少虫源。

（4）在此虫上树前在树干基本设置药环阻止其上树危害。

（5）危害期喷施 1500 倍速蚧克等防治。

3. 叶螨

属蜱螨目，叶螨总科，俗称“红蜘蛛”。

分布与危害：全国分布，是世界性有害微小生物。在北京危害园林植物的害螨有 40 多种。种类多，寄主广泛。以成螨、若螨在叶背刺吸植物汁液，并有吐丝结网习性。被害叶片上常出现斑点，严重时叶片枯黄，造成脱落，影响花木的正常生长及观赏。

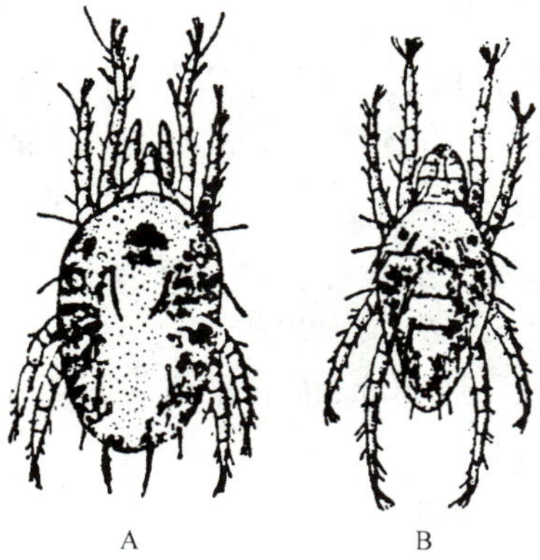

图 5-14　叶螨

A. 雌螨　B. 雄螨

形态特征（图 5-14）：成螨体形微小，一般在 0.2～1.0 毫米。背部隆起或平直，体形近卵形或椭圆形。体色鲜红色、朱红色、锈红色、橘红色等。卵圆球形，光滑，透明。若螨体小色浅。

生物学特性：在北京1年几代至十几代，以成螨或卵在树皮下、土中、树干、枝条及叶背越冬。成螨可进行两性生殖或孤雌生殖，卵多单粒散产。初孵的小螨虫称之为幼螨，足3对。6～8月危害严重，危害后出现黄叶、焦叶、落叶现象。干旱少雨时繁殖快，危害严重。除靠爬行外，风、雨及人为也极易传播。

防治方法：

（1）植物发芽前，用20号石油乳剂防治植物上的越冬卵、成螨。

（2）保护和利用天敌，如捕食螨、草蛉、小花蝽等。

（3）危害期根施呋喃丹或喷施2000倍克螨特等防治。

三、蛀食性害虫的防治

1. 光肩星天牛

属鞘翅目，沟颈天牛科，俗称“花牛”。

分布与危害：分布于东北、华北、西北、华东等地。幼虫危害杨、柳、槭、榆、苦楝、枫、樱花等阔叶树。该虫的幼虫在枝干的木质部钻蛀虫道，轻者枯梢，重者整株死亡。对城市的绿化造成极其严重的危害。

形态特征（图5-15）：成虫体长约30毫米，鞘翅为黑色，上有不规则的白斑。卵白色，稍弯曲，似“黄瓜籽”。老熟幼虫约55毫米左右，乳白色，足退化。蛹黄白色。

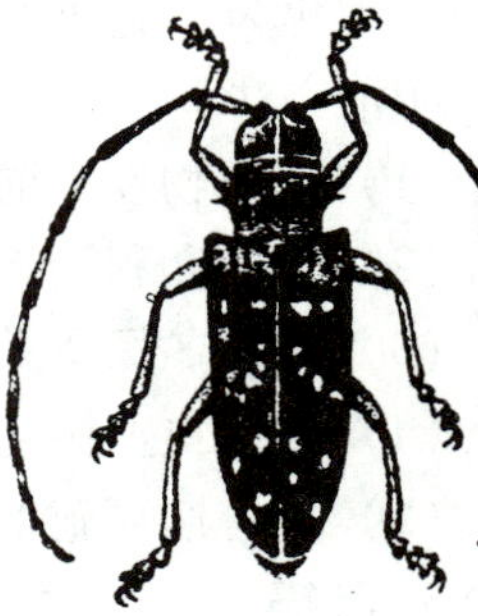

图5-15　光肩星天牛

生物学特性：北京1～2年发生1代，以幼虫在树干蛀道内越冬。幼虫危害期为每年的3月至11月上旬，5月开始化蛹，成虫羽化期为6月至7月中旬。成虫取食嫩枝皮来补充营养，成虫的飞翔能力不强。成虫将卵产在树干中，幼虫蛀食危害。

防治方法：

（1）树木被害严重时，清除被害木，进行处理，消灭虫源。

（2）成虫发生量大时，可人工捕捉成虫或喷施3000倍的氯氰菊酯消灭成虫。

（4）幼虫危害期利用高压注射机注射内吸药剂防治。

（5）挂置鸟巢，招引啄木鸟等益鸟防治害虫。

2. 小木蠹蛾

属鳞翅目，木蠹蛾科，又称小线角木蠹蛾。

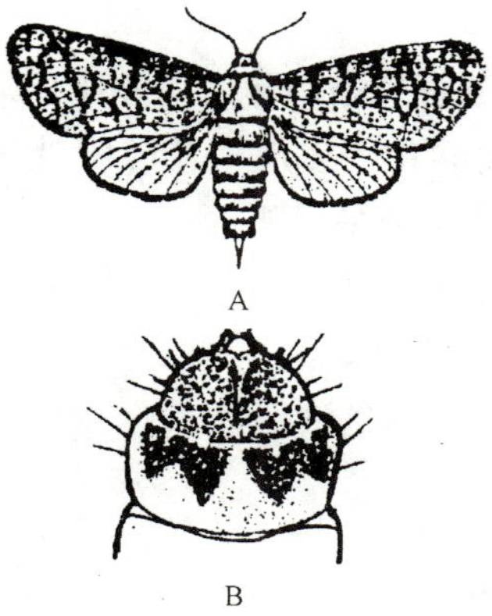

图 5-16　小木蠹蛾
A. 成虫　B. 幼虫（前胸背板特征）

分布与危害：全国有分布，因地域不同种类有差异。北京常见的有 7 种。主要种类为小木蠹蛾、芳香木蠹蛾等。小木蠹蛾主要危害白蜡、银杏、丁香、槐树、龙爪槐、樱花、海棠等植物。幼虫在树干枝内蛀食危害，轻者造成风折，重者树皮环剥，全株死亡，对绿化美化造成极其严重的影响。

形态特征（图 5-16）：成虫体长约 20 毫米，灰褐色。老熟幼虫 36 毫米左右，体背鲜红色，有光泽，体形扁圆筒形。

生物学特性：2 年 1 代，跨 3 个年度，以幼虫在被害枝干内越冬。成虫日伏夜出，有趋光性。成虫在树干枝的伤疤处、裂皮缝处成堆产卵。幼虫喜群居危害，随着虫龄的增长，蛀食树木愈加严重，造成千疮百孔。每年 3 月中旬 ~ 10 月下旬为幼虫危害期。

防治方法：

（1）及时剪除受害枝条，减少虫源。

（2）加强检疫，防止从异地带入虫源。

（3）幼虫危害期利用高压注射机注射内吸药剂防治害虫。可以用磷化铝毒签、磷化铝片剂进行熏蒸。

（4）保护利用天敌，如利用芫菁夜蛾线虫、白僵菌、寄生蝇、姬蜂。挂置鸟巢，招引啄木鸟等益鸟防治害虫。

3. 杨透翅蛾

属鳞翅目，透翅蛾科。

分布与危害：三北地区均有发生，幼虫蛀食 1 年生枝，常造成风折。北京地区苗圃毛白杨埋条苗、养干苗受害严重，对杨树育苗影响很大。另外，还危害加杨、北京杨、柳树等。

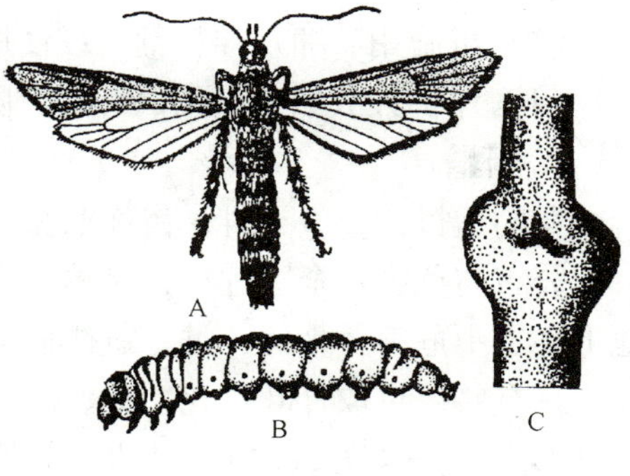

图 5-17　杨透翅蛾
A. 成虫　B. 幼虫　C. 危害症状

形态特征（图 5-17）：成虫形似胡蜂，体青黑色。前翅狭窄，后翅透明。腹部有橙黄色横带。卵黑色。老熟幼虫体长 32 毫米左右，乳白色腹尾有臀刺2个。

生物学特性：杨透翅蛾1年1代，以幼虫在被害枝条内越冬。4月开始蛀食，5月中下旬开始化蛹，6月上中旬幼虫陆续孵化，多从嫩枝叶腋处钻入，排出红褐色粪屑，幼虫危害处易形成虫瘿，受害枝易风折。

防治方法：

（1）修剪受害枝，消灭幼虫。利用性诱剂诱杀成虫。

（2）幼虫孵化初期定期喷40%氧化乐果600～800倍液等。

（3）保护和利用天敌。

四、地下害虫的防治

1. 华北蝼蛄

属直翅目，蝼蛄科，俗称拉拉蛄。

分布与危害：分布于华北等地。食性很杂，是苗圃主要害虫之一。以若虫和成虫咬食播种幼苗的根和嫩茎及种子，挖掘坑道使幼苗干枯而死。

形态特征（图5-18）：成虫，体长约40毫米，土黄色。腹部有2根尾须。前足为开掘足。初孵若虫乳白色，2龄若虫为黄褐色，形态似成虫。

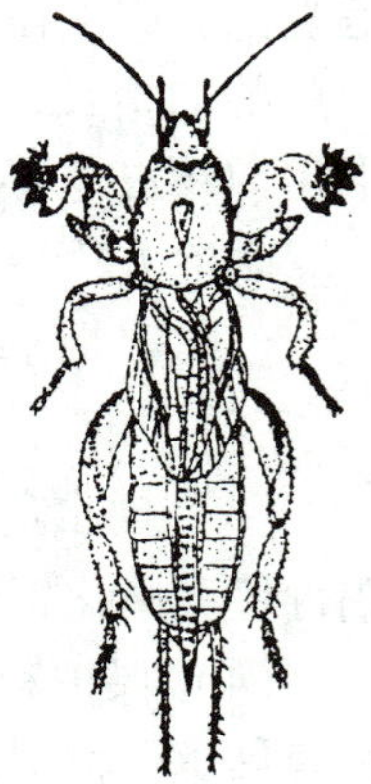

图5-18　蝼蛄成虫

生物学特性：3年完成1代。以成虫和若虫在深土层越冬。以4～5月危害最为严重。成虫有趋光性，并对马粪、牛粪等腐殖质及香甜食物有趋性。

防治方法：

（1）利用黑光灯诱杀成虫或用毒饵、毒谷诱杀。

（2）施用完全腐熟的有机肥。

（3）可施用呋喃丹颗粒剂，或使用1000倍辛硫磷液灌根。

（4）保护天敌如大山雀、喜鹊、隐翅虫、步行虫等。

2. 蛴螬

属鞘翅目，金龟子科，俗称地蚕。

分布与危害：全国分布，蛴螬在北京有30多种。食性杂、危害大，是地下害虫中危害严重的一类。蛴螬危害后，植物的根茎皮层被环食，使苗木死亡；有些成虫取食叶、花、芽、花冠，严重影响苗木的产量和品质。

形态特征（图5-19）：幼虫乳白色，呈圆筒形，臀部肥大，常弯曲成“C”字形。胸足3对，无腹足。成虫叫金龟子。触角鳃片状。前翅坚硬角质，后翅膜质。由于种类多，其大小、颜色和斑纹等有很大差异。

生物学特性：因种类不同，每年的发生代数不同。一般1年1代或2年1代，以成虫或幼虫越冬。蛴螬常年生活于有机质多的土壤中，其活动与土壤温湿度有关，通常春季和夏末秋初两季发生危害，以4~5月、7~9月危害严重。

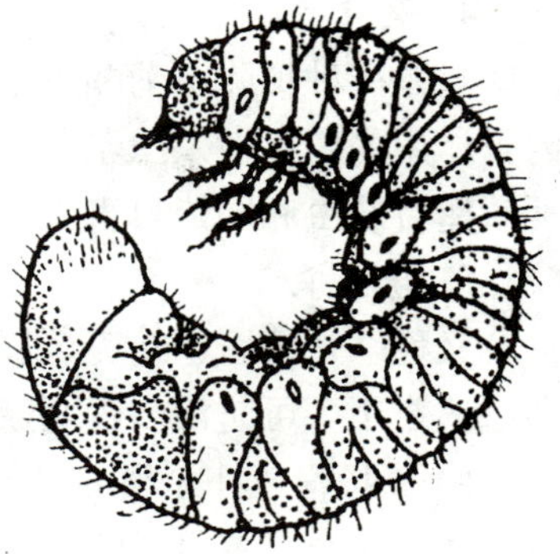

图5-19　蛴螬

防治方法：

（1）成虫发生量大时，可人工捕捉成虫或喷施胃毒剂、触杀剂消灭成虫。

（2）施用完全腐熟的有机肥。

（3）可施用呋喃丹颗粒剂，或使用辛硫磷灌根等。

（4）保护天敌如大山雀、喜鹊、青蛙、刺猬、步行虫等。

第三节　农　药

一、常用农药

（一）杀虫剂

1. 辛硫磷

这是一种广谱性的高效、低毒的有机磷杀虫剂。具有触杀和胃毒作用。使用50%辛硫磷乳油1500~2000倍液喷雾可防治尺蠖、毒蛾、刺蛾、天幕毛虫等。采用根灌1000倍液可防治蛴螬、蝼蛄、地老虎等地下害虫。

2. 烟参碱

又称百虫杀，是一种植物性药剂。属于低毒、低残留、高效农药。具有触杀和胃毒作用。防治各种蚜虫、粉虱、叶蝉、尺蠖等害虫，使用1.2%烟参碱乳油1000倍液。

3. Bt乳剂

它是一种细菌性的微生物药剂。对人、天敌昆虫、植物安全，无环境污染的胃毒剂。常用浓度为500~800倍液，对各种尺蠖、舟蛾、美国白蛾、天蛾、夜蛾等食叶害虫均有很好的防治效果。高含量Bt可湿性粉剂使用浓度为2000~3000倍液喷雾防治。

4. 来福灵

它是一种拟除虫菊酯类杀虫剂，其毒性中等。具有触杀和胃毒作用，无内吸作用的广谱性杀虫剂。使用5%来福灵乳油3000～4000倍液可防治多种鳞翅目幼虫和同翅目害虫，对螨类无效。

5. 速扑杀

又称杀扑磷、速蚧克。属高毒、广谱性有机磷杀虫剂。具有触杀、胃毒和渗透作用。可防治多种刺吸性和咀嚼式口器害虫，尤其对各种介壳虫有特效。使用40%速扑杀乳油1000～2000倍液可有效地防治槐坚蚧、石榴毡蚧、桑白蚧、日本龟蜡蚧、草履蚧等多种介壳虫。防治适期应在介壳虫若虫盛孵期，如已形成蜡质介壳后再喷药，防治效果差。

（二）杀螨剂

1. 螨克

它是一种广谱性杀螨剂，具有触杀、胃毒、拒食和内吸作用。毒性中等。使用20%螨克乳油1000～1500倍液喷雾，可防治山楂叶螨、苹果叶螨、柏小爪螨、截形叶螨和二点叶螨等。

2. 尼索朗

它是一种噻唑烷酮类杀螨剂，对植物表皮层有效好的穿透力，但无内吸作用。属于低毒农药，对人、植物和天敌安全。对多种害螨的卵、若螨有强烈的毒杀作用，对成螨效果差。5%尼索朗乳油常用浓度为2000～3000倍液。

（三）杀菌剂

1. 甲基托布津

它是一种广谱性内吸型杀菌剂。具有内吸、预防和治疗作用，属于低毒农药。70%甲基托布津常用800～1500倍液，对月季白粉病、大叶黄杨白粉病、鸡冠花茎腐病、蔷薇褐斑病等真菌性病害均有较好的防治效果。

2. 三唑酮

又称粉锈宁。是一种高效、低毒、低残留、持效期长、强内吸性、广谱性杀菌剂。国产20%三唑酮乳油常用浓度为1000～1500倍液，均对苹桧锈病、玫瑰锈病、毛白杨锈病、草坪锈病有很好的防治效果。

3. 百菌清

它是一种触杀型广谱性、低毒杀菌剂，无内吸作用。对植物病害只有预防作用，因此要求在植物发病初期进行喷药。75%百菌清常用浓度为600～1200倍液，对月季黑斑病、丁香叶斑病、菊花褐斑病、杨树灰斑病等多种病害，有较好防治效果。

二、农药的使用

1. 农药的使用方法

使用农药防治病虫害时，要根据病虫发生时期、发生量、发生规律选用适当的药剂和防治时期，并采用正确的使用浓度和使用方法，从而达到良好的防治效果。常见的用药方法有喷雾、撒粉、毒土、毒饵、毒环、灌药、拌种、注射、堵孔、涂抹、土施、熏蒸、种苗处理、烟熏、引诱等。

2. 农药的合理和安全使用

（1）对症下药　根据防治对象的种类，选择适宜的农药种类，做到对症下药，才能达到较好的防治效果。

（2）适时用药　根据病虫害的发生情况，选择在防治对象对药剂的敏感时期和防治对象的暴露及薄弱时期，此时用药方可达到良好的防治效果。

（3）注意药剂的使用浓度和打药次数　浓度太低防治效果差，浓度太高容易导致病虫的抗药性产生，易产生药害和增加防治成本。选择适当的剂型和施用方法，严格按施药操作规程规范进行。

（4）合理混用和轮换使用　两种药剂混用，可兼治病虫害，并有增效作用，可以减少打药次数，节省时间和劳力。但混用不当会产生药害或降低防治效果。轮换使用药剂可以延缓抗药性的产生。

（5）安全用药　在使用、运输、贮藏农药时必须严格遵守有关规定。施药时要注意天气的变化，如遇刮风、下雨、高温等不易打药。操作人员要做好防护工作，确保安全。如使用不当造成人员中毒应立即前往医院救治。

复习题

1. 昆虫成虫主要特征是什么？
2. 什么叫昆虫的变态？常见的变态有哪2种？
3. 什么叫昆虫生活史？什么叫昆虫的世代？
4. 昆虫主要有哪些习性？
5. 病害分哪两类？各由什么原因引起的？
6. 病虫害综合防治方法有哪些？
7. 食叶害虫、刺吸害虫、蛀食害虫的危害特征有什么不同？防治的主要思路是什么？举例说明。
8. 根据用途，常用农药可分哪几类？各举2例。
9. 如何合理和安全使用农药？

模拟测试题

一、填空题

1. 昆虫属于 ________ 门，________ 纲。

2. 咀嚼式口器害虫很多，如 ________、________、________ 等。

3. 直翅目害虫有 ________、________ 等。

4. 常用杀螨剂，如 ________、________ 等。

5. 真菌性病害的主要病状有 ________、________、________、________ 等。

二、选择题

1. 槐尺蠖在北京地区1年发生 ________。

   A. 1~2代　B. 2~3代　C. 3~4代　D. 5代

2. 黄褐天幕毛虫越冬虫态是 ________。

   A. 成虫　B. 卵　C. 幼虫　D. 蛹。

3. 食叶害虫的危害状表现为________。

   A. 黄化　B. 畸形　C. 腐烂　D. 缺刻或孔洞。

4. 小木蠹蛾危害园林植物属于 ________。

   A. 食叶性害虫　B. 蛀干性害虫　C. 刺吸性害虫　D. 地下害虫。

三、判断题

1. 任何一种昆虫都具有四翅六足。（　）

2. 昆虫的完全变态经过卵、若虫、成虫三个虫期。（　）

3. 20%菊杀乳油是广谱性药剂，能治多种病虫害。（　）

4. 月季白粉病是由细菌侵染所致。（　）

5. 黑光灯可以诱杀有趋光性害虫成虫。（　）

四、简答题

1. 如何安全使用农药？

2. 园林植物病虫害综合防治的五大方法是什么？

3. 侵染性病害的病原菌包括哪些？

模拟测试题答案

一、填空题

1. 节肢动物门、昆虫纲

2. 槐尺蠖、刺蛾、天牛

3. 蝗虫、蝼蛄

4. 螨克、尼索朗

5. 斑点、萎蔫、腐烂、畸形

二、选择题

1. C　　2. B　　3. D　　4. B

三、判断题

1. ×　　2. ×　　3. ×　　4. ×　　5. √

四、简答题

1. 答：使用和运输时，必须严格遵守有关规定；施药时要注意天气变化；操作人员做好防护工作（如戴口罩等），操作后清洗等。

2. 答：植物检疫法，栽培管理预防法，物理和引诱法，生物防治法，化学防治法。

3. 答：真菌、细菌、病毒、类菌质体。

第六章

园林绿化基础知识

本章提要：介绍园林基础知识，城市园林绿化内容、意义和相关法规，学习园林绿地等常识。

学习目的：了解园林基本知识，明确城市园林绿化任务，知道城市园林绿化相关法规以及园林绿地类型和计算方法。

第一节　园林基础知识

一、园林绿地的定义

园林绿地在美化环境，增强人们的身心健康，满足人们旅游需要和日常休憩活动，进行文化宣传和科学普及等方面，都有着日渐显著的突出作用。

园林和绿地同属于一个范畴。具有共同的基本内容，但是在概念上又是有区别的。

1. 园林

园林主要是指在一定范围内，为了维护和改变自然面貌，改善卫生条件和地区环境条件，根据一定的自然、艺术和工程技术规律，由地形地貌、山水泉石、植物、动物、广场、园路及建筑小品（亭、台、廊、榭……）等造景要素组合建造的，提供人们休息、游览和文化体育活动的、环境优美的绿化空间。

园林是人工创造的，体现人类对大自然的向往，富有自然情趣的游憩观赏环境。

园林最主要的功能是供人游赏、休憩、娱乐。园林包括了各种公园、花园、植物园、动物园、风景名胜区、森林公园等。

2. 绿地

绿地是泛指种植有树木、花草的绿化地块。

绿地的面积大小相差悬殊，大到风景名胜区，小到宅旁绿地都有。绿地的设施质量相差也很大，精美的如中国古典园林颐和园、拙政园等，粗放的一般如工厂区和铁路两边绿化的防护林等。

绿地可以具有多种多样的目的和功能。既包括了城市中各种公园、花园、森林公园等以游憩目的为主的观赏价值较高的绿地，也包括了城市中的防沙滞尘林带、卫生防护林带、滨河道路种植绿带等防护绿地，还包括了工矿企业、机关、学校、部队等各个单位的附属绿地，以及郊区的苗圃、果园、茶园等生产绿地。

3. 园林绿地

就所指对象而言，“绿地”的范围比“园林”要广泛得多。“园林”必然可供人游憩，而且必定是绿地；但是“绿地”不一定是“园林”，也不一定都可供人游憩。所以，园林是属于绿地中设施质量和艺术标准较高，环境优美，可供人游憩的部分。

园林绿地是在一定的地域上，以植物、山石、水体、建筑等为素材，遵循科学原理和美学规律创造出的可居住、可游玩、可观赏的生活环境和活动空间。在城市中，园林绿地多以公园、小游园、滨河公园、园林广场等作为主要的表现形式。

随着国民经济的发展，城市绿化日益受到重视，人们对于环境的绿化美化要求也日益强烈。因此，城市园林绿地既包括了公园绿地，也包括了居住区、工业企业、机关、学校、道路广场等绿地。例如北京的各种市区级公园、居住区公园、植物园、动物园、城市道路绿化、机关厂区绿化、医院学校绿化、可供城市居民游赏的开放性药圃、花圃等都属于城市园林绿地。

二、城市园林绿化工作的任务

城市园林绿化工作是城市现代化建设的一项重要内容，直接关系到社会物质文明和精神文明的建设和发展。是城市建设中精神文明、物质文明发展水平的重要标志之一。

目前，随着城市化进程的不断推进，城市园林绿化发展中突出的问题是城市园林绿化发展与城市用地的矛盾。绿化与停车、商业等方面的用地矛盾日益突出，城市中心区的绿化覆盖率和人均绿地指标严重不足。

为促进城市生态环境建设的发展，城市绿化建设需要采取各种措施不断扩大绿地面积，增加绿量，改善生态环境。要有计划、有步骤地进行园林绿化建设，要保护好现有园林绿地的功能不被损害，同时搞好园林绿地的经营管理，充分发挥园林绿化的作用。

(1) 普遍绿化是城市园林化的重要基础，也是目前城市园林绿化的重点。

(2) 城市园林绿化也是美化城市的重要手段之一。

(3) 城市园林绿地必须坚持以植物造景为主，不断提高园艺水平。

(4) 加强城市园林绿地和风景名胜区的保护和建设管理。

(5) 要保护城市现有的园林绿地功能和性质不被损害。

(6) 要根据城市园林绿化的特点，因地制宜结合生产，提高经济效益，达到良性循环的发展态势。

三、中国园林发展历史与传统类型

(一) 中国园林发展历史

1. 商周的“囿”

我国园林的兴建，应该追溯到奴隶经济发达的殷商时代，即商周最初的园林形式的“囿”。它是我国古代园林的雏形。迄今已经有3 000多年的历史了。

“囿”就是划定一定的区域范围，让天然的草木和鸟兽在特定的区域范围内滋生繁衍，并且挖池筑台，供帝王贵族们狩猎和游乐。整个“囿”的面积范围内，除了小部分为人工建造外，其余大部分为朴素的天然景象。

2. 秦汉时的宫苑

到了封建社会，由于生产力的进一步提高，“囿”的单调游乐内容已不能满足统治者的需要，从而使秦汉时代的宫苑在“囿”的基础上大大地发展，宫室建筑占有了极为重要的地位，因此被称为“建筑宫苑”。其中不仅有供狩猎和圈养的动物，还包括了植物和山水的内容，即有了大量建筑与山水相结合的布局，我国园林的这种传统形式和特点开始出现。

3. 隋、唐、宋宫苑与唐、宋写意山水园

隋、唐、宋是我国封建社会中期的全盛时期。这一时期的山水诗、山水画很流行，直接影响到园林创作，诗情画意“写”入园林，以景入画，以画设景，形成了“唐、宋写意山水园”的特色。

唐、宋写意山水园开创了我国园林的一代新风。它效法自然，高于自然，寓情于景，情景交融，富有诗情画意，为后来的明清园林，特别是江南私家园林所继承发展，成为我国园林的重要特点之一。

4. 明、清皇家宫苑和私家园林

明、清为我国封建社会的没落时期。明代园林风格自然朴素，沿袭了北

宋山水宫苑的传统。代表作是“明西苑”。

清代宫苑园林一般建筑数量多、尺度大、装饰豪华、庄严，园中有园，山水相依，成为建筑山水宫苑，并且特别注重园林建筑控制全局的主体作用。代表作有北京的颐和园、圆明园和承德的避暑山庄等。

明清私家园林的代表作有北京的勺园，苏州的拙政园、网师园，留园，无锡的寄畅园等。

（二）中国园林类型

主要包括：皇家园林、私家园林、寺庙园林、风景名胜区。

1. 皇家园林

皇家园林服务对象是古代的帝王将相，皇家园林所表现的主题也是体现帝王的权威和尊严，是人们想像中的神仙境界。

皇家园林一般园林面积较大，造园手法精巧，气势宏大，具有雍容华贵，富丽堂皇的艺术特点。例如，遗存至今的北京颐和园、北海公园，承德的避暑山庄等都属于此类园林。

2. 私家园林

私家园林的园主和服务对象主要是封建时代的“文人”或“士大夫”。私家园林主要是结合休息起居场所而建的私宅花园。因此一般面积较小，布置精致，文化底蕴深厚，可谓“ 移天缩地，寸地寸景”，人文气息较浓。这类园林的典型代表有苏州的拙政园、网师园，无锡的寄畅园等。

3. 寺庙园林

寺庙园林是寺庙的一个组成部分，是结合宗教活动的开展，在寺庙建筑的周围布置的园林景物，如花卉、树木、花坛、绿篱等。园林布局形式多为中轴对称为主，体现庄重肃穆的艺术风格。有时也种植一些具有宗教色彩的树种。如菩提树、七叶树等。这类园林的典型代表有北京的潭柘寺、雍和宫，杭州的灵隐寺等。

4. 风景名胜区

风景名胜区是指在一定的自然风景的基础上，经过相当的艺术加工后所形成的园林风景。如杭州的有十景装点的西湖风景区。风景名胜区是指在一定的自然风景的基础上，经过相当的艺术加工后所形成的园林风景。例如，杭州的的西湖风景区等。

（三）中国园林的特点

中国古代的造园大师并不是像西方园林那样改造自然去迁就建筑，而是按照自己的办法，创造出峰峦隐映、松桧隆郁、秀若天成的自然山水。虽然都是人工布置，但是的的确确达到了“妙造自然”的理想境界。自然美是中国园林造园艺术的核心和意境。

中国古典园林的造园手法，是自然山水的艺术概括。人们把对自然的意愿和理想反映在园林的造景当中，这种艺术的创作手法是现实主义与浪漫主义的高度结合，体现了中国传统的审美观和艺术情趣。

（1）中国传统园林的特点是以自然式园林为主。

（2）中国传统园林重视立意和构思。所谓意在笔先，即常常把各种景物赋予诗情画意，也就是把自然山水景物经过艺术提炼和加工，创造各种不同的意境。

（3）中国传统园林中建筑比重较大，占据全园的主要地位，而且往往成为全园的标志性景观。例如，颐和园的佛香阁，天坛公园的祈年殿，北海公园的白塔等，都起到了构成全园艺术构图中心的作用。

（4）中国园林地域性较强，善于因势利导、因地制宜。创造出了具有鲜明风格和地方特点迥异的北方园林、江南园林、岭南园林等园林形式。

第二节　城市园林绿化的内容及其意义

一、城市园林绿地的功能和作用

随着社会的进步和科学技术的发展，人们环境意识的不断增强，城市园林绿化的生态效益成为城市园林绿化的主要功能之一。园林必须融合城市生态、科学技术、文化艺术为一体，符合人与环境的关系以及人对环境综合需求的生态准则。园林绿地的功能和作用主要体现在保护环境、文教和休憩以及景观功能等三方面。

1. 保护环境

随着世界各地工业化、城市化和现代化进程的飞速发展，随之带来的负面影响愈加严重，由人为因素造成的大气污染、城市热岛效应日益突出，人类生存环境日趋恶化，“保护环境，爱护家园”已经成为全社会的共同责任，而园林绿化在保护环境方面不可替代的作用也日益得到人们的认可。

（1）园林绿地可净化空气、水体和土壤。

（2）改善城市的小气候。

（3）降低噪声。

（4）保持水土。

（5）安全防护，环境监测。

2. 文教和游憩功能

园林绿地除了植物作为主体以外，雕塑、亭台楼阁、园林小品、铺装广场、休憩设施等许多造景要素，都孕育着深厚的历史和文化。

园林环境可以陶冶情操，净化心灵，提高素质。例如，游览南京的雨花台，我们会为仁人志士的爱国主义精神感动不已；参观北京的颐和园，我们会为中国传统的造园艺术成果赞叹不止。

3. 园林绿地的景观功能

园林景观的构成要素主要包括自然景观、人文景观和工程设施景观等三个方面。

自然景观，例如黄山的奇峰、泰山的日出、峨眉的秀色、桂林的山水、青岛海滨、西湖胜境、太湖风光等。

人文景观，例如泰山的摩崖石刻、四川的乐山大佛、大同的云岗石窟、苏州私家园林和北京的皇家园林中的楹联、匾额，还有各个城市的街心公园、各类绿地中的花草树木等。

工程设施景观包括给各个城市增加了生气和活力的城市道路绿化，结合道路和水体等形成的良好城市生态景观。

二、城市园林绿化相关法规

城市园林绿化是社会主义精神文明建设不可忽视的载体，是衡量城市现代化的一项重要指标。新中国成立以来，我国相继出台了一系列园林绿化法规。

1.《中华人民共和国森林法》

《森林法》是我国有关森林资源保护、培育和合理利用方面的法规。

《森林法》规定，进行勘查、开采矿藏和各项建设工程，应当不占或少占林地；地方各级人民政府应当切实做好森林火灾的预防和扑救工作；各级林业主管部门负责组织森林病虫害防治工作；禁止毁林开垦和毁林采石、采砂、采土以及其他毁林行为等。

2.《关于开展全民义务植树运动的实施办法》

本《实施办法》是由全国人民代表大会做出决议，国务院颁发实施的。

《实施办法》中规定，凡中华人民共和国公民，男11～60岁，女11～55岁，除丧失劳动能力者外，均应承担义务植树任务，且植树造林要注重科学性和实效性，保重质量和数量。此外，各地绿化委员会要定期评比，表彰先进，严厉批评和教育违反规定的公民和单位，责令限期补栽或给予经济制裁。

3.《城市园林绿化管理暂行条例》

本《条例》是1982年由国家城乡建设环境保护部颁发的。

《条例》规定其适用范围包括城市、县镇、工矿区的园林绿地、树木花草和园林设施，并对园林绿地作了分类。《条例》还强调城市园林绿化规划要合理布局、远近结合，点、线、面结合，构成完整的绿地系统，并指出有条件的城市近期覆盖率要达到30%。人均公共绿地3~5平方米。本世纪末要做到“黄土不露天”，人均公共绿地7~11平方米。一般新建区绿化面积不低于30%，旧区不低于25%。

《条例》在园林绿地管理条款中，强调城市现有或规划的园林绿地不准任何单位和个人占用。已被占用的绿地要限期退还。

《条例》对执行本条例好坏的单位和个人，规定了奖励与惩罚的条款贯彻实施。

4.《风景名胜区管理暂行条例》

本《条例》是1985年6月7日由国务院发布的，国家城乡建设环境保护部制定了实施细则，统一了管理内容、方法及标准。《条例》规定，凡具有观赏、文化或科学价值，自然景观、人文景观比较集中，环境优美，具有一定规模和范围可供人们游览、休息或进行科学、文化活动的地区，应当划为风景名胜区。

《条例》对于风景名胜区的保护做了严格规定，风景名胜区内的土地任何单位与个人都不得侵占；一切景物和自然环境都必须严格保护，不得破坏或随意改变。风景名胜区内和保护地带内不得建设破坏景观、污染环境、妨碍游览的设施。

《条例》还对风景名胜区的建设做了明文规定，不得无限制地接纳超量游人，在建设施工中，必须采取有效措施保护景物及周围的树木、植被、水体、地貌，不得造成污染与破坏。

这4个法律法规基本上概括了有关城市园林绿化工作的法制规定，除此之外，还有一些与园林绿化有联系的法律规定，如《中华人民共和国环境保护法（试行）》、《水土保持工作条例》等，以及一些地方性的绿化法规或条例等，都是园林绿化工作的有力保证，具有重要的指导意义。

第三节　园林绿地

一、园林绿地的类型

1. 按服务对象分类

（1）公共绿地　公共开放的，供城市居民休息、游览的公园绿地。

（2）单位附属绿地　供某一单位使用的，或供科研、文化教育、卫生防护及发展生产的绿地。

2. 按规模分类

（1）大型绿地　指面积在 50 公顷以上的绿地。

（2）中型绿地　指面积在 5～50 公顷的绿地。

（3）小型绿地　指面积在 5 公顷以下的绿地。

3. 按《城市绿化条例》中城市各种绿地分类

（1）公共绿地　例如，北京复兴门金融街绿地；西单广场绿地等。

（2）居住区绿地　例如，北京望京小区绿地；万科城市花园绿地等。

（3）单位附属绿地　例如，北京首钢绿地和北京医院庭院绿地等。

（4）防护绿地　例如，北京的昆运河两侧的防护绿地；四环路、五环路两侧的百米绿化带等。

（5）生产绿地　例如，小汤山苗圃绿地等。

（6）风景林地　例如，云南的石林；四川的九寨沟等。

二、各类园林绿地的特征

1. 公共绿地

指向公众开放的，主要功能是提供人们观赏、游憩、娱乐活动场所，开展科普教育、美化城市的园林绿地。

2. 居住区绿地

指在居住区范围内，以改善环境、美化环境为目的，为居民提供户外活动场所的绿地。居住区环境绿化包括：

（1）集中绿地；

（2）宅间绿地（楼间绿地）；

（3）道路及停车场绿地；

（4）居住区配套设施绿地：例如幼儿园、中小学校、商店、医疗场所、体育设施、物业管理单位附属建筑等的绿地。

居住区的公共绿地包括居住区公园、小游园等，其中居住区公园已纳入城市绿地系统规划中的公共绿地范围之内。

3. 单位附属绿地

指在单位范围内，以改善环境、美化环境为目的，只为单位职工服务，由单位负责绿化的投资和管理，不对其他公众开放的绿地。其中包括工业企业、交通枢纽、仓储基地、商业中心、大专院校、医院诊所、休疗养院、机关场院、公共文化设施、部队营房等单位的绿地。

4. 防护绿地

指为改善城市生态环境和卫生防护条件而设置的，对城市卫生防护、隔离、安全等起到重要作用的绿地。包括城市防风沙林、卫生防护林、水土保持林、公用设施防护林等。

5. 生产绿地

指为城市生活和园林绿化建设提供植物材料的各种种苗基地。包括生产树木、花草、菜苗的绿地。

6. 风景林地

指在城市或郊区，以提供游赏为目的，经过全面规划，人工布置游览休息设施，具有一定特色的天然或人工风景林地。一般面积较大，对于改善城市环境、调节气候有积极作用。可供城市居民进行接近自然的活动，例如登山探险、划船漂流、森林浴、野餐等活动。

三、城市园林绿地规划指标和计算方法

城市绿地的面积大小和绿化水平高低，可以说明城市绿化质量和效果，以此用来衡量城市的环境质量和城市居民生活福利保健水平的高低。城市常用绿地规划指标有：

（1）人均公共绿地面积　是指城市中每个居民平均占有公共绿地的面积。计算公式：

人均公共绿地面积＝城市公共绿地总面积/城市非农业人口

（2）城市绿化覆盖率　是指城市绿化覆盖面积占城市面积的比率。计算公式：

城市绿化覆盖率（%）＝城市内全部绿化种植垂直投影面积/城市总面积×100%

（3）城市绿地率　指城市各类绿地（含公共绿地、居住区绿地、单位附属绿地、防护绿地、生产绿地、风景林地六类）总面积之和占城市面积的比率。计算公式：

城市绿地率（%）=城市六类绿地面积总和/城市总面积×100%

复习题

1. 园林和绿地的含义分别是什么？
2. 中国园林的特点和艺术手法是什么？
3. 城市园林绿化的功能和作用有哪些？
4. 你在工作中了解哪些与园林绿化有关的法律法规？
5. 《城市绿化条例》中，将园林绿地的类型分为几种？
6. 公共绿地的定义是什么？
7. 怎样计算城市绿化覆盖率？

模拟测试题

一、填空题

1. 中国园林的类型主要包括________，________，________，________。

2. 居住区环境绿化包括________，________，________，________。

3. 园林绿地按规模分为________，面积为________；________，面积为________；________，面积为________。

二、选择题

1. 我国最初的园林形式为________

A. 宫苑　B. 囿　C. 私家园林　D. 唐宋写意山水园

2. 下列说法不符合对城市园林绿地的功能和作用描述的是________

A. 保护环境　B. 文教和游憩功能

C. 景观功能　D. 提供建筑场所

3. 下列对防护绿地的作用描述不恰当的是________

A. 防护　B. 隔离　C. 景观　D. 安全

三、判断题

1. 就所指对象而言，“绿地”的范围比“园林”广，所以“绿地”一定是“园林”，“园林”不一定是“绿地”。（　）

2. 寺庙园林的布局形式多以自然式为主。（　）

3. 人均公共绿地面积是指城市中每个居民平均占有公共绿地的面积。（　）

四、简答题

1. 《城市绿化条例》将城市各种绿地分为哪几类？

2. 简述中国传统园林的特点。

模拟测试题答案

一、填空题

1. 皇家园林，私家园林，寺庙园林，风景名胜区

2. 集中绿地，楼间绿地，道路及停车场绿地，配套设施绿地

3. 大型绿地，50 公顷以上；中型绿地，5～50 公顷；小型绿地，5 公顷以下

二、选择题

1. B　　2. B　　3. C

三、判断题

1. ×　　2. ×　　3. ✓

四、简答题

1. 答：分为公共绿地、居住区绿地、单位附属绿地、防护绿地、生产绿地、风景绿地。

2. 答：以自然式园林为主；重视立意和构思；建筑比重较大，占据全园主要地位；地域性较强，要注意因地制宜。

第七章

园林绿化施工

本章提要：主要介绍树木裸根移植、草坪施工和垂直绿化施工。

学习目的：掌握树木裸根移植、草坪施工和垂直绿化施工及养护，并能够从事绿化施工工作。

第一节　树木裸根移植

一、选苗、号苗

苗木质量好坏是植树成活的重要关键，为保证树木成活，提高绿化效果，必须对所种植的苗木进行严格的选择。选苗时，除了根据绿化设计规定的规格、数量选定苗木外，苗木应生长健壮、枝叶繁茂、冠形完整、色泽正常、根系发达、无病虫害、无机械损伤、无冻害是基本质量要求。此外还要注意以下几点：

（1）苗木应是经过移植培育的，5 年生以下的移植培育至少 1 次，5 年生以上（含 5 年生）的移植培育至少 2 次。

（2）野生苗和山地苗应经本市苗圃养护培育 3 年以上，在适应本地环境，并生长发育正常时才能选用。

（3）做行道树种植的苗木，分枝点不低于 2. 8 米。

（4）从外地运进的苗木还要做好检疫工作。

（5）选定的苗木，乔木要在树干上，灌木要在较低树枝部位，做出明显标记（如涂色、拴绳、挂牌等），以免差错，并多号几棵备用。

二、挖掘树穴

挖坑的质量对树木以后的生长有很大影响。要按设计规定位置挖坑，坑的大小应根据根系和土质情况确定，一般应比根系直径大 40 厘米左右，坑的深度一般是坑径的 3/4 ~ 4/5，坑壁要上下垂直，即坑的上口下底一样大小。坑的规格参照表 7-1、表 7-2。

表 7-1　裸根乔木挖种植穴规格　　单位：厘米

乔木胸径	种植穴直径	种植穴深度
3～4	60～70	40～50
4～5	70～80	50～60
5～6	80～90	60～70
6～8	90～100	70～80
8～10	100～110	80～90

表 7-2　裸根花灌木类挖种植穴规格　　单位：厘米

灌木高度	种植穴直径	种植穴深度
120～150	60	40
150～180	70	50
180～200	80	60

1. 手工挖掘树穴操作

（1）主要工具　锹和十字镐。

（2）操作方法　以定点标记为圆心，以规定的坑径为直径，先在地上画圆，沿圆的四周向内向下直挖，掘到规定的深度，然后将坑底刨松后、铲平。栽植裸根苗木的坑底刨松后，要堆一个小土丘以使栽树时树根舒展。

刨完后将定点用的木桩仍应放在坑内，以备散苗时核对。

2. 挖掘机挖掘树穴操作

挖坑机的种类很多，必须选择规格对路的，操作时轴心一定要对准点位，挖至规定深度，整平坑底，必要时可加人工辅助。

3. 注意事项

（1）位置准确。

（2）规格适当。

（3）挖出的表土与底土分开堆于坑边，还土时先填入坑底，而底土做开堰用。如土质不好应把好土与坏土分开堆置。行道树刨坑时堆土应与道路平行，不要把土堆在树行内，以免栽树时影响照直。

（4）在斜坡挖坑，应先铲一个小平台，然后在平台上挖坑，坑的深度以坡的下口计算。

（5）新填土方处刨坑，应将坑底夯实。

（6）土质不好应加大坑号，并将杂物筛出清走，遇炉渣、石灰、沥青、混凝土等有害物应将坑径加大 1 ~ 2 倍，将有害物全部清除干净，换上好土植树。

（7）刨坑时如发现电缆、管道等，应停止操作，及时找有关部门解决。

（8）绿地内自然式栽植的树木，如发现地下障碍物，严重影响操作时可与设计人员协商，适当移动位置，而行列树则不能移位。

三、掘苗、运苗、假植

（一）掘苗

又称起苗，裸根掘苗适用于休眠状态的落叶乔、灌木，但由于根部裸露，容易失水干燥，且易损伤弱小的须根，其树根恢复生长需较长时间。

1. 掘苗前的准备工作

（1）苗木生长处的土壤过于干燥应先浇水，反之土质过湿则应设法排水，以利操作。

（2）捆拢。对于冠丛庞大的灌木，特别是带刺的灌木（如花椒、玫瑰、黄刺玫等），为方便操作，应先用草绳将树冠捆拢起来，但应注意松紧适度，不要损伤枝条。捆拢侧枝也可与号苗结合进行。

（3）试掘。为保证苗木根系规格合理，特别是对一些不明情况地区所生长的苗木，在正式掘苗之前，最好先试掘几棵。

2. 掘苗方法及要求

（1）裸根苗木掘苗的根系幅度。一般落叶乔木应为胸径的 8 ~ 10 倍，落叶灌木可按苗木高度的 1/3 左右。注意尽量保留护心土。

（2）掘苗工具要锋利，操作时人和树苗相对站立，用利锹从四周由外向内垂直挖掘，侧根全部掘断后再向内掏底，将底根铲断，轻轻放倒苗木，打掉土坨。遇粗大树根最好用锯锯断，掘苗时一定要保护大根不劈不裂，并尽量多保留须根。

（3）根系大小，按规定规格挖掘，遇有大根可酌情保留。

（4）苗木掘完后应随即装车运走，如一时不能运走，可在原坑假植。如假植时间过长，还要设法适量灌水，保持土壤湿度。

（二）运苗

苗木的运输是影响植树成活的重要环节，实践证明“随掘、随运、随栽、随灌水”对植树成活率最有保障，可以减少树根在空气中暴露的时间，对树木成活大有益处。

1. 装车前的检验

运苗装车前须仔细核对苗木的品种、规格、数量、质量等，凡不符合要求的应要求苗圃方面予以更换。苗木质量要求见表7-3。

表7-3　待运苗的质量要求最低标准

苗木种类	质量要求
落叶乔木	树干：主干不得过于弯曲，无蛀干害虫，有明显主轴树种应有中央领导枝 树冠：树冠茂密，各方向枝条分布均匀，无严重损伤，根际无肿瘤及其他病害
落叶灌木	灌木有短主干；丛生灌木有主枝3~6根，分布均匀。无病虫害，须根良好

2. 装运裸根苗

（1）装运乔木时应树根朝前，梢向后，顺序排码。

（2）车后厢板应铺垫蒲包等物，以防碰伤树皮。

（3）树梢不要拖地，必要时要用绳子围拢吊起来，捆绳子的地方需用蒲包垫上。

（4）装车不要超高，压得不要太紧。

（5）装完后用苫布将树根盖严捆好，以防树根失水。

3. 运输途中

押运人员在运输途中要和司机配合好，经常检查苫布是否漏风，短途运苗中途不要休息。长途行车必要时应洒水浸湿树根，休息时应选择阴凉处停车，防止风吹日晒。

4. 卸车

卸车时要爱护树苗，轻拿轻放。要顺序拿取，不准乱抽，更不能整车推下。

（三）假植

苗木运到施工现场如不能及时栽完，裸根苗1~2小时以上不能栽植者，应先用湿土将苗根埋严称“假植”。

（1）裸根苗木短期假植法。在栽植处附近选择合适地点，先挖一条浅横沟，约2~3米长，然后立排一行苗木。紧靠苗根再挖一同样的横沟，并用挖出来的土，将第一行树根埋严，挖完后再码一行苗，如此循环直至将全部苗木假植完。

（2）如时间较长，则对裸根苗应妥善假植。方法是：在不影响施工的地方挖好30～40厘米深、1.5～3米宽，长度视需要而定的假植沟，将苗木分类排码，码一层苗木，根部埋一层土。全部假植完毕以后，还要仔细检查，一定将根埋严，不得裸露。若土质干燥还应适量灌水，要保证树根潮湿。

四、栽　植

（一）栽前修剪

1. 修剪的目的

（1）平衡树势　移植树木，不可避免地会损伤一些树根。为使新植苗木迅速成活，恢复生长，必须对地上部分适当剪去一些，以减少水分蒸发，上下平衡。

（2）培养树势　通过修剪可以使树木生长成理想的形态。

（3）减少病虫害　剪除带病虫枝条，可防病虫。通过修剪，减轻树梢重量，可防止树木倒伏，在春季多风沙地区的新植树尤为重要。

2. 修剪的原则

树木修剪一般尊重原树形特点，不可违反其自然生长的规律。

（1）落叶乔木　凡属具有中央领导干、主轴明显的树种（如银杏、杨树类），应尽量保护主轴的顶芽，保证中央领导干直立生长。主轴不明显的树种（如槐、柳类），应选择比较直立的枝条代替领导枝直立生长，通过修剪控制与主枝竞争的侧枝。对于分枝点高度的要求：行道树一般应保持2.8米以上的分枝高度。同一条道路上相邻树木分枝点高度应基本一致。绿地树木一般为树高的1/3～1/2。

（2）灌木　一般采用2种方法：

疏枝：即将枝条从根或者着生部位剪除称“疏枝”。

短截：即截短枝条的前部，保留基部称“短截”。对灌木进行短截修剪，一般应保持树冠内高外低，成半球形；对灌木进行疏枝修剪，应外密内稀，以利通风透光；根蘖特别发达的树种（如黄刺玫、玫瑰、白玉棠、珍珠梅等）应多疏剪老枝，以使其不断更新，生长旺盛。

3. 修剪的方法和要求

（1）高大乔木应于栽前修剪，小苗灌木可于栽后修剪。

（2）乔木疏枝剪口应与树干平齐不留桩，灌木疏枝剪口应与地面平齐。

（3）短截枝条应选在叶芽上方的0.3～0.5厘米的适宜之处，剪口应稍斜向背芽的一面。

（4）修剪时先将枯干、带病、破皮、劈、裂的根和枝条剪除，过长的枝条应加以控制，较大的剪口、伤口应涂抹防腐剂。

（5）使用花枝剪时必须注意上、下口垂直用力，切忌左右扭剪，以免损伤剪口，粗大的枝条最好用手锯锯断，然后再修平锯口，修除大枝要保护皮脊。

4. 一些常用树木移植时的修剪情况

（1）乔木　疏枝为主短截为辅：银杏、白蜡；疏枝短截并重：杨树、槐树、栾树、元宝枫；短截为主：柿树、合欢、悬铃木；一般不剪：楸树、青桐、臭椿。

（2）灌木　疏枝为主短截为辅：黄刺玫、山梅花、太平花、连翘、玫瑰。短截为主：紫荆、月季、蔷薇、白玉棠、木槿、溲疏、锦带花。只疏不截：丁香。

（二）栽植

1. 散苗

将树苗按设计图要求，散放于定植坑边称“散苗”。

（1）爱护苗木轻拿轻放，不得损伤树根、根皮和枝干。

（2）散苗速度与栽苗速度相适应，边散边栽，散毕栽完，尽量减少树根暴露时间。

（3）假植沟内剩余的苗木，要随时用土埋严树根。

（4）行道树散苗时应事先量好高度，保证邻近苗木规格大体一致。

（5）对有特殊要求的苗木，应按规定对号入座，不要搞乱。

2. 栽苗

苗放入坑内然后填土、踩实的过程称“栽苗”。

（1）栽苗的操作方法　一人将苗放入坑中扶直，另一人将坑边的好土填入，至填土到坑的一半时，用手将苗木轻轻往上提起，使根颈部分与地面相平，让根自然地向下舒展开来，然后用脚踏实土壤（或用木棒夯实），继续填入好土，直到坑满后再用力踏实或夯实一次，并用土在坑的外缘做好浇水堰。

（2）栽苗的注意事项和要求　平面位置和高度必须符合设计规定。树身上下垂直，如果树干有弯曲，弯应朝西北方向。行列式栽植必须保持横平竖直，左右相差最多不超过半树干。栽植深度，裸根乔木应比原土痕深5～10厘米，灌木应与原土痕齐；栽行列树应事先栽好“标杆树”。方法是每隔20棵，用皮尺量好位置，先栽好一株，然后以这棵为瞄准依据，全面开展栽植。浇水堰开完后，将捆绕树冠的草绳解开，以便枝条舒展。

五、栽植后的养护管理

1. 立支柱

较大苗木为了防止被风吹倒，应立支柱支撑，北方多风地区尤应注意。

（1）单支柱　用坚固的木棍或竹竿，斜立于下风方向，埋深 30 厘米，支柱与树干之间用麻绳或草绳隔开，然后用麻绳捆紧。

（2）双支柱　用 2 根支柱垂直立于树干两侧与树干平齐，支柱顶部捆一横担，用草绳将树干与横担捆紧，捆前先用草绳将树干与横担隔开，以免擦伤树皮。行道树立支柱不要影响交通。

（3）三支柱　将 3 根支柱组成三角形，将树干围在中间，用草绳或麻绳把树和支柱隔开，然后用麻绳捆紧。

2. 灌水

水是保证树木成活的关键，栽后必须连灌几次水，气候比较干旱的北方地区尤为重要。

（1）开堰　苗木栽好后灌水之前，先用土在原树坑的外缘培起高约 15 厘米左右圆形土堰，并用铁锹将土堰拍打牢固，以防漏水。

（2）灌水　苗木栽好后 24 小时之内必需浇上水，栽植密度较大树丛，可开片堰。

第一遍水不要太大，主要是使土壤填实，与树根紧密结合。苗木栽植后 10 天之内必须连灌三遍水，第三遍水应浇足。

3. 扶直封堰

（1）扶直　第一遍水渗透后的次日，应检查树苗是否有倒歪现象，发现后及时扶直，并用细土将堰内缝隙填严，将苗木稳定好。

（2）封堰　三遍水浇完，待水分渗透后，用细土将灌水堰填平，土中如果含砖石、杂物等应捡出，否则影响下一次开堰。封堰土堆应稍高于地面。秋季植树应在树干基部堆成 30 厘米高的土堆，以保持土壤水分，并保护树根，防止风吹摇动，以利成活。

4. 其他栽后的养护管理工作项目

（1）对受伤枝条和栽前修剪不够理想枝条的复剪。

（2）病虫害的防治。

（3）巡查、维护、看管，防止人为破坏。

（4）场地清理，做到工完地净、文明施工。

六、大树裸根移植

对于大规格的落叶乔、灌木，在落叶以后，发芽以前的休眠时期，完全可以裸根移植，成本远远低于带土移植，操作方法简便易行，当然冬季大地封冻期间不宜进行。当前裸根移植落叶大树，规格多在胸径 10～20 厘米。

1. 掘苗

（1）落叶乔木掘苗的根系，直径一般是胸径的 8～10 倍。

（2）掘苗前应对树冠加以修剪，修剪量要重一些。特别是对一些容易发枝条的树种，如悬铃木、槐树、刺槐、柳树、元宝枫等，可以定出一定的留干高度，其上部可以留 3～4 个主枝，每个主枝留 30～50 厘米长，其他枝条可全部去掉。修剪时注意不要造成枝干劈裂。

（3）掘裸根苗应沿规定根径外围垂直向下挖掘。操作沟宽 60～80 厘米，以能容纳一人在内操作，沟深按规定，掘挖过程中遇到粗根要用手锯锯断，不可用铁锹硬断造成损伤。

（4）当全部侧根切断时，再将树身推倒，切断主根，可带些护心土。

2. 运输

（1）装车时要轻抬轻放，不可损伤树根和擦伤树皮。树根朝前，树梢向后，重量大的则须用吊车装卸。

（2）树干与车厢或其他硬物、绳索接触之处应垫草袋、蒲包等物，以保护树皮。

（3）运输途中应用苫布将树根盖严，以防日晒风吹影响成活，必要时途中应对根部喷水，保持树根潮湿。

（4）苗木运到施工现场后，应一株株按顺序轻轻卸车，不准一推而下，损伤苗木。

3. 假植

（1）苗木掘起后，如不能及时装运，可在原坑内用土将树根埋严。

（2）苗木运到施工现场，最好应立即栽植入坑，如不能立即栽植，则应用湿草袋、湿蒲包等物将根盖严。如存放日期较长，则须用湿土将根埋严。

注意，裸根苗绝不可长期假植，否则成活率必将大大降低。

4. 栽植

（1）事先按设计图纸准确测定栽植位置和标高，按点刨坑，坑的规格应大于树根，坑底刨松整平，如须换土、施肥也应一并做好准备。

（2）栽前应检查树根，发现劈裂、损坏之处应剪除，对树冠也应复剪一次，较大剪口应涂抹防腐剂。

（3）栽植深度一般应较原土痕深5厘米左右，分层埋土踏实，填满为止。

（4）较高大的树木应在下风方向立支柱支撑牢固，以防大风吹歪树身。

（5）最后用细土培好灌水堰。

5. 栽后的养护管理措施

（1）灌水。栽后应连灌三次水，以后视需要定期灌水，以保成活。

（2）修剪。发芽后注意选择保留有用芽，培养树型，以发挥更大的绿化效果。

（3）看管维护。新植树木，必须防止人为破坏，一定要加强看管维护措施。

（4）其他如防治病虫害等养护措施，要根据需要及时安排，保证树木成活、生长。

第二节　草坪建植

世界各国的现代化城市都非常重视发展草坪、地被植物。凡是土壤裸露的地面，都要铺栽草坪，用草坪覆盖起来。地面铺上草坪就像铺上一块绿色地毯，茵茵绿草给人以平和、凉爽、亲切、舒适的感觉，对人们的生活环境起到良好的美化作用，同时草坪植物还可以起到防止水土流失、固坡护堤、避免尘土飞扬、保护环境卫生、吸附有害气体、防止空气污染、净化空气、减少噪声、调节气温、增加空气中的相对湿度、缓和阳光辐射、保护人们的视力等作用。因此，随着城市建设的发展，大力发展草坪种植，将成为城市绿化建设中愈来愈重要的组成部分。草坪又称草皮，一般是由人工铺种，并经常养护管理的草地。草坪植物种类丰富多样，各地因条件不同有很大差异，现仅以北京地区为例，介绍草坪的种植施工及养护管理的一些技术问题。

一、整　地

栽种草坪必须事先按设计标高整理好场地，主要操作内容包括刨松、平整、清理、施肥，必要时还要换土，对于有特殊要求的草坪，如运动场草坪，还应设置排水设施。

1. 土壤准备

草坪植物根系分布的深度，一般在30～40厘米之内，但如果土质良好，有时草根可以深入到地下1米以上，地上部分表现良好。可见深厚、肥沃的土壤对草坪的生长、发育大有好处，所以种植草坪的土地，土壤厚度绝不能少于40厘米，并须耕翻疏松，为草坪植物的生长创造良好的生长条件。

对于含有砖石等杂质的土壤，虽然对草坪植物生长没有多大影响，但妨碍管理操作，所以应将杂物挑出，必要时应将30~40厘米厚的表土全部过筛。如果土中含有石灰等有害于草坪植物生长的物质，则应将40厘米厚的表层土全部运走，另外换上砂质壤土，以利于草坪植物的生长发育。

2. 施底肥

为提高土壤肥力，最好施一些优质有机肥料做基肥用，但不要用马粪，因马粪中含大量杂草种籽，会造成以后草坪中野草丛生，后患无穷。

施肥量：每100平方米施农家肥400~500千克，或每100平方米施麻渣150~200千克。如需施磷肥，可每100平方米施过磷酸钙1.5~2千克。不论施哪种肥料，都要粉碎并和土壤搅拌均匀，翻入土中。

3. 防虫

为防治地下害虫，保护草根，可于施肥的同时施用农药，必须注意撒放均匀，避免药粉成团，影响草坪植物成活。

4. 平整

完成以上工作以后，按设计标高将地面整平，并注意保留一定排水坡度（一般采用0.3%~0.5%的坡度），场地当中千万不可出现坑洼现象，以免积水，最后用碾子（石滚）轻轻碾压一遍。

体育场草坪对于排水的要求更高，故除应注意搞好地表排水以外（坡度一般可采用0.5%~0.7%），还应设置地下排水系统。有些地区采用盲沟排水法，具体做法是：地面以下1米左右挖沟，沟宽1米左右，沟内分层自下而上填入卵石、豆石、粗沙、细沙，细沙上覆土30厘米左右。盲沟之间相隔15米左右，盲沟两端与排水干管相通。

整地质量好坏是草坪成败的关键，必须认真对待，绝不可马虎从事，这在过去的实践中是有很多教训的。

二、栽植方法

北京地区常利用裸根栽植草根及草茎（茎有分节的）的方法铺植草坪，此法操作方便、费用较低、节省草源、管理容易，能迅速形成草坪。

1. 栽植时间

自春至秋均可进行，为及早形成草坪，一般栽植时间宜早不宜迟。

2. 选择草源

草源地一般是事前建立的草圃，以保证草源充足，特别是羊胡子草等分枝能力不强的草种。在无专用草圃的情况时，也可以选择杂草少、目的草种生长健壮的草坪做草源地。草源地的土壤如果过于干燥，应在掘草前灌水，渗水深度最少在10厘米以上。

3. 掘草

掘取野牛草，草根部最好多带一些宿土，掘后及时装车运走，草根堆放要薄，并放在阴凉的地方，必要时可以搭棚存放，并经常喷水保持草根潮湿，一般每平方米草源可以栽种草坪5~8平方米。

掘羊胡子草应尽量保持根系完整丰满，不可掘的太浅造成伤根。掘前将草叶剪短，掘下后去掉草根上带的土，并将杂草挑净，装入湿蒲包或湿麻袋中及时装运。如不能立即栽植也必须铺散存放于阴凉处，随时喷水养护。一般每平方米草源可以栽种2~3平方米左右。

4. 栽草

（1）羊胡子草的栽植法　将草根撕开，去掉草叶、挑净杂草，将草根均匀的铺撒在整好的地面上，铺撒密度以草的根互相搭接基本盖严地面即可，然后覆细土将草根埋严，并用200千克左右光面碾碾压一遍。埋土后及时喷水，水点要细，以免将草根冲露出来，第一次喷水水量要小，只起到压土的作用即可，如发现草根被冲出，应及时覆土埋严。以后喷水要勤，保持土壤经常潮湿，以利草根成活生长，这样一般2~3周就可恢复生长了。

（2）栽植野牛草的方法　野牛草茎有分节生根的特点，故根、茎均可栽植形成草坪，常用点栽及条栽2种方法。

点栽法：点栽比较均匀，形成草坪迅速，但比较费人工，栽草时每2人为一个作业组，一人负责分草，并将混杂的杂草挑净，一人负责栽草，用花铲刨坑。坑的深度和直径均为6厘米，坑距15~20厘米呈梅花形，将草根栽入坑内，用细土埋严，并随时用花铲拍紧，随时顺势搂平，最后再碾压一次，及时喷水。北京地区也常采用畦灌的方法，事先按地势高低在合适的方位做好畦埂，埂高15厘米左右，随时灌水保持草地潮湿，很快就可形成草坪。

条栽法：条栽比较节省人力，用草量较少，施工速度也快，但草坪成型时间比点栽的要慢。操作方法很简单，先用小板镐刨沟，沟深5~6厘米，沟距20~25厘米，将草蔓（连根带茎）每2~3根一束，前后搭接埋入沟内，埋土盖严、碾压、灌水，然后要及时挑除野草。北京地区一般需第2年草坪才能成型。

三、铺草块

就是用带土的方法成块移植铺设草坪，此法因系带原土块移植，所以成型很快。除冻土期间，一年四季均可施工，各草种均适用，缺点是成本高，且容易衰老。

1. 选草源地

铺草块用的草源地，一定要事前准备，选择的草源地要交通方便、土质良好、容易挖掘、运输，杂草要少。掘草前加强养护管理，如挑净野草、适当灌水、施肥等。草源地与草坪的面积比，一般不足1∶1，即1平方米草源地尚不能够铺1平方米的草坪，所以草源地一定要充足，留有余地。

2. 掘草块

在选好的草源地上事先灌一次足水，待水渗透后操作方便时，才可以人工用平锨或拖拉机带圆盘刀，将草源地切成30厘米×25厘米的长块状，切口10厘米深，然后用平锨平铲起草块即成。注意切口一定上下垂直、左右水平，这样才能保证将来设置草块时的质量。草块带土厚度5～6厘米或再薄一些。

3. 运输及存放草块

草块掘好后放在宽25厘米、长100厘米、厚2厘米的木板上，每块木板上放草块2或3层。装车时抬木板，码放靠紧、整齐，卸车时也要抬木板。运至铺草现场后，应将草块单层放置，并注意遮荫，经常喷水，保持草块潮湿，有条件时应及时铺栽。

4. 铺设

铺草块前要检查场地平整等准备工作是否齐备，必须将一切现场准备工作做完后方可施工。铺草块时必须掌握好地面标高，最好采用钉桩挂线的方法，作为掌握标高的依据。每隔10米钉一木桩，用仪器测好标高，做好标记，在木桩上挂牢小线。铺草时，草块的上面应与小线平齐，草块薄时应垫土找平，草块太厚则应适当削薄一些。

铺草块应和砌墙一样，使缝隙错落互相咬茬。草块边要修整齐，相互挤严不留缝，草块间填满细土，随时用木拍拍实，使草块与地面紧密连接，随时检查。一定要保证铺平，否则将来坑洼积水，影响草坪生长，最后用500千克的碾子碾压，并及时喷水养护，10天左右即可成型。

铺草时发现草块上带有少量杂草的，应立即拔净，如杂草过多则应淘汰。

四、铺草卷

经育苗地培育出的草像地毯一样，可以卷起来运至工地，又像地毯一样铺开，并及时喷水养护，短时间内即可恢复生机，形成草坪景观，可以争取工期，达到迅速出现高质量的草坪，也可补植受损草坪。这是草坪施工的新工艺（国外早已使用），但成本略高于其他草坪种植方法。

草卷的铺设方法及管理是：

（1）起草搬运。地毯式草卷长宽以 1 米为宜，每卷卷起直径为 15 ~ 20 厘米，重约 30 千克（含水量 25% ~ 30%），苗龄 2 个月即可卷起出圃。苗龄越长根系透过无纺布数越大，卷起时较费力，卷带床土较多，但不影响成活。搬运时可采用简易担架，应轻抬轻放避免撕裂。

（2）铺设。轻抬轻放的草卷边缘较整齐，1 平方米接 1 平方米依次铺下，地边地角处可剪栽补贴，接缝处靠紧踏实并适当覆土弥合，切勿边角重叠，否则会使上层接地不实，根系悬空，下层草苗被盖坏死。全部铺完后进行滚压。

（3）第一次水必须浇透，使之与土壤接实，接上地气，便于向下扎根。然后撒上 0.3 厘米左右的加肥细土，再浇第二遍水，使根系间填实，有利缓苗复壮。2 ~ 3 天后根系代谢正常后，转入正常养护。

（4）北京地区冬天的低温对早熟禾草威胁不大，但干旱和大风对草苗不利。为保护蘖芽翌年返青，上冻前应覆土 0.3 厘米后浇冻水，开春土壤解冻前灌水一次，随地温升高，会加速返青。

第三节　垂直绿化

一、垂直绿化的概念

在高楼林立的城市中，建筑物的楼面与阳台的面积数倍于它所占用的土地面积。世界上不少园林工作者正致力于利用这些面积，使藤本植物沿立面向空间发展而形成“垂直绿化”或“立体绿化”，在城市“水泥森林”中出现一片片“碧墙绿壁”，一行行红绿彩练。既装饰了建筑外表，并为城市立体景观增添自然的生机与柔和悦目的色彩，还能够改善整个城镇的生态系统和生活环境。垂直绿化包括墙面绿化、围墙与护栏绿化、花架绿化。这是向空中发展立体绿化的重要途径。城市的绿化水平是衡量现代化城市的重要标志之一。特别是在城市中建立良好的生态环境，是关系到城市的发展和人类生存的大事，而良好的生态环境又是靠一定绿地和城市的绿量来保证的。然而城市的土地是有限的，要在这有限的土地上增加城市的绿量，来改善生态环境，只有向立体发展，大搞垂直绿化是今后城市绿化发展方向之一。

二、垂直绿化的特点和作用

1. 特点

（1）由于垂直绿化使用的材料能依附其他物体而向高处生长，其基底部分很少占用空间，所以可在不能种植乔木甚至灌木的地方种植。

（2）攀援植物可借缠绕、卷须、吸盘、钩刺等攀至高处，而且有的种类有气根，能在空中吸收水分和养分。

（3）大多数材料生长迅速，是任何其他乔、灌木所不能比拟的。

（4）繁殖容易。

（5）对光的适应性广。

（6）观赏价值高。

2. 作用

（1）能经济利用土地和空间，可在较短的时间内取得较好的绿化效果。

（2）能解决在城市中某些局部因建筑拥挤，空地狭窄，无法用乔灌木来绿化的矛盾。

（3）能起到防热、蔽荫、降温、隔音的作用。

三、垂直绿化的主要形式

1. 棚架式

利用花架或走廊侧边种植藤本植物，牵引向上而覆盖花架、走廊的顶部，形成荫棚或绿廊。

2. 附壁式

在地面与楼面的种植带或花盆中种植具有吸盘或气根的藤本植物，使之依附直立或倾斜平面而引伸扩张，形成绿色壁毯。

3. 篱垣式

利用藤本植物把篱架、矮墙、护栏、铁丝网等硬性单调的土木构件变成枝茂叶盛、郁郁葱葱的绿色围护。既美化环境，又隔音、避尘，还能形成令人感到亲切安静的封闭空间。

4. 景框式

用藤本植物将一定形状的支架完全包覆起来，甚至就利用藤本植物给以整形或绑扎，而形成绿色门洞、景窗。一般需加以修剪。

5. 牵挂式

利用绳索、细线、竹竿、死树枯枝把藤本植物支持牵引向上，并形成浓密的绿色景观。

6. 悬蔓式

利用种植容器种植藤蔓或软枝植物，不让它有任何依附牵引向上，而是让其凌空悬挂，形成别具一格的景观。

四、垂直绿化的实施

垂直绿化要充分利用现有的窄地狭缝栽种藤本植物，还要在现有的铺装地表层或砌筑小型种植池进行栽种；要有充足的苗木供应；高层楼房的墙面绿化要分层实施；藤本植物的配置，要周密考虑到不同种类的生物学特性，即它所具备的上升方式要和绿化形式相适应，同时各不同种类的植物对环境条件的适应性也要考虑；要有必要的栽培管理条件。

垂直绿化施工应根据不同攀援植物特性，选用不同的方法和不同的被攀援物。常用的方法有几种：

（1）砌栽植池　为保护攀援植物或在无栽植土的情况下，可砌栽植池，池的大小、深浅视攀援植物种类和生长特性而定。如用地锦攀援墙面，可在靠近建筑物墙下砌宽 25 ~ 30 厘米、深 30 ~ 40 厘米的栽植池，在池底填 15 厘米的好土，在其上施入薄薄一层腐熟基肥，然后将土填至离池边 3 ~ 5 厘米处，将地锦按适当的株距栽入，并稍加镇压，随即浇水。如栽植果用的葡萄、猕猴桃或植株高大粗壮的紫藤等，栽植池应适当加大些，土层也要较深厚。

（2）立支架　采用缠绕性和蔓性的攀援植物如金银花、木香、蔓性月季等时，要立支架，可以用竹竿、绳等牵引，也可根据绿化需要建棚架、栏杆。

（3）用栽植箱　在不便于砌筑栽植池的地方，可用大木箱或大盆进行栽植。箱或盆的大小视攀援植物种类和栽植条件而定，要选用肥力较高、透水、透气性能好的土作栽植土。

五、垂直绿化的施工

1. 建筑物散水处栽植施工

（1）可将植株种在散水外绿地内，整好地栽植。缺点是不便牵引，植株上墙难。

（2）在原散水部位砌成种植池，池内装上好土，将植株栽在池内，便于牵引上墙。

（3）在散水上砌成栽植池，或在散水上放置大盆，将植株栽在盆内，此法效果好。

2. 栏杆、棚架处栽植施工

选择好栽植地，以利植株上爬为原则。整好地，将植株栽好。

3. 栽植的要求

主要注意疏密度，对地锦类很重要，尤其是美国地锦，生长快，吸盘节间长，生长量大，枝条能很快爬满墙。如果栽植密度过大，枝条会过多，无墙面可爬，互相拉扯，造成枝条全部脱墙而下。通过观察，在北京西房山全部种美国地锦，仅 5 年之间可爬上 7 层楼。栽植的方法是在散水上砌栽植池，每米栽 1 株，效果很好。另外 5 层楼边种地锦，栽植方法同美国地锦，但每米种 2 株，6 年也可爬上 6 层楼。

所以，栽植地锦类时，要注意疏密度。美国地锦 1 米种 1 株。地锦 1 米种 2 株，凌霄 1 米种 1 株。

六、垂直绿化的养护管理

（1）牵引工作是攀援植物能否迅速上墙、上架的关键，尤其是地锦类，年生长量很大，美国地锦每年生长量可达 3～4 米，不及时牵引，堆在地上乱爬，生长量小，效果差。

（2）及时浇水、施肥。当年新植的植株，绝对不能缺水，为使植株生长快，还要适当施肥，在生长季节追施化肥。如果有条件者秋末施有机肥，这样植株才能生长旺盛，秋季落叶迟。

（3）要适当修剪。修剪的目的是减轻植株自身的重量，防止枝条下垂。主要剪掉过多的下垂枝、细弱枝、干枯枝、病虫枝、被损伤的枝条等。修剪的时间以冬、春为主，夏季也可随时修剪。

（4）病虫害防治。如果发现病虫害应及时防治，一般情况病虫害较少。

复习题

1. 树木裸根移植掘苗的方法是什么？
2. 为了保证裸根苗的质量，在装、运、卸的工程中要采取哪些措施？
3. 栽植裸根苗，栽前修剪的目的和原则是什么？
4. 裸根苗栽植后，应有哪些养护管理措施？
5. 大树裸根移植在掘苗、栽植及栽后养护管理上有哪些特殊要求？
6. 草坪施工整地过程中都应做哪些工作？

7. 草坪种植中的栽植法、铺草块和铺草卷各自的做法和要求有哪些?
8. 垂直绿化的形式有哪些?
9. 垂直绿化的实施与施工的要求是什么?

模拟测试题

一、填空题

1. 植树挖掘树穴，一般应比根系直径大 ________ 厘米左右。

2. 栽植修剪，高大乔木应于栽 ________ 修剪，小苗、灌木可于栽 ________ 修剪。

3. 实践证明“随 ________、随 ________、随 ________、随 ________”对植树成活率最有保障。

二、选择题

1. 做行道树的苗木，分枝点不得低于 ________。

A. 1.5 米　B. 2.0 米　C. 2.8 米　D. 3.5 米

2. 裸根掘苗，一般落叶乔木根系幅度应为胸径的 ________ 倍。

A. 3 ~ 4　B. 5 ~ 7　C. 8 ~ 10　D. 12 ~ 15

3. 树木移植修剪，一般不剪的是 ________。

A. 青桐、臭椿　B. 合欢、悬铃木　C. 槐树、栾树　D. 银杏、白蜡

三、判断题

1. 在斜坡挖坑，坑的深度以坡的上口计算。 (　　)

2. 苗木掘完后如一时不能运走，要在原坑假植。 (　　)

3. 树木修剪，凡主轴明显的树种，应尽量保留主轴的顶芽。 (　　)

四、简答题

1. 简述栽前修剪的目的。

2. 简述草坪整地的要求。

3. 垂直绿化的特点是什么？

五、综述题

1. 请简述树木裸根移植施工中的全部过程。

模拟测试题答案

一、填空题

1. 20　　2. 前、后　　3. 掘、运、栽、灌水

二、选择题

1. C　　2. C　　3. A

三、判断题

1. ×　　2. ✓　　3. ✓

四、简答题

1. 答：（1）平衡树势：移植树木，损伤树根，为使树木成活，恢复生长，剪去一部分枝条可减少水分蒸发，上下平衡。（2）培养树势：通过修剪，使树木长成理想的形态。（3）减少病虫害：剪除带病虫枝条。通过修剪，减轻树梢重量，防止树木倒伏。

2. 答：按设计标高整平，保留一定排水坡度（0.3% ~0.5%），场地不能出现坑洼，以免积水，最后用碾子碾压。

3. 答：（1）占用地面少。（2）可借缠绕、卷须、吸盘、钩刺攀至高处，有的有气根，能在空中吸收水分和养分。（3）大多数生长迅速。（4）繁殖容易。（5）对光的适应性强。（6）观赏价值高。

五、综述题

1. 答：首先要选苗号苗。第二步挖掘树穴。第三步掘苗、运苗，如果不能及时栽完还需假植。第四步对树根及树冠进行简单的修剪，之后散苗、栽苗。第五步栽后要进行养护管理。

第八章

园林树木养护管理

本章提要：介绍树木养护中常用术语、绿化养护标准、灌排水等养护措施、草坪养护以及树木修剪基本知识。

学习目的：了解常用术语和绿化养护标准，掌握灌排水、草坪养护以及修剪的基本方法和安全措施。

园林树木的养护管理工作，在城市绿化中占据十分重要地位。施工过后，立即进入细致的、经常性、常年不间断的科学养护和耐心管理工作中。日复一日、年复一年的坚持下去，才可能巩固、扩大绿化美化城市的效应。即所谓的“三分种七分养”的道理。

什么是树木的养护管理工作呢？简要地说，即根据园林树木的不同品种需要和生长环境的要求，对树木采取土壤管理、灌溉、施肥、防治病虫、防寒、中耕除草、修剪等园艺性技术措施称为养护。而对树木的看管、巡查、围护、保洁、宣传爱护绿化植物等园务性工作称为管理。

第一节　树木养护中常用术语

常用术语和定义有：

（1）树冠　树木主干以上集生枝叶的部分。

（2）花蕾期　植物从花芽萌动到开花前的时期。

（3）叶芽　形状较瘦小，先端尖，能发育成枝和叶的芽。

（4）花芽　形状较肥大，略呈圆形，能发育成花或花序的芽。

（5）不定芽　在枝条上没有固定位置，重剪或受刺激后会大量萌发的芽。

（6）生长势　植物的生长强弱。泛指植物生长速度、整齐度、茎叶色泽、植株茁壮程度、分蘖或分枝的繁茂程度等。

（7）行道树　栽植在道路两旁，并构成街景的树木。

（8）古树名木　树龄达百年以上或珍贵稀有，具有重要历史价值和纪念意义以及具有重要科研价值的树木。

（9）地被植物　指植株低矮（50 厘米以下），用于覆盖园林地面的植物。

（10）分枝点　乔木主干上开始出现分枝的部位。

（11）主干　乔木或非丛生灌木地面上部与分枝点之间部分，上承树冠，下接根系。

（12）主枝　自主干生出，构成树型骨架的粗壮枝条，

（13）侧枝　自主枝生出的较小枝条。

（14）小侧枝　自侧枝上生出的较小枝条。

（15）春梢　初春至夏初萌发的枝条。

（16）园林植物养护管理　对园林植物采取灌溉、排涝、修剪、防治病虫、防寒、支撑、除草、中耕、施肥等技术措施。

（17）整形修剪　用剪、锯、疏、捆、绑、扎等手段，使树木长成特定形状的技术措施。

（18）冬季修剪　自秋冬至早春植物休眠期内进行的修剪。

（19）夏季修剪　在夏季植物生长季节进行的修剪。

（20）伤流　树木因修剪或其他创伤，造成伤口处流出大量树液的现象。

（21）短截　在枝条上选留几个合适的芽后将枝条剪短，达到缩短枝条长度，刺激侧芽萌发新梢的目的。

（22）回缩　在树木 2 年以上生枝条上剪截去一部分枝条的修剪方法。

（23）疏枝　将树木的枝条贴近着生部或地面剪除的修剪方法。

（24）摘心、剪梢　将树木枝条剪去顶尖幼嫩部分的修剪方法。

（25）施肥　在植物生长和发育过程中，为补充所需的各种营养元素而采取的肥料施用措施。

（26）基肥　植物种植或栽植前，施入土壤或坑穴中以作为底肥的肥料，多为充分腐熟的有机肥。

（27）追肥　植物种植或栽植后，为弥补植物所需各种营养元素的不足而追加施用的肥料。

（28）病虫害防治　对各种植物病虫害进行预防和治疗的过程。

（29）人工防治病虫害　针对不同病虫害所采取的人工防治方法。主要包括饵料诱杀、灯光诱杀、潜所诱杀、热处理、截止上树、人工捕捉、挖蛹、摘除卵块虫包、刷除虫卵、刺杀蛀干害虫以及结合修剪剪除病虫枝，摘

除病叶病梢、刮除病斑等措施。

（30）除草　植物生长期间人工或采用除草剂去除目的植物以外杂草的措施。

（31）灌溉　为调节土壤温度和土壤水分，满足植物对水分的需要而采取的人工引水浇灌的措施。

（32）排涝　排除绿地中多余积水的过程。

（33）返青水　为植物正常发芽生长，在土壤化冻后对植物进行的灌溉。

（34）冻水　为植物安全越冬，在土壤封冻前对植物进行的灌溉。

（35）冠下缘线　由同一道路中每株行道树树冠底部缘线形成的线条。

（36）黄土不露天　利用草坪等地被植物或树皮等其他材料，对绿地内和树冠下的裸露土地进行覆盖，以期达到绿化、美化、抑尘和保墒的目的。

（37）分级养护管理　根据园林绿地所处位置的重要程度和养护管理水平的高低而将园林绿地的养护管理分成不同等级。由高到低分为：特级养护管理、一级养护管理、二级养护管理等 3 个等级。

第二节　园林绿化树木养护标准

一、特级养护质量标准

绿化养护技术措施完善，管理得当，植物配置科学合理，达到黄土不露天。

1. 园林植物养护标准

（1）生长健壮。新建绿地各种植物 2 年内达到正常形态。

（2）园林树木树冠完整美观，分枝点合适，枝条粗壮，无枯枝死杈；主侧枝分布匀称、数量适宜、修剪科学合理；内膛不乱，通风透光。花灌木开花适时，株形丰满，花后修剪及时合理。绿篱、色块等修剪及时，枝叶茂密，整齐一致，整型树木造型雅观。行道树无缺株，绿地内无死树。

（3）落叶树新梢生长健壮，叶片大小、颜色正常。在一般条件下，无黄叶、焦叶、卷叶，正常叶片保存率在 95% 以上。针叶树针叶宿存 3 年以上，结果枝条在 10% 以下。

（4）花坛、花带轮廓清晰，整齐美观，色彩艳丽，无残缺，无残花败叶。

（5）草坪及地被植物整齐，覆盖率 99% 以上，草坪内无杂草。草坪绿色期：冷季型草不得少于300天；暖季型草不得少于210天。

（6）病虫害控制及时，园林树木无蛀干害虫的活卵、活虫；在园林树木主干、主枝上平均每100厘米，介壳虫的活虫数不得超过1头，较细枝条上平均每30厘米不得超过2头，且平均被害株数不得超过1%。叶片上无虫粪、虫网。被虫咬的叶片每株不得超过2%。

2. 垂直绿化

垂直绿化应根据不同植物的攀援特点，及时采取相应的牵引、设置网架等技术措施，视攀援植物生长习性，覆盖率不得低于90%。开花的攀援植物应适时开花，且花繁色艳。

3. 绿地

绿地整洁，无杂物、无白色污染（树挂），对绿化生产垃圾（如树枝、树叶、草屑等）、绿地内水面杂物，重点地区随产随清，其他地区日产日清，做到巡视保洁。

4. 园林设施

栏杆、园路、桌椅、路灯、井盖和牌示等园林设施完整、安全，维护及时。

5. 管理

绿地完整，无堆物、堆料、搭棚，树干上无钉拴刻画等现象。行道树下距树干2米范围内无堆物、堆料、圈栏或搭棚设摊等影响树木生长和养护管理的现象。

二、一级养护质量标准

绿化养护技术措施比较完善，管理基本得当，植物配置合理，基本达到黄土不露天。

1. 园林植物质量标准

（1）生长正常。新建绿地各种植物3年内达到正常形态。

（2）园林树木树冠基本完整，主侧枝分布均称、数量适宜、修剪合理，内膛不乱，通风透光。花灌木开花及时、正常，花后修剪及时。绿篱、色块枝叶正常，整齐一致。行道树无缺株，绿地内无死树。

（3）落叶树新梢生长正常，叶片大小、颜色正常，在一般条件下，黄叶、焦叶、卷叶和带虫尿、虫网的叶片不得超过5%，正常叶片保存率在90%以上。针叶树针叶宿存2年以上，结果枝条不超过20%。

（4）花坛、花带轮廓清晰，整齐美观，适时开花，无残缺。

（5）草坪及地被植物整齐一致，覆盖率95%以上，除缀花草坪外草坪内杂草率不得超过2%。草坪绿色期：冷季型草不得少于270天，暖季型草不得少于180天。

（6）病虫害控制及时，园林树木有蛀干害虫危害的株数不得超过1%；园林树木的主干、主枝上平均每100厘米，介壳虫的活虫数不得超过2头，较细枝条上平均每30厘米不得超过5头，且平均被害株数不得超过3%。叶上无虫粪，被虫咬的叶片每株不得超过5%。

2. 垂直绿化

垂直绿化应根据不同植物的攀援特点，采取相应的牵引、设置网架等技术措施，视攀援植物生长习性，覆盖率不得低于80%，开花的攀援植物能适时开花。

3. 绿地

绿地整洁，无杂物、无白色污染（树挂），绿化生产垃圾（如树枝、树叶、草屑等）、绿地内水面杂物应日产日清，做到保洁及时。

4. 园林设施

栏杆、园路、桌椅、路灯、井盖和牌示等园林设施完整、安全，基本做到维护及时。

5. 管理

绿地完整，无堆物、堆料、搭棚，树干上无钉拴刻画等现象。行道树下距树干2米范围内无堆物、堆料、搭棚设摊、圈栏等影响树木生长和养护管理的现象。

第三节　灌溉与排水

各种树木生长发育绝对不可缺少水分。所以首先要保证树木对水的需要，但也要尽量节约用水，绝不能浪费宝贵的水资源。

一、灌　溉

（一）灌溉的季节顺序

北京地区3～6月份是干旱季节，雨水少。树木发芽展叶进入生长旺盛时期，需水量最大，人工灌水是惟一供给树木生长的措施。水分供应充足，树木春季发生枝芽都健壮。对春夏开花树木非常有利，对越冬困难的树种也增强抗寒能力。

7～8月是北京地区的雨季，降雨集中，雨量较充沛，空气湿度增大，一般不需要浇水。但有的年份雨季也出现干旱，也应灌溉。

9～10 月是北京秋季，应该控制灌水，防止树木徒长，减轻冬季冻梢现象。但当年新植小苗和喜水树木还应灌溉。

11～12 月树木落叶休眠。为使树木很好安全越冬，特别是越冬易受冻害树种，避免因根部干旱缺水而受害，一定要浇足冻水。

（二）灌水量

根据北京地区气候特点和多年树木养护经验，在春季对树木应该做到开大堰，浇大水，浇足水。除生长壮年乔木外，无论公园、绿地、行道树，春季先开浇水堰。堰的高度、厚度 10～15 厘米不跑水、不漏水。已安装铁箅子的行道树应该清理 10 厘米的容水空间或在铁箅子下四角埋浇水花管。喷灌方式适合草坪和花灌木，对高大乔木用单株或成片连堰浇灌，也可采用滴灌，保证水滴在树根部。总之，灌水量是根据不同树种的不同习性、树龄，不同季节、气候和土壤条件，合理灌溉。

（三）灌水的次数、方法和年限

1. 灌水次数

北京地区对树木养护灌溉次数在雨雪量正常年份，每年不少于 6 次，即 3、4、5、6、9、11 月各一次。近年来，北京地区树木生长环境发生变化，一是天气干旱少雨；二是大面积铺装，造成稀少的雨水不能渗入土壤；三是地下水位迅速下降，造成喜水的、速生杨柳树都生长不旺盛。所以要对小树、珍贵树种的浇水次数适当增加。同时也要改变过去一些规定，如乔木定植后 3～5 年后，灌木最少 5 年，就不再灌水的做法。只要树根生活范围内土壤干旱就要及时浇水。

2. 浇水方法

常用方法有下列几种：

（1）用自来水人工浇水　用胶管引水灌溉。水量足，对大树木效果好。

（2）喷灌　目前使用较普遍的一种灌溉方法。对花卉、草坪和花灌木效果好，对高大乔木效果差。

（3）滴灌　应该在树木灌溉中推广的方法，因为节约用水，水效应好。特别对地势有起伏的乔灌木效果最佳。

二、排　水

树木一生中离不开水分，但水分过多，土壤中缺少氧气，树根生长受损，严重时会使树木死亡。北京地区怕涝树种有臭椿、桃树、槐树、油松、白皮松、刺槐等，应注意雨季排涝。

1. 地表径流

绿化设计、施工应考虑公园、绿地的排水坡度问题。常用排水坡度为0.1%～0.3%。土地平整不留坑洼死角。大雨过后，绿地内不留水洼。

2. 暗沟排水

在公园、绿地中埋设管道或砖砌暗沟，将地势低洼处积水引出，既可保留地面原貌，又便利交通，节约用地。

3. 明沟排水

在地表挖明沟，引出低洼处积水排出绿地。目前城市中应用较少。

北京地区雨量多集中在7、8月份，要随时警惕突降大雨、暴雨及大风等灾害的发生。雨季前应组织好排涝抢险救灾队伍。

第四节　树木养护的其他措施

一、防止风灾

一年中，春季、雨季和冬季多风，特别是雨季，土壤湿润松软，树冠枝叶茂密，会造成树木倒伏的事故。轻者影响树木生长，重者造成树木死亡，甚至造成人身伤亡和其他破坏事故。故雨季之前应采取防风措施。

1. 修剪

树冠过于密浓高大者，如杨树或浅根性的易倒伏树种如刺槐等在6月上中旬进行适当疏剪，利于通风，减少风的阻力。

2. 培土

对根系浅的树种或者栽植覆土较浅的树根加厚根部培土。

3. 支撑

对一些珍贵树木或树冠大又在风口地方的乔木，必要时在迎风方向设立支撑物。支撑物与树皮之间用软物隔开，防止磨破树皮。

二、中耕除草

杂草滋生会与树木争夺水分养分。特别是新植树木、花卉、草坪中的杂草，不但影响植物正常生长，而且杂草丛生，高矮、色泽不齐，影响观瞻。所以要及时清除绿地、树根下的杂草。当然，对于一些郊野性的公园、绿地，对野草不必完全清除。但在生长旺盛期应及时控制高度。秋冬季节清除干草，防止火灾。野草少时可用人工拔除，面积较大可以用锄头，结合中耕松土进行，对树根生长有利。

三、围护隔离

树木根部土壤疏松透气，生长良好。土壤板结，妨碍树木正常生长，特别对一些根系较浅的树种和花灌木、常绿树，反应更为敏感强烈。对这些树木应尽早用绿篱或围篱保护起来，减少行人踩踏。应注意，为不妨碍观赏视线，突出主要景观，绿篱应适当低矮一些。围篱的造型和花色要简单朴素，不要喧宾夺主。

四、看管巡查

为了保护树木绿地免受人为损坏，一些重要绿地应设看管和巡查工作人员，其职责是：

（1）看护所管绿地，宣传保护绿地，爱护树木的有关法规。发现有损坏树木的现象及时劝阻制止，严重者交城管部门处理。

（2）与有关单位部门配合协作，保护树木。如电力、电信、交通 、城建等市政单位，经常相互协调，搞好城市全方位建设。

（3）检查绿地道路树木的情况，发现问题及时报告上级处理。

第五节　草坪养护管理

草坪施工过后，即转入日常的养护管理工作。有人认为，草坪无非是“草”，只要有点起码的生长条件就可以生长。多年的实践证明，这种认识是不正确的。若要达到绿草如茵、寸土不露的效果，就必须给草坪创造良好环境条件。如施工时，土壤翻耕，清除有害物质，肥水条件良好，经常修剪，清除腐叶等。

一、草坪养护管理的质量标准

1. 特级标准

（1）草坪地植被整齐，覆盖度达到99% 。

（2）草坪内无杂草。

（3）生长茂盛，颜色正常，冷季型草绿色期达300 天，暖季型草绿色期达210 天。

2. 一级标准

（1）草坪及地被植物整齐一致，覆盖率达 95% 以上。

（2）草坪内杂草率不超过 2% 。

（3）冷季型草坪绿色期不少于 270 天，暖季型草坪不少于 180 天。

3. 二级标准

（1）草坪地被植物整齐一致，覆盖率达 90% 以上。

（2）杂草率不超过 5% 。

（3）冷季型草坪绿色期不少于 240 天，暖季型草不少于 160 天。

二、浇 水

北京是干旱缺水的城市，而草坪，特别是冷季型草坪需水量大，应及时给草坪供水。年浇水等养护措施次数参考表 8-1。具体注意事项有：

（1）浇水方法以喷灌式人工降雨较好。

（2）每次浇水要浇足，水要渗到地下 10 厘米。

（3）炎热夏天为冷季型草坪降温，应适当喷灌，但不要在中午喷水。

（4）土地封冻前灌冻水，水量要足。禁止含溶雪剂的雪堆在草坪地内。

（5）使用再生水灌溉时，水质必须符合园林植物灌溉水质要求。

表 8-1 草坪养护措施次数

级别	类别	浇水	防病虫	修剪	施肥	除草	垃圾处理
特级	冷季型	25	10	20	5	5	随产随清
	暖季型	15	2	8	4	5	随产随清
一级	冷季型	20	7	15	3	4	随产随清
	暖季型	10	2	5	2	3	随产随清
二级	冷季型	15	3	10	2	2	日产日清
	暖季型	10	1	3	1	1	日产日清

三、施追肥

城市绿化用地的土壤肥力，因需要客土和大面积平整而显不足。草坪施工后要经常补充肥力，特别是氮肥需要量大，其他磷钾肥和微量元素也很重要。施肥次数见表 1-1。

1. 施有机肥

（1）施有机肥要充分发酵腐熟，磨碎、过筛。

（2）每年早春、晚秋施用。

（3）每亩施用 150 ~ 200 千克，隔 2 ~ 3 年施用一次。

（4）将肥料均匀撒在草坪表面，施后立即浇水。

（5）不可施用堆积时间过长的鸡粪、马粪，以免招引地下害虫。

2. 施化肥

（1）生长季节，按规定加水稀释进行叶面喷施。也可撒施化肥，撒施后要喷水，水量不可过大过猛，以免造成肥料流失。

（2）每年可施 2 ~ 3 次，在剪草 1 周后施用。

（3）施肥量，尿素和磷酸二铵 10 克/平方米。

（4）用量要准确，防止出现肥害。

四、修　剪

1. 草坪修剪目的

（1）通过修剪可以使草坪平坦，高度一致，边缘整齐，有的还可以剪成美丽花纹，增加观赏效果。

（2）促使分蘖，增加草坪的密度。

（3）通过修剪可以消除杂草。

2. 草坪修剪次数和方法

（1）草坪修剪次数见表 8-1。

（2）草坪修剪留茬高度如表 8-2。

表 8-2　草坪修剪留茬高度　　单位：厘米

草种	剪留高度	
	全光照	树荫下
野牛草	4 ~ 6	
结缕草	3 ~ 5	6 ~ 7
高羊毛	5 ~ 7	8 ~ 10
黑麦草	4 ~ 6	8 ~ 10
匍匐翦股颖	3 ~ 5	7 ~ 9
草地早熟禾	4 ~ 5（3 ~ 5 月、9 ~ 11 月） 8 ~ 10（6 ~ 8 月）	8 ~ 10
小羊胡子草	8 ~ 10	8 ~ 10
大羊胡子草	8 ~ 10	8 ~ 10

五、除杂草

杂草一旦侵入，轻者影响观瞻，严重时会造成草坪覆灭。因此要及时消灭杂草。

（1）除杂草要做到“除早、除小、除净”。

（2）设专人包片负责；除草要连根拔除；晚春和盛夏是重点除草季节。

（3）勤剪草坪，勿使野草开花结籽。

（4）化学除草，可根据情况慎重使用。

六、病虫防治

（1）草坪病虫害的防治要预防为主，综合防治。

（2）冷季型草病害较重，化学防治应5月初开始喷施适当药剂。

（3）草坪虫害主要有淡剑夜蛾、黏虫、蛴螬、地老虎、蚜虫、螨类等，应及时防治。

七、草坪更新复壮

1. 一次更新法

发现草坪衰老，将草坪全部挖出来，重新栽种，如果原草坪中有深根性杂草，要深翻80厘米或更新换土后再栽种。

2. 带状更新法

野牛草、结缕草等匍匐茎分节生根的草，到一定年限后可每隔50厘米距离，挖走50厘米草，并将地面平整，经过1年左右时间就可以复原，然后再挖走另外50厘米草，这样循环往复，达到全部更新目的。挖走草后应注意及时拔除野草。

3. 断根法

用特制钉筒，钉长10厘米左右，来回磙压草坪，将地面扎成小洞，断其老根，促使新根生长。也可达到更新复壮目的。或者用磙刀每隔20厘米将草划一道缝，切断老根，然后施肥。

4. 其他方法

3年生以上草坪应打孔、疏草促进草坪生长旺盛。

八、排　水

雨后及时排除积水。若草坪中出现大的水洼，应逐渐用细土填平。

九、围　护

保护草坪，防止践踏。人流多的地区应设围栏加以保护。

第六节　树木修剪

一、修剪的概念

修剪的定义分广义和狭义修剪之分。

狭义修剪是指对树木的某些器官，如枝、芽、叶、花、果实及根等加以疏剪或短截。目的是为调节生长，促使开花结果。

广义修剪包括整型，就是用剪、锯、捆扎、扭曲、插别等手段，使树木生长成原设计的特定形状。

狭义修剪和广义修剪合称为整形修剪。

二、园林树木修剪的时期与方法

（一）修剪时期

1. 冬季修剪

又称休眠期修剪。抗寒力差的树种，最好在早春修剪，以免伤口受风寒伤害。对伤流特别旺盛树种，如桦木、葡萄、复叶槭、核桃、悬铃木、四照花、元宝枫、枫杨等不可修剪过晚，否则会引起伤流。

2. 夏季修剪

又称生长期修剪。自树木叶芽萌动至5月下旬前的修剪，切勿过迟。2年生枝开花灌木要进行花后修剪。槐树幼树扩大树冠，老树回缩更新，新植的粗壮新枝摘心，促发二次枝，扩大树冠。一年生枝开花灌木要剪去残花，促使具有第二、三次开花树种继续开花。绿篱和球型树木要保持整齐美观。

（二）修剪的基本方法

1. 疏枝

又称疏剪。疏枝的对象是细弱枝、过密枝、重叠枝、交叉枝等。疏枝可使枝条分布均匀，扩大空间，改善通风透光条件，保持树冠下部不空脱，更利于花芽分化。疏除大型轮生枝（卡脖枝）要逐年进行。

2. 短截

分以下几种：

（1）轻短截　剪去枝条顶梢，即剪去枝条长度的1/5～1/4。适用于花果树强枝修剪，如西府海棠强壮树上生长旺盛枝条采取轻短截，刺激下部多数叶芽萌发，形成短枝，次年开花，分散枝条养分，缓和了树势。

（2）中短截　剪到枝条中部饱满叶芽处，即剪去枝条长度1/3～1/2，适于生长势中等的树木或枝条。使新生枝条不会徒长也不会变弱。

（3）重短截　剪到枝条下部饱满芽处，即剪去枝条长度2/3～3/4，剪口叶芽偏弱，刺激后生长1～2个壮枝，适用老树、弱枝复壮更新修剪。

（4）极重短截　在枝条基部留2～3个芽剪截。剪口芽为瘪芽，芽质量差，能萌发1～3个短、中枝，有时也会萌发旺枝。但观赏树木中，紫薇冬季修剪多用此法。

（5）回缩修剪　不只限于1年生枝条，可剪到多年生枝处，即连同生长1年生枝条的母枝剪去一部分。树木多年生长，株行距过密或修剪方法不当，造成枝条都集中树冠最上部，下部形成光脱，用回缩修剪方法，促使下部萌发新枝。

（6）短截修剪注意事项　剪口芽的选择：修剪各级骨干枝的延长枝时，应注意选择健壮的叶芽。剪口芽的正确的剪法是：剪口斜切面与芽方向相反，其上端与芽端相齐，下端与芽腰部齐，剪口面不大，利于水分养分对芽供应，剪口芽不会干枯，很快愈合，芽也会抽梢良好。

剪口芽的方向是引领伸长枝生长的方向。根据树冠整形要求和实际环境条件，决定留哪个方向的芽。一般是垂直生长的干短截留芽应与上一年方向相反，保证延长枝不偏离主轴，侧方斜生枝剪口芽留外侧或树冠空疏处的芽。水平生长的枝，短截时应选留向上生长的芽。

3. 去蘖

去除植株各部附近的根蘖苗或树干上萌蘖的措施，应该在未木质化时徒手去蘖。根蘖要贴地表剪去，不留木桩。新植抹头槐树所生新枝，应分两次去除。第一次适当多留几枝，防止风吹折断。第二次定型修剪，选择方向、位置、角度适宜的枝条留下，剪去多余萌蘖枝。

4. 锯大枝

对于粗大的枝条，进行短截或疏枝，多用锯进行。要求锯口平齐，不劈不裂。锯除粗大的树枝时，为避免锯口处劈裂，可先在确定锯口位置的地方，在枝下方向上先锯一切口，深度为枝粗度的1/5～1/3（枝干越成水平方向，切口就越应深些），然后再在锯口上向下锯断，可防劈裂。也可分两次锯，先在确定锯口处，向前15～30厘米处，按上法锯断。然后在确定锯口处下锯。修平锯口，涂防腐剂。

（三）修剪的顺序

修剪时最忌无次序不加思索地乱剪。应留枝条未留，该剪的枝条确留下了。经验告诉，剪绿篱是由外修剪，高大乔木由上向下修剪，这样避免差错或漏剪，保证修剪质量和提高速度。

（四）修剪的安全措施

（1）操作时思想集中，不许打闹谈笑，上树前不许饮酒。

（2）每个作业组，由有实践经验的老工人担任安全质量检查员，负责安全、技术指导、质量检查及宣传工作。

（3）按规定穿好工作服、戴好安全帽、系好安全绳和安全带等。

（4）上大树梯子必须牢固，要立得稳，单面梯将上部横挡与树身捆住，人字梯中腰栓绳，角度开张适当。

（5）上树后系好安全绳，手锯绳套栓在手腕上。

（6）5 级以上大风不可上树。

（7）截除大枝要由有经验的老工人指挥操作。

（8）公园及路树修剪，要有专人维护现场，树上树下互相配合，防止砸伤行人和过往车辆。

（9）有高血压及心脏病者，不准上树。

（10）修剪工具要坚固耐用，防止误伤或影响工作。

（11）修完一棵树后，不准从此棵树跳到另一棵树上，必须先下树，再上另一棵树。

（12）在高压线附近作业，要特别注意安全，避免触电，需要时请供电部门配合。

（13）多人同在一株树上修剪，要有专人指挥，注意协作，避免误伤同伴。

（14）使用高车修剪前，要检查车辆部件，要支放平稳，操作过程中，有专人检查高车情况，有问题及时处理。

复习题

1. 树木养护中常用术语大致有多少个？每个术语的定义是什么？
2. 特级养护质量标准中对园林树木的养护有哪些要求？
3. 简述灌排水的方法和要求。
4. 草坪特级养护质量标准是什么？

5. 草坪日常养护主要措施有哪些？有什么要求？
6. 草坪更新复壮方法有哪些？如何操作？
7. 树木修剪的主要方法有哪些？
8. 树木修剪安全措施有哪些？

模拟测试题

一、填空题

1. 草坪修剪可促使________，增加草坪________，消除________。

2. 树木疏剪的对象是细弱枝________、________、________。

3. 锯除粗大枝条，多用锯进行要求________，不________，不________。

二、选择题

1. 1年中养护灌溉的关键月份是________。

A. 3~6月　B. 7~8月　C. 9~10月　D. 11~12月

2. 2年生枝开花灌木夏季修剪最适宜的月份是________。

A. 4月　B. 5月　C. 6月　D. 7月

3. 树木修剪时，中短截应截去当年生枝条的长度是________。

A. 1/5~1/4　B. 1/3~1/2　C. 2/3~3/4　D. 1/4~2/3

三、判断题

1. 冷季型草坪夏季喷灌应选择在中午进行。（　）

2. 草坪施追肥应大量用氮肥。（　）

3. 绿地排水，用地表径流的坡度为0.2%~0.3%。（　）

四、简答题

1. 短截修剪如何选择剪口、芽口，如何剪掉枝条？

2. 草坪如何进行追施化肥？

3. 简要说明什么是树木养护工作。

模拟测试题答案

一、填空题

1. 分蘖、密度、杂草

2. 过密枝、重叠枝、交叉枝

3. 锯口平齐、劈、裂

二、选择题

1. A　　2. B　　3. C

三、判断题

1. ×　　2. ✓　　3. ✓

四、简答题

1. 答：应选择健壮的叶芽并确定芽生长的方向，剪口的切面与芽的方向相反，剪口上端高出芽顶0.5厘米，剪口下端与芽顶相齐。剪口略倾斜，利于水分、养分对芽供应，剪口芽不会干枯，很快愈合，新梢生长良好。

2. 答：(1) 按规定加水稀释后，搅拌均匀，叶面喷施，也可撒肥，撒后喷水，水量不可过猛，以免造成肥料流失。(2) 每年可施2~3次，剪草1周后施用。(3) 施肥量：尿素和磷酸二铵每平方米用10克。(4) 用量要准确，防止出现肥害。

3. 答：根据树木的不同品种需要和生长环境的要求，对树木采取土壤管理，灌溉、施肥、防止病虫害、防寒、中耕除草、修剪等园艺性技术措施称为树木养护。

第九章

园林苗圃

本章提要：介绍园林苗圃作用与特点，年度生产安排，培育苗木的主要工序和方法，裸根苗的移植及苗木抚育等。

学习目的：了解育苗的重要意义和任务，掌握育苗的基本方法，能够完成育苗工作。

第一节　园林苗圃概述

一、园林苗圃的作用

1. 繁育、供应苗木基地的作用

城市绿化美化需要种类多、适应性强、质量优、规格全的成批苗木，需要有一个交通方便、苗源稳定、充足的苗木供应基地。园林苗圃就是按城市建设总体规划，根据城市绿化市场需求、区域特点，有计划地繁育、供应园林绿化植物材料的的基地。如原北京市园林局绿化处有苗圃地近 8000 亩，年储存着各种规格苗木上千余万株，为首都绿化及时提供了充足的苗木、花卉和草坪草等绿化植物材料，保证了市政重点绿化工程，满足了群众植树需求。

2. 引种驯化、推广新品种基地的作用

人们在不断发掘当地观赏植物种类外，还要引进外地、外国优良苗木品种来丰富本地植物资源，园林苗圃则是这些外来品种的驯化、选优、示范、推广的基地。如目前大量应用的红叶小檗、红花刺槐、金叶女贞、锦熟黄杨、雪松等许多珍贵树种均是引进成功的树种。

3. 特殊绿地的作用

园林苗圃的地理位置在城市中通常分布较均匀合理，面积一般在数百亩至几千亩。在圃苗木几十万株乃至数百万株，三季有花，四季常青，是城郊区的一块特殊的园林绿地，应当充分开发利用，更好地为城市及市民服务。

4. 教学、科普基地作用

由于园林苗圃植物种类的多样性，苗木培育过程的长期性、复杂性及科学技术性，苗圃是城市园林学校及其他院校和中小学生进行教学实习、科普教育的良好场所。

二、园林苗圃的特点

1. 苗木种类多

苗木种类多是城市绿化的需要。园林苗圃应具有多品种苗木，“要什么有什么”。有常绿乔木、常绿灌木、落叶乔木、落叶灌木、攀援苗木，以及各种地被植物等。根据观赏性的要求，还应有观叶、观花、观果、观型、观干品种，供园林设计师们选用，以绿化美化城市。苗圃的经营者应当克服短期效益思想，不能只搞少数种类，忘记园林苗圃的特色。首都北京绿化发展前途广阔，不仅用苗量大，而且需要植物种类多。园林苗圃的植物种类在今后若干年里应逐步发展到500～1000种。

苗木种类多并不是强调每个品种在数量或规格上都是一样的，而是有主有次。某一品种数量与规格的多少应根据市场需求确定。有量大的所谓“拳头”产品，也应有“稀有”的特色品种，逐步达到植物种类的不断丰富。

2. 苗木规格齐全

绿化用苗，因地点、时间、用途等各不相同，要求的苗木规格也不同。如选用白皮松，有的使用高5米以上的大规格苗，而有的地方则使用1.5米左右的较小规格苗。同样，雪松、油松、桧柏、银杏、槐树等其他树种亦是如此。本地区的主栽品种，苗圃通常都准备有不同规格的苗木，满足不同要求的用户选用。

3. 培育周期性长

植物生长有一定的周期性。特别是木本植物生长较慢。因此，培育苗木需要时间较长，快的需要2～3年，一般要5～6年，有的苗木则需10～20年不等。

4. 质量好

园林苗圃育苗工序与操作较规范。培育的苗木是从繁殖苗中选一、二级苗移植，以后的每次移植都坚持选优去劣。另外，苗圃培育的苗木由于移植断根，促进了有效侧根的生成。也就是说，苗圃从栽培措施上保证了园林苗圃苗木根系丰满，树形标准。因此，栽植容易成活，绿化效果好。

5. 育苗工艺先进、技术性强

鉴于以上几个特点，不仅要求苗圃有一个合理的苗木培育计划，而且要不断地应用新技术、新工艺。园林苗圃通常建立早，投入多，积累和拥有一批掌握现代育苗技术的各类人才及熟练技工，拥有现代育苗先进设备等。

三、年度生产主要工作

了解和熟悉苗圃全年育苗生产，特别是各个不同阶段的主要任务，对做好苗圃各项工作十分重要。

1. 冬季生产阶段

一般指12月到翌年3月上旬，约100天。冬季生产任务多、项目杂，但中心工作是维护现有生产成果，准备翌年工作。

主要生产任务有：苗木防寒、种子和插条采集与处理；苗木修剪、出圃苗号苗；检修与准备电井及灌水设施和车辆机械；积肥、职工培训及其他工作等。

2. 春季工程

3月中旬开始至4月底结束，历时近50天。

主要工作有苗木出圃、平整土地、苗木繁殖、苗木移植、撤除防寒设施、保养苗木的抚育管理，如浇水、施肥、防治病虫等。

3. 夏季生产阶段

通常指5月至9月底，历时150余天。

夏季生产阶段虽然有大量的养护工作，如灌排水、防治病虫、中耕除草、施肥、修剪等工作要完成，但也有苗木出圃，同时还有种子采集与种子处理、部分苗木移植、积肥等。苗木扦插、苗木嫁接等苗木繁殖任务主要在夏季生产阶段完成。

4. 秋季工程

10～11月。主要任务有苗木防寒，包括掘苗入沟假植等；秋季播种、秋季苗木扦插；采种采条；苗木出圃、移植、施肥、灌冻水等。

第二节　苗木培育主要的工序

苗圃为城市绿化提供一株合格的苗木，一般需要经过4道主要工序，即：繁殖、移植、保养及苗木出圃。苗木需要培育的时间长短差异较大。木本植物少则需要2年，如丰花型月季、木槿、地锦等；大多数苗木需要在苗圃内培育4～5年，如杨树、柳树、锦熟黄杨、连翘；规格大的苗木则需要培育 10～20 年不等，如银杏、白皮松、大桧柏、龙爪槐等。下面主要介绍苗木培育的主要工序和方法。

一、繁　殖

随着科学技术的迅速发展，繁殖园林植物的方法很多。苗圃在生产中常用的繁殖方法主要有 5 种。

（一）播种繁殖

播种繁殖又称种子繁殖，即将采得的种子经过科学的处理后播在土里或其他基质中，并给予适当的条件而培育出苗木的一种方法。培育出的苗叫实生苗。实生苗具有遗传性，但又具有变异性。

播种繁殖的主要工序有：种子采集与加工、种子处理、播种用地准备、播种、播后管理等。

苗圃繁殖的油松、白皮松、雪松、桧柏、侧柏、锦熟黄杨、槐树、银杏、栾树、杜仲、白蜡、元宝枫、刺槐、黑枣、山桃、山杏等都是采用播种方法繁殖的。

播种繁殖培育出来的苗木，根据其生长情况，如生长高度、胸径粗细，将实生苗分为一级苗、二级苗、三级苗及等外苗。如 1 年生桧柏苗的一级苗高 12 厘米，二级苗高 10～12 厘米，三级苗 8～10 厘米，8 厘米以下属等外苗。又如泡桐胸径 1.5 厘米以上为一级苗，1.2～1.5 厘米的为二级苗，1～1.2 厘米为三级苗，胸径 1 厘米以下属等外苗。

（二）扦插繁殖

利用植物具有再生能力的特性，将树木的根、茎的一部分插在适当的基质中，使之生根发芽培育苗木的一种方法。有些植物还可利用芽或叶扦插繁殖。苗圃常用扦插方法是枝插。

依据插条质地及扦插时间的不同，枝插又可分为硬枝扦插与软枝扦插，或者叫休眠期扦插与生长期扦插。

1. 硬枝扦插

通常选用 1 年生或一、二年生的枝条为插条。苗圃采用硬枝扦插繁殖的苗木种类很多，有落叶乔木：如杨树、柳树；常绿树：如砂地柏、刺柏、河南桧；花灌木：如木槿、红叶小檗、金叶女贞、石榴、连翘、迎春；攀援类：如葡萄、地锦、常春藤、蔷薇类等。

扦插地的准备　硬枝扦插用地主要有 3 种情况：大田垄插、扦插床和阳畦。

大田垄插。主要用于扦插杨树、柳树等。面积较大，生产上常用高垄，垄的标准与播种地做垄相似，但可以粗放些。垄距60~80厘米，垄背高20厘米左右，垄顶部宽10~15厘米，垄长可依土地情况确定，一般以20米为宜。

扦插床。主要用于扦插花灌木与常绿树。扦插床做法与播种床相似，床背宽度为40厘米，高8~10厘米，床心宽1米，长10~25米，床做好后，床心要搂平。目前，扦插床上都加盖塑料小拱棚，以保湿增温。为了做好春季硬枝扦插，往往在秋天作好插床并备好制作塑料小拱棚材料。塑料小拱棚的制作方法是用0.6厘米钢筋或竹竿儿煨成弓形，从苗床两侧插入，每米插1弓，10米床插11弓，然后用聚丙烯编织绳分3道将弓子联结起来，两头系上钢筋环插入土中固定，覆盖0.05~0.1毫米的塑料薄膜，床两侧用土压住薄膜，最后将苗床两端的薄膜也封死。

阳畦。主要在秋末初冬用于扦插花灌木、常绿树木等。阳畦实际上为半地下式扦插床。阳畦的要求与其他扦插床类似。为增加光照面积，阳畦走向为东西向，长约10~15米。阳畦南侧畦壁上部与地面平，向下深30厘米，北侧畦壁高于地面20厘米，东西两侧畦壁由北向南逐渐降低，畦宽140厘米左右，畦的上部用农膜封盖，上覆保温蒲苫等。

插条采集、加工与贮藏　插条采集的时间对扦插成活十分重要，是提高扦插生根率的关键因素之一。

采条与加工。硬枝插条的采集在落叶树停止生长、落叶之后到翌年树木发芽前进行，具体日期一般在11月至翌年2月上旬。如采集柳树、杨树插条，可在冬季采条并及时加工，同时按插条粗细、长短分别按一定数量打捆，侧芽不明显的插条在断条时要在插条上部涂上绿漆。常绿树木也要在发芽前7~10天采集，要求是随采随插，时间大约在在3月上旬。花灌木也可随采随扦插。

插条的贮藏。大田扦插杨柳树的插穗常采取假植沟分层假植贮藏。其他一些花灌木的插条通常是随采随扦插，在采集插条时，临时贮藏非常重要。贮藏的方法主要用湿布或湿蒲包片、塑料袋等保湿，并放在凉爽的地方。条件许可时，也可将插条放在冷藏库内。

扦插　主要分3种情况：大田垄插、床插和阳畦扦插

大田垄插。一般于春季或秋季扦插。秋插在土壤结冻前进行，插穗全部直插入土中，如扦插杨树或柳树，通常行距60~80厘米，株距20~25厘米，插后及时浇足水。春插则在土壤解冻后及时作垄及时扦插，也是全部插

入土中，及时浇透水。

床插。3月上旬土壤解冻后即可将木槿、蔷薇、十姐妹、美国地锦、中国地锦等，按一床2~3行，株距15~25厘米，插入土，浇透水，罩塑料小拱棚。目前，平床扦插密度也有打破常规的，如每平方米可插到1000多根，如扦插蔷薇、红叶小檗等。扦插后对塑料小拱棚管理很重要。每天早晨检查，塑料薄膜内有露水或冰霜，太阳出来冰霜又化成水。如果早晨薄膜内冰霜不多，就说明棚内湿度不够，对棚内苗木是个危险信号，应及时补水。大约在5月中旬（旬平均气温20~21℃），中午可将小棚两端薄膜揭开放风。湿度不足时可灌水，3~5天后揭膜，随揭膜，随拔除杂草，随浇水，清理现场，再过几天就可施追肥。这种扦插1年生苗可相当普通扦插2年生苗，如木槿当年开花，第2年可出圃。

阳畦扦插。通常是秋末进行，一般于10月中旬至11月上旬，这时地温下降到10℃以下，树木落叶，开始进入休眠期。采休眠枝扦插，如扦插丰花月季、红叶小檗等。阳畦扦插基质为原床土，以壤土为好，最好在原床土上覆盖2厘米厚砂土，防止床面龟裂，减少水分蒸发，保持插壤湿度。

2. 嫩枝扦插

在生长期，利用当年生半木质化枝条进行扦插繁殖的方法，叫嫩枝扦插，也叫生长期扦插。

采条　由于嫩枝扦插是在生长季节进行，枝条带有叶片，温度高、蒸发量大，因此要求随采，随整理，随扦插。嫩枝插穗带有叶片，插后能继续进行光合作用，有利于生根成活。带花及带花蕾的枝条对生根有不良影响，应避开这个阶段采条，有病、有虫、颜色不正的枝条均不可采用。

扦插　根据扦插所采用的设施，苗圃常用的扦插方法主要有2种：

荫棚下的塑料小拱棚扦插。实际上是在露地平床上扦插，插后罩塑料小拱棚。为了降低小棚内的温度，通常在扦插区上面，即小拱棚的上方，架设遮荫棚。棚的高度以能正常行走和运输材料为准。棚上盖苇帘或遮荫网，透光率50%~70%。如6月中旬扦插紫薇，扦插时，采取当年生枝条，并及时加工制作插条，随后扦插到平床上，扦插深度3~5厘米。插完1床随后喷透水，然后罩塑料小棚，棚高60~80厘米。以后每天上午9:00~10:00，下午3:00~4:00揭棚喷水、通风、降温，保持棚内湿度。有条件的可在拱棚内安装微喷，适时供水。棚内温度控制在30℃以下。

一般情况下，落叶树插穗在床内30天，常绿树50天左右，大部分插条可以生根。也可以将插条直接插在容器里，然后将容器摆放在做好的平床上，然后再罩塑料小拱棚，其他管理同插在平床上一样。

荫棚下塑料小拱棚扦插成活的苗子最好是原地保养，原地越冬，第2年春天再行移植，这样移植成活率高，管理操作也简便。

全光照自动间歇喷雾扦插。通过在全光照条件下，根据插床插穗环境湿度进行自动控制的设施，自动间歇喷雾，使插穗在昼夜24小时内得到充分的保护，并提供必要的优越的生根条件，使插穗加速生根，使难生根的树种提高生根率。

全光雾插所需设备主要有：自动控制设备、喷雾设施、扦插床及基质。自控设备又可分为叶面或环境湿度控制、间歇延时控制等，由湿度感应器、继电器、电磁阀三部分组成。喷雾设施要求必须有2千克以上压力的供水，喷头要求能雾化较好的普通喷雾器喷头或微喷喷头。扦插床用简易建筑材料圈起，能容纳基质即可。插床规格视喷头喷射半径及方便管理自行设计。扦插基质原则上选择无土材料，如蛭石、珍珠岩、河沙、炉灰渣等或其混合材料。

全光雾插，以5月下旬至7月中旬为雾插最适期。扦插密度较高，以插穗冠径互不遮掩为准。为了提高移植成活率，也可将插穗插在容器里，再将容器放在雾插床上。插穗成活后，适当控水，并在适宜时间里盆移植下地，成活率有保障。

（三）嫁接繁殖

把一株植物的枝条或芽接到另一株植物的适当部位上，使它们愈合，成活为一新植株的一种方法。用来嫁接的枝或芽称为接穗或接芽。承受接穗或接芽的植株称砧木。嫁接成活的苗木叫嫁接苗。嫁接繁殖能解决那些不能用种子繁殖的品种。嫁接繁殖出来的苗木能保留接穗母株的优良品质。

嫁接繁殖的主要工序有：砧木的准备、嫁接工具的准备、接穗的准备、嫁接、接后管理等。

龙柏、龙爪槐、龙桑、龙爪枣、垂枝榆、碧桃类、柿树、重瓣榆叶梅、月季、海棠、红花刺槐、白玉兰等都是用嫁接法繁殖的。

嫁接的方法有枝接和芽接。

1. 皮下插接（插皮接）

皮下插接适用于多种落叶乔灌木，如红花刺槐、柿树、龙爪槐、垂枝榆、高接各花色碧桃、果石榴等。

具体操作方法是：

（1）截砧木　在嫁接处将砧木剪断，剪口要平滑。低接一般在地面以上10厘米左右，高接则视要求而定。

（2）削接穗　从贮藏窖中取出当天用的接穗，根据砧木的粗细，选择细于砧木的接穗，将接穗自基部以上 3～4 厘米处斜下一刀，将接穗削成单面楔形，从背面轻轻削去飞边备用。

（3）嫁接　在砧木上选择光滑处，低接尽量选在主风向，即西北侧，高接则尽量选在斜上面，从砧木截面向下 2～2.5 厘米处，顺着树干切入一刀，深达木质部，用手摆动刀刃，砧木切口两侧皮层自然开裂，将接穗削面紧贴着砧木木质部插入皮层，深达 2.5～3 厘米。

（4）绑缚　用一块 8 厘米 ×8 厘米的很薄的聚乙烯薄膜，从中心向任何一侧开一个口，覆盖在砧木的截面上，薄膜上的开口对准所插的接穗，将四边全部向下按住，另用聚氯乙烯薄膜，裁成 0.7～1.2 厘米宽的塑料条，或用市场上销售的聚氯乙烯黏胶条，先绕两圈，将砧木截面上的薄膜缠住，接下来再往上绕两圈，缠住接穗插入砧木后外边还露着的被切削的部分，直至将砧木、接穗切口全部缠紧，结扣。

（5）嫁接前后的抚育管理　低接前应将杂草除净，高接和低接在接前都应施足追肥，浇足底水。接后要做好 3 件事：第 1 件是掰除砧木上不断萌发的蘖芽，使砧木的生长力均集中到接穗。第 2 件是关于去除绑缚物，皮下插接的接穗是靠皮部包裹，两者长到一起并具备一定扭力，是需要较长时间的，而使用聚氯乙烯塑料条绑缚，因塑料条伸缩性强，可伸长自身长的 200% 甚至更长，因此不需要解除绑缚物。6 个月后，到掘苗时，接口的粗度较嫁接时能增粗 2 倍，多数塑料条老化，少数已被撑断，用刀轻轻划一下即可。第 3 件是防治食叶害虫及刺吸害虫危害接穗上刚萌发的幼芽。幼芽一旦被吃掉或被刺吸而干死，则嫁接前功尽弃。

2. 丁字形芽接

它是芽接中的基本方法，接穗采集于生长健壮、品种纯正的母株，枝条健壮、无病虫的发育枝，接穗枝条必须处在旺盛的生长期（不能用封顶的枝条）。接穗采集后当即剪去叶片，留叶柄，长 2～4 毫米，将枝条用湿麻袋等包裹，有条件最好随接随采接穗。头天采集第 2 天嫁接用也可以。

（1）削接芽　选枝条中部的健壮芽，用芽接刀自芽下方 1～1.5 厘米处，斜向上切入一刀，深达木质部 1～2 毫米处，刀向上推，超过芽顶端 0.5～0.8 厘米处，横切一刀，切断皮层，手握叶柄向左右掰动，芽片即脱离木质部，备用。芽片长一般 1.5～3 厘米。还有一种取芽片法叫划芽法，即用芽接刀在芽顶端上方 0.5 厘米处，横切一刀，深达木质部，再用芽接刀利刃向下，延着盾形左侧划一刀，深达木质部，再延着盾形右侧划一刀，也深达木质部，最后手握叶柄，向左右掰动，芽片即脱离木质部，备用。

（2）削砧木　低位芽接一般是用1年生实生苗。嫁接时砧木正处于生长旺期，不能封顶。嫁接部位在地面以上4～6厘米处，选光滑面横切一刀，深达木质部，再向下竖切一刀，形成丁字形，左右摆动刀片，切口自然裂开将芽片下方嵌入皮下，用手向下推叶柄，使芽片顶端越过砧木横切口1～2毫米，再将芽片向上提，使芽片上切口与砧木横切口吻合。砧木上的横切口仅仅达木质部，不要切入木质部；尤其使用山桃作砧木，在雨季芽接，由于横切口切得过深，致使伤口流胶，影响嫁接成活。

（3）绑缚　用0.8～1.2厘米宽的聚氯乙烯薄膜条绑缚，先在砧木横切口处绑缚两周，再在叶柄下方绑缚1～2周，再将下切口全部绑严，结扣。也可先绑叶柄下，再绑上横切口，再全部绑严。绑后叶柄及芽均外露。

（4）接后管理　7～9月这个嫁接时期，砧木与接穗均处于生长旺期的末期，愈合很快，2周后即可检查成活情况。检查成活情况，用手轻轻拨动叶柄，如叶柄基部形成离层而脱落，则证明是成活的，如叶柄未形成离层而枯萎，拨而不落，则证明未成活。使用聚氯乙烯薄膜条绑缚，由于塑料条有弹性，而不急于解除绑缚物，接后遇雨一般也不会影响成活，但雨水浸泡则严重影响成活。

春季芽萌动，成活后应及时剪去芽接部位以上的枝条，并应随时剔除砧木上的蘖芽，以利成活及新嫁接植株的生长发育，绑缚物可在掘苗时或秋季不忙季节割断或解除。

（四）埋条繁殖

它是用1年生生长健壮的发育枝或徒长枝全部横埋入土中，使其生根发芽的一种繁殖方法。北京地区主要用毛白杨、新疆杨的繁殖。

埋条的工序是：种条的准备、埋条地的准备、埋条、埋后管理等。

（五）分株繁殖（分根）

将根蘖苗从母株根上分割下并培育成一株新苗的繁殖方法。

苗圃繁殖黄刺玫、玫瑰、珍珠梅、野牛草、竹子、麦冬等采用分根方法扩大繁殖的。从母株上分割下来的根蘖都是要带根的。

二、移　植

将生长健壮的繁殖苗或保养苗掘下栽植到另一地点的一种栽培方法叫移植。被用来移植的苗木叫移植苗。苗圃出圃的苗木通常都要经过一次移植，有些苗木在苗圃里需要移植2～3次才能出圃。如播种桧柏苗经移植一次才能培育出合格的绿篱苗；扦插或埋条的杨柳树经一次移植后才能培育到出圃规格；大规格白皮松要经过 3 次或 3 次以上移植方可出圃。

三、保　养

保养又叫抚育，对繁殖或移植成活后的苗木进行灌水、排水、施肥、中耕除草、修剪、防治病虫、防寒防暑等一系列促进和保护其生长发育的措施统称为保养。被保养的苗木称保养苗，苗圃里的保养苗通常指的是第 2 年的留床繁殖苗及移植后第 2 年养护的苗木。

四、出　圃

苗木在苗圃内生长到一定高度或胸径长到一定粗度，符合绿化用苗标准时，苗圃将苗木掘下并经适当修剪或包装供应给绿化施工单位或个人的一项措施称作苗木出圃。现在，一年四季均可出圃，但主要是在春季进行苗木出圃。

第三节　裸根苗移植

一、用地准备

主要工序为粗整回填土、施基肥、耕耙、土壤处理、平整土地、划线作床、定点放线等。

1. 粗整回填土

它是对出圃土球苗地进行初整地的一个工序。首先将地里的坑穴填平，如果地块亏土较多，应及时回填适量经过堆放的土壤并平整，初整平的地块应随后灌水洇地，以水沉实土壤。待地稍干后再进一步起高垫低并进行平整。值得提出的是，每年给土地回填补充适宜的土壤是育苗生产中的一项重要工作，是涉及苗圃以后可持续发展的重要课题。回填土时，不要混进石块、塑料、玻璃、铁丝等不能腐烂的各种垃圾。也可以结合本圃原土质情况，利用回填土机会进行土壤改良，如黏土地可回填一些砂性土。相反，砂质土地可回填一些黏质土，使土壤达到砂质壤土标准为理想。

2. 施基肥

对平整好的土地应施基肥。施用的基肥应以迟效性有机肥为主，并且要经过适当发酵处理才能使用。如牛粪、猪粪、鸡鸭等圈肥、磨碎的饼肥等。

3. 翻耕

施好基肥的地应及时翻耕，通常为机耕。机耕不了的地边地角应采取人工翻地，深度一般要达到30厘米左右。

4. 土壤处理

翻耕后旋耕前，根据情况要求，可喷除草剂及防治地下病虫害农药等。

5. 旋耕平整

药剂喷后应随即旋耕，最迟也要在4小时内旋耕完毕，以免光解。旋耕好的地及时进行平整。平整土地时，根据当地灌排水走向，地面要有0.1%～0.3%的坡度。

6. 做床

根据移植苗木种类、规格可按计划做床，通常是做平床。做床前先依据道路或灌水渠等为基线，按南北为行距、东西为株距划线，做移植床，同时做好田间灌水渠、排水沟等。值得注意的是，做移植小苗床时，床畦长宽应适当小些，以便于精细管理。

计划做多少床，实际就是计划移植地的面积。移植用地面积计算如下：

用地面积＝每株的行距×株距×移植株数

二、移　植

（一）移植裸根苗木的类型

1. 裸根移植一、二年生繁殖苗

这类苗木有桧柏、侧柏、白皮松、小叶黄杨、槐树、栾树、银杏、臭椿、白蜡、杜仲、文冠果、红叶小檗、金银木、紫荆、黄栌、贴梗海棠等。

移植用地准备好后，可适时进行移植。移植的主要工序是：掘苗、分级过数、运苗、栽植、浇水等。

移植这类苗木，通常是在普查播种苗总量及一、二、三级成品苗各占比例数量的基础上，苗圃根据计划安排移植。多数情况下，这些苗木是苗圃自己繁殖的，而且多数苗木是原地留床，也就是说，移植时才组织掘苗。因此，移植这类苗木时往往是统一、连续作业。一部分人掘苗，一部分人分级并记录各级苗木数量，一部分人运苗，一部分人栽植，一部分人浇水。

有些繁殖苗也可能在秋后和入冬前挖出假植，假植时的分级和各级苗木数量记录与现掘苗现栽要求是一样的，只是栽植时间在翌年春季进行。

随着市场经济的迅速发展，苗圃过去自繁的苗木现在有一些不再自繁了，而是通过定购外买苗木。这类苗木由于繁殖地和移植地有较长的路程，从掘苗到移植相隔时间相对来说延长很多。因此，这类苗木的掘苗时间、掘出后的保护显得格外重要，如果处理不当，损失将是惨重的，处理得当效果较好，但移植成活率往往不如本圃自繁苗。所以有条件情况下，还是要坚持自繁为主，如北京地区的桧柏、小叶黄杨、白皮松等。

2. 裸根移植落叶乔灌木

这类苗木有槐树、龙爪槐、银杏、栾树、小叶白蜡、千头椿等。移植这类苗木有2种情况：

一是为进一步培育大规格苗木需要二次移植，移植的苗木一般来自本圃保养苗。苗圃在测量规格调查与统计的基础上，进一步选择生长健壮、无病虫害、树形好、规格相对一致的苗木作为移植苗。

二是移植从外阜购进的中档苗木。这类苗木的规格一般较繁殖苗大，购进苗木的目的也是要培养大规格苗木。由于产地、土质等不同，移植这类苗木关键是确保品种纯正、规格相符，要掌握当地苗木生长情况及掘苗、运苗到栽苗的各个重要环节，避免和减少水分损失，达到理想的苗木成活率。

3. 裸根移植保养的柏树

为培育大规格柏树，如桧柏、侧柏等，苗圃往往从1.2～2.0米高桧柏或侧柏绿篱苗中选一些树形好、生长健壮的苗木进行移植。如果苗木是本圃的，移植时间又合适时，可以进行裸根移植，不必带土球，省工省料，成活率也有保障。北京市东北旺苗圃曾多次大规模地进行柏树裸根移植，成活率非常理想，可达99%以上，节省了大量工力、时间及包装材料等。

移植的工序是，在用地准备妥当、苗木规格及数量调查清楚的情况下，可适时组织移植，即挖坑、掘苗、运苗、栽植、浇水、栽后管理等。

（二）刨坑（挖坑）

1. 工具

主要工具为铁锹、花铲、剪枝剪、十字镐等。

2. 操作方法

苗圃土质松软，移植矮小的播种苗时通常用花铲刨坑即可，要求坑挖在株行距划线的交叉点上，坑呈圆筒形，现刨坑现栽苗。

裸根移植体积较大或规格大的落叶乔灌木及保养柏树时，在定点放线的基础上，以交叉线点为圆心，以要求的坑径为直径，垂直向下挖坑，要挖成圆筒形。坑的大小通常比根系直径直径大一些，苗木规格小的坑径稍放小些，规格大的苗木坑径稍放大些。坑的深度一般为根径的4/5或3/4。坑的深度达标后，最好在中间堆一小土堆，以便苗木根系舒展。

3. 质量要求

栽植坑要求位置准确，规格大小符合标准，坑呈圆筒形，坑底回放一些松土。

（三）掘苗

1. 工具

常用工具有铁锹、十字镐、剪枝剪等。

2. 操作方法

较矮小的苗木，可直接用铁锹挖掘，下锹远近以不伤主根为度。掘下的苗子，由有经验的技术工人根据繁殖苗生长指标及时就地分级过数，分装。有时甚至将苗木放在灌水沟里进行分级，如移植一、二年生小桧柏等。

掘落叶乔灌木及保养柏时，按苗木规定的根系大小先划圆，再挖土，挖到一定深度后断主根，轻拍土球取出苗木。裸根柏树要多带“护心土”。根系大小，落叶乔木为胸径 8 ~ 10 倍；落叶灌木为苗高 1/4 ~ 1/3。播种苗视树种而定，常绿小苗根系适当长些，一般为苗高 1/2 左右；落叶类苗为苗高 1/3 左右。掘养干毛白杨苗时，根部因埋条的条子常连在一起，掘时应及时切断。

3. 质量要求

掘苗时要在根系大小规定范围内下锹。掘苗时不能硬拔硬推，防止根系劈裂。对过长根及劈裂根要进行修剪。掘下的苗木要及时运走栽植，不能及时栽植的要假植，将根或整株小苗埋入湿土中。

（四）运苗

1. 主要工具

手推车、手扶拖拉机、水桶、蒲包等。

2. 运苗要求

负责运苗的人员要对苗木种类、规格、等级，包括品种要分清，不能混乱；要求随掘、随运；乔木要根朝前，梢向后，码放整齐，根部要用湿草帘或湿蒲包片等盖住，避免和减少苗木根系曝晒；在苗木装车或卸车时要轻拿轻放。

（五）假植

1. 操作方法

一时栽种不了的苗木，要及时做好临时假植。即在移植地边，依据根系大小挖一沟，将苗木的根全部放入，用细湿土埋好，不能漏风。如果是播种苗，特别是常绿小苗，最好用湿蒲片全部盖好，再用湿土全埋严。

2. 注意事项

品种、规格、等级分清；沟要深些不能浅；临时假植时间不要过长，常绿小苗最好当天栽种完。

（六）栽植

1. 操作方法

移植矮小播种苗时，一般是一人操作。在划好线的交叉点上用花铲挖一小坑，从放苗的容器里取一株小苗放入坑内，填土按实即可。移植深度比原土痕略深 1～2 厘米。

移植较大的乔灌木时，往往是两人合作进行：一人挖坑，一人放苗、扶正，填土并踏实。移植根系大的苗木时，回填土过半时适当提一提苗木，使根系更为舒展，然后继续填土并踩实。

裸根移植保养柏树时，通常苗根部会带一些“护心土”，要轻拿轻放。坑也稍大些。苗木放入扶正后，填土一半时要轻提苗子，适当踩实，继续填土，踏实。栽植深度不超过原土痕 5～10 厘米。

2. 质量要求

移植苗木时，无论一人操作或两人合作，移植过程中都要随时注意按划好的线点进行，并要和已移植好的苗木对齐，达到横竖一致。

注意按苗木等级进行移植，达到高矮有序。

栽植深度要合适，不能太深也不能过浅。依据移植苗木规格，通常应超过原土痕 2～10 厘米，小苗浅点，大苗深点。

（七）移后管理

1. 灌水

苗圃移植苗木，要求栽种完一床或一畦苗木后立即浇水。通常是流灌，浇水时水流要缓，浇透即可，不要灌得太足。有大风时尽可能避免浇水。3～5天后浇第二遍水，过 5～7 天再浇第三遍水，以后可视情况转入正常养护浇水。

2. 扶直

北京地区春季经常有大风，第一、二遍水浇过后，有些苗木可能倒伏倾斜，待地稍干后要及时组织扶直扶正、培土。

3. 防治病虫

由于移植地做了药剂处理，一般情况下大多数移植苗无重要病虫发生。但有些树种必须做好防治病虫工作，如毛白杨锈病、柏树大苗上的双条杉天牛、红蜘蛛等。

4. 平整苗区

移植苗浇完三次水后，苗木扶直工作也已做完，应苗区全面进行一次平整。包括灌水渠、排水沟、床面及畦埂等，要疏通、平整、培土，有些树种，如杨柳树，应按行给树根部适当培土。

5. 修剪

主要针对一些花灌木及少数落叶乔木进行一些修剪，减少地上部蒸腾量，主要目的是提高苗木移植成活率。

第四节　苗木抚育

一、灌水与排水

只靠自然降水和地下水，往往不能满足苗木在生长期每个阶段对水分的需要，因此必须灌水。在雨季，雨量集中，土壤中的水分已经饱和时，则又必须及时排水防涝，否则同样会造成苗木的死亡。所以，在苗木抚育工作中，灌水和排水是同等重要的，两者缺一不可。

（一）合理灌溉的依据

所谓合理灌溉，是指灌溉要适时适量。灌溉的时间和灌溉的水量，主要取决于当时当地的气候条件、土壤含水状况、土壤的物理性能和树种的生物学特性。同一树种在不同发育时期和不同的栽培条件，对水分的需求也是不同的。所以灌水必须针对不同树种，不同情况区别对待，不能“一刀切”。应坚持三看：即看天、看地、看树苗。

1. 看天

就是看当地天气状况，如北京地区 3 ~ 6 月份干旱少雨，温度适宜，正值苗木需水之际，是灌水的重要时期。本阶段灌水次数应多些，一般可灌 2 ~ 8次水。7 ~ 8 月份气温虽然较高，但正值北京多雨季节，因此，除特殊年分外，本阶段通常少灌或不灌水。9 ~ 10 月份，苗木虽生长，但天气即将变冷，为更好地使树木组织充实，便于新梢木质化，有利于安全越冬，此阶段应适当控制灌水，以免苗木徒长。11 ~ 12 月份苗木停止生长。对于秋季计划掘出的苗木，一般在掘前 2 周灌一次水，然后再掘苗。原地保养苗应在入冬前灌一次冻水，以利苗木越冬。冬季苗木休眠，土地封冻，如冬季过旱，有些苗地可适当冬灌以防苗木灼条或因生理干旱而死亡。如早园竹，除初冬封冻时应灌一次足水外（有时加施追肥），在元旦至春节之间，可再灌一次冬水，水量要足，这样使翌年的早春灌水前后相连，这对竹类苗木的地下行鞭，春夏拔尖出笋，非常有利。

2. 看地

看地是指看土壤的墒情，包括土壤的质地，地下水位的高低。砂土或砂壤土保水力差，灌水次数可适当增加；黏质土壤，低洼、地下水位较高的地块，则应适当控制灌水的次数，对盐碱地块更不能小水勤灌，以防返碱。决定一块地是否灌水要看土壤的墒情。适合苗木生长的土壤含水量一般为 15% ~20% 。

3. 看树

就是根据不同的树种，苗木规格的大小以及栽培阶段的情况决定是否灌水。不同的树种其生态特性是不同的，如当年秋天播种的桧柏，虽然播种后已经灌过足水了，但是在隆冬的旱季里也应再灌 1 次冬水（时间与早园竹相同）。这样才能保证翌年早春地解冻时，土壤墒情好，湿润、松软有利幼苗出土（在幼苗出土的过程中是不能灌水的），直到苗出齐后，才能适时适量灌小水。有些播种苗，为了预防立枯病的发生，适当控制水 1 个月左右，待幼苗木质化后，再灌水。

有些喜湿的树种，如杨柳类、小叶白蜡等，灌水的次数和灌水量应大于其他树种。相反，不耐湿的树种，如白皮松、油松、臭椿等树种，一般灌水的次数和灌水量都应适当减少。

不同栽培阶段，苗木需水是不同的。如扦插、埋条苗需要一定的湿度，尽可能采用地膜覆盖技术，以减少水分的蒸腾，提高地温，促其生根发芽，否则就得小水勤灌，或用喷水解决。对于一些地下水位较高的地块，如果定植的是保养大规格苗木，可以减少灌水的次数。据北京园林苗圃的经验，不耐湿树种灌水次数可为耐湿树种的 1/4 ~1/2。

当年移植苗，由于根部被截断，需水和吸水能力失去平衡，因此，必须加强根部灌水。移植后一般应灌水 3 次，中间相隔时间不能太长，且水量可适当增大，但不能积水。对那些不耐湿树种而又栽在黏重土壤的情况下，即使是移植苗也应根据情况，减少灌水次数或延长灌水间隔。保养苗一般在春季应及时灌水。

（二）灌水的方式

1. 流灌

又叫漫灌，即通过渠道逐畦放水浇灌。漫灌的优点是投资少、浇水量足，缺点是易费水。苗圃流灌以明渠为好，可增高水温，易于维修。为减少水分渗漏，圃内应普遍铺设水泥渠道，形成系统。

漫灌要求床畦必须平整，略有坡度，以 0.2% 较合适，如重黏性土壤，为排水设想，坡度可以加大到 0.3% ~0.5% 形成纵向灌水，横向排涝的合理地势以利苗木的发育。床畦的大小对漫灌效果也很重要，尤其是小苗或怕涝树种，床畦应适当划小些。

2. 喷灌

通过机具将水喷成雾状，进行灌溉的一种方法，有全固定式和移动式 2 种。固定式的设备由抽水机具、管道和支架喷头组成，移动式又有管道移动式和机具移动式 2 种，前者抽水部分不动，只移管道，后者是利用地上渠道作水源，抽水机具移动，此种成本较前者低简便易行。

喷灌优点是省工省水。喷灌要求的条件较高，第一要面积大，第二是批量树种或习性相同的品种，第三必须专人精心管理和看护，以防损失。所以在推广应用喷灌的同时，应不断地创造条件，积累经验，降低育苗成本。

在扦插繁殖区，使用带喷嘴的塑料管喷雾给扦插苗供水，雾粒小，操作简便，省工省水，是温室、阳畦等扦插、繁殖苗供水的良好方法。

3. 滴灌

滴灌是将水滴缓慢滴入植物根部，达到供水目的。此法，苗圃可首先使用于盆栽植物，积累经验，逐步推广。

4. 洇灌

即按普通床畦大小，用水泥或塑料布等制成不漏水畦床，将盆栽苗放在畦内，然后向畦内放水，使畦内水分，通过盆孔吸收、洇湿，达到供水目的。此法省工，效果好，适合集约型盆栽苗作用，缺点是一次性投资较大。

（三）排水

排除因大雨或暴雨等造成的苗区积水。在地下水位偏高，盐碱严重地区，排水工作还有降低地下水位，减轻盐碱含量或抑制盐碱上升的作用。

1. 苗圃必须建立完整的排水系统

在安排灌水沟渠系统的同时也必须同时安排好排水沟渠。苗圃每个作业区（由若干小区连接而成的条状地），都应有与灌渠相对应的排水沟。每块地（2000～5000平方米）下水头应有2条以上田间小排水沟，担负排除每个畦床内的积水。小区的排水沟，通向作业区排水沟，直到排出苗圃界外。在盐碱低洼地区，排水沟适当加深。排水困难地区，可设抽水泵，实行强制排水。

2. 做好合格的床畦

为了便于排水，床畦不宜过大，床面平整避免床畦两头高中间低的现象，床畦畦面必须高于田间小排水沟沟底15～20厘米。

3. 按树种习性选择苗床畦地

对不耐湿的品种，如臭椿、白皮松、油松、桃类、紫叶李、黄栌、刺槐、合欢等采用高垄或高床播种或栽植，在一些地下水位较高的地区或地块更应起高床定植苗木。

4. 及时排除积水

雨季到来之前，应全面检查维修各级排水沟，保证排水畅通。雨季有专人分片负责检查排水情况，及时疏通并排走苗地畦内的积水，避免和减少苗木涝害。

二、有机肥的制备与施肥

（一）有机肥的制备

1. 有机肥的种类

为了增加土壤肥力及土壤有机质的含量，苗圃应该坚持多施有机肥并掌握其制作方法。经常使用的有机肥有：家禽家畜粪尿与厩肥、堆肥、饼肥及糟渣肥、绿肥、人粪尿等。

2. 制备有机肥的方法

（1）家禽家畜粪尿与厩肥　通常畜禽粪尿在使用前先堆沤腐熟，使原来不能被植物直接利用的养料逐渐转化为有效状态，但堆腐时间愈长，腐熟程度愈高，则有机质及氮的损失就愈大。厩肥不一定要等完成腐熟过程后才使用。在对有机质贫乏的土壤进行改良时，可直接施用半腐熟厩肥，但播种地及针叶树幼苗例外，因为未腐熟厩肥易诱发幼苗猝倒病。在一般情况下是在整地时施入半腐熟厩肥作基肥，苗圃用牛羊粪作基肥时，一般是均匀撒布在地表，然后翻埋入土壤中。

（2）堆肥　收集落叶、杂草或粉碎的树枝、农作物秸秆等材料，选好平整的地面。再将树叶、杂草或其他植物性材料均匀铺上，压紧踏实，上面泼撒粪稀或牛马粪或适当的化肥等含氮量较高其他肥料及足量的水，再盖上一层细土或河泥，若材料多，可一层层堆积到2米左右高为止。外层可用稀泥糊盖上一层。必要时，可翻倒1～2次。堆肥在夏季或秋冬季节均可进行。

（3）绿肥　栽培绿肥最好在盛花期稍前的时期内利用，因为这时鲜物质增长量最高，茎叶中的养分含量最多，而且组织尚幼嫩，易分解。当然，也要考虑苗木的播种时期，适当提前施入。种养绿肥可以收割运出或就地耕翻，埋入土中。绿肥就地耕翻前，最好将秸秆粉碎或铡断后再翻入土中。翻后要适当镇压，新鲜绿肥在土壤中腐烂需要15天左右。苗圃施绿肥后2周，土地可用来移栽苗木或作他用。

苗圃中栽培绿肥的方式，有轮作、间作等。在有条件的地方，苗圃地可分区在三四年内安排种植一次绿肥或豆科农作物（如大豆、黑豆等），对于增加土壤有机质、改良土壤结构有一定的效果。特别是在盐碱较重地区的苗圃，种植绿肥，如田菁对改良土壤有较大作用。有时也可在苗床边上间种一些绿肥或豆科农作物，能起遮荫作用。

（4）饼肥及糟渣肥　苗圃用饼肥做基肥时，事先要充分粉碎。施用时要拌入少量农药，防治地下害虫。肥要适当早施，并与幼苗保持一定距离，以避免饼肥分解发酵时产生的热量灼伤幼苗。

在播种苗生长过程中或花卉栽培上，常用饼类肥泡水，充分腐熟后，加水浇施，幼苗期应注意少量多次，防止烧苗。

糟渣肥，有些农产品加工中产生的各种糟渣，含有不同数量的养分，有的可直接做肥料。如苗木花卉上常用芝麻酱渣做基肥或追肥，它含氮量6.59%，含磷3.30%，含钾1.30%有很高的肥效。

糟渣肥多属迟效肥，需经发酵或与厩肥一起堆沤后再施用。为了提高肥效，应集中沟施或穴施，施后覆土。

3. 注意事项

（1）收集树叶、杂草及修剪下的树枝等废弃植物材料时，一定要清除铁丝、石块、塑料等杂物。

（2）购买其他有机肥时要避免有毒物质混入。

（二）肥料的使用

1. 使用时间

主要根据苗木生长规律决定施肥时间。树苗是多年生植物，保养苗一般在芽膨大前，根系就已开始活动，吸收营养和水分。因此，保养苗在芽萌动前施追肥，北京地区从3月中旬开始追肥即可。根据肥料种类，每1～2个月施肥一次，至7月底基本可以终止追施肥料。一些不耐寒的树种，追肥终止时间还可提前，当然，后期也可施适量钾肥。移植苗当年一般不必追肥，但移植前应施足基肥。繁殖苗地在作床前应施足腐熟的有机肥，前期不必追肥，部分快长树苗在生长到一定高度后，结合灌水，可追施淡薄水肥，严禁超量追施化肥。

保养苗，尤其是保养大规格苗，秋末追肥效果亦好，同时可推迟第2年春季追肥时间。

2. 使用方法与用量

（1）基肥　又称底肥，以缓效性有机肥料为主，有时也加入适量磷钾肥或少量氮肥，施基肥时，可结合耕地将肥料撒拌匀后翻入地下。厩肥或堆肥，每亩可施5000千克以上；粉碎的饼肥等每亩施150～250千克。

（2）追肥　是在苗木生长发育期施用速效性肥料，目的在于及时供应苗木在生长期对养分的大量需要，促进苗木健壮快速生长。追肥一般以化肥、腐熟的人粪尿、粉碎的饼肥、麻渣或沤制的麻渣肥水等作肥料。追肥量视肥料种类、苗木规格、土地肥力、设计要求等多因素而定。一般说来，苗小应少量多次，以淡薄有机肥水为宜。苗圃在大规格保养苗地追施复合球肥，每亩一般20～30千克。

追肥的方法较多，主要有以下几种：

条施或穴施　即在苗木间或植株附近开沟或挖穴，将肥料施入并覆土埋严。避免肥料直接与根接触，以免伤害苗木。

撒施　将追施肥料均匀撒于地面，随后灌水，此法省工，但肥效甚差，不提倡用。但有些撒播的播种苗，由于密度较大，不便开沟操作，在条件合适时，如下雨前或浇水前可以撒施，但一次撒施量不宜太大。

随水浇灌　结合浇水，将沤制的粪肥水按一定比例随水灌到苗地。

根外追肥　在苗木生长期间将一定量化肥稀释喷到植株茎叶上。喷洒时间以早晚大气湿润，有露水时为宜。追肥次数，根据情况而定。常用浓度，尿素一般为0.2%～0.3%，每次每亩用肥量0.5～1千克；过磷酸钙使用0.5%～1%溶液，每次每亩用肥1.5～2.5千克。

施坑肥　在移植较大规格的苗木前，先将栽植坑挖好，按坑施适量的迟效性肥作基肥。一则使肥力集中，二则缓解肥料不足的矛盾，实践证明，效果是比较好的。

3. 施肥注意事项

（1）基肥撒于地表后需及时翻耕，以尽量减少氮素的挥发。

（2）粪尿类、油粕类有机肥须泡制发酵后使用，避免有害物质损伤苗木。

（3）追施化肥应用土覆盖，减少挥发或避免某些易挥发的高氮肥蒸害苗木。

（4）化肥施用量要严格按规定使用，如施用量过大，不但无益反而有害，尤其是小苗区。

（5）遇有块状化肥在施用前，应进行加工碾碎后，抓紧时间施用，尽量减少氮素的挥发损失。

三、中耕与除草

中耕除草这项工作的重点应当放在繁殖苗、移植苗方面，特别是移植的小苗和新转入保养的繁殖苗，这些应当列入中耕除草中重点，特别是前期的中耕除草作业，更为重要。

1. 中耕除草的作用

中耕除草可以消灭杂草，疏松土壤，保墒、抗旱，增加土壤透气性，提高地表温度，防止返盐，避免或减少杂草同苗木争肥、争水、争地、争光照、争空间。另外中耕除草还可以消灭病虫的中间寄主，灭杀部分地下害虫，起到中耕培土作用，利于田间排灌作业，促进植株根系发育的作用。

2. 中耕除草的时间与次数

根据杂草生长规律及苗木栽培阶段及时安排中耕除草。每年的 3 ~4 月份是杂草生长始期，5 ~8 月是杂草生长旺季，也是除草的关键时期。苗圃对保养的大规格苗地应以机耕为主化除为辅，有条件时，每月中耕 1 ~2 次，对当年移植地也可先用除草剂处理土壤，以后采取畜力或机械中耕除草，并兼顾培土。但对小规格、小行距的幼苗，应该人工精细耕除杂草。进入 5 月份以后，按保养苗要求，进行中耕除草。对繁殖区新转入保养的幼苗，更应以人工耕除杂草为主，每月至少 2 次，在灌水或降雨后应及时配合中耕，可兼顾除草、松土功效。

3. 中耕除草的方式

（1）人力中耕除草　使用各种大小锄具等直接除掉杂草（包括人工拔草等），并将锄下的杂草抱到地边。

（2）畜力中耕除草　用畜力牵引耘锄或其他中耕机具，进行中耕松土、培土，除草，对株与株之间的杂草，有时还要进行人工的中耕找除，以补不足。这样使得行间株间，区边或地头地角杂草全部除掉，这不仅减少了草害，同时也给灌水、排水工序创造了条件。

（3）机械中耕除草　使用各种小型拖拉机，进行中耕除草或培土作业（有时也辅以人工，进行株间除草作业，方法与畜力中耕除草以后辅助相同)。

(4) 化学除草 应经试验后应用。慎用,应注意残毒对下茬毒害。

土壤处理 应用土壤处理方法除草分2种情况:一是地面喷、撒药剂,二是土、药混合。地面喷撒药剂是杂草发芽前或在除草后,将除草剂兑水配成一定浓度或用土配成毒土均匀喷、撒于地面,防除杂草萌发。如每亩用25%除草醚可湿性粉剂0.4~0.8千克兑水50~60千克或兑细土15千克喷撒于地面,能防除1年生杂草,如旱稗、狗尾草、马唐等杂草。土药混合是翻地后旋耕前,将一定量的除草剂,如氟乐灵,均匀喷到地面,然后旋耕,使土药混合。此法多用于移植地。

茎叶处理 在杂草萌发后到生长到一定高度时,将除草剂均匀喷到杂草茎叶上杀死杂草。如每亩用10%草甘膦水剂0.5~1.0千克,兑水100倍喷施可防除狗尾草等多种1年生杂草。

注意事项 专人负责,机械专用,用后冲洗干净;按计划、按操作规程实施,未经主管技术人员同意不能任意更改方案;新除草剂要坚持试验、示范、推广的应用程序,不能盲目大面积推广使用,在取得有效数字后才能酌情进一步应用;其他要求同农药使用注意事项。

四、苗木修剪

(一) 修剪的目的与原则

1. 培育合理的树形

包括养干、定干、整形等,使之能达到主干通直、高度达到标准、枝条分布均匀合理、体形优美的目的。

2. 提高苗木移植成活率

苗木在移植时,由于切断了大量的根系,降低了吸收水分的能力,地上与地下两部分出现了不平衡,产生了供不应求的局面。为了保持苗木整体的平衡,通过修剪除掉地上部分的一些枝条甚至整个冠丛,以减少地上部分的蒸腾量和需求量,平衡供需矛盾,达到提高苗木移植后成活的目的。

3. 方便出圃

苗木在出圃时由于规格大,树冠大,通过适量修剪,有利于提高运输量,但在出圃修剪时,应留有余地,或根据特殊的要求进行修剪。

4. 防治病虫

苗木在生长过程中,病虫在植株上繁殖危害,利用修剪的办法,剪除虫卵枝或被害枝条,达到既灭了病虫源又促进和保护苗木生长的目的。

5. 其他目的

通过修剪，可以达到通风透光，促使花芽分化；有计划的提前或延迟开花期或座果率等。

苗木修剪不论想达到哪种目的，均不能搞一刀切，要坚持因树修剪，因时、因地修剪等原则。同时应注意苗圃苗木在修剪时要宜轻不宜重（特殊的目的或修法除外）。

（二）常用的修剪方法

1. 短截

剪去一年生枝条的一部分称短截，短截对调节树势等意义非常关键。短截分轻、中、重 3 种，如剪除枝条的 1/4 长叫轻短截；剪除枝条 1/3 叫中短截；剪除枝条的 1/2 以上叫重短截，重修剪一般用于移植或出圃的某些落叶乔灌木。

2. 疏枝

将过密枝条，从枝条基部剪掉叫疏枝。通过疏枝可剪去重迭枝、病虫枝、交叉枝、细弱枝、下垂枝等。有些树种，如银杏、玉兰等，在移植时，用疏枝修剪方法处理较好。

3. 剥芽

又叫抹芽，用手或其他工具掰去腋芽或主干上的不定芽，使养分集中供给选留下的幼芽，促进植株生长发育，如对养干毛白杨苗进行剥芽，对移植后的杨柳树、槐树等主干上萌发的蘖芽进行抹芽等。

4. 剪梢

剪去植株顶部新梢或徒长枝顶梢，控制顶端生长，促使植株下部幼芽萌发，达到植株枝叶丰满，如修剪黄杨与桧柏、侧柏篱苗等。

5. 平茬截干法

从地表 3 ~5 厘米左右处，将 1 ~2 年生的茎干剪除掉，此法叫平茬截干法。多用于落叶乔木类如毛白杨、槐树、杜仲等苗木的主干培育。截干时，要注意基部茎上芽的情况，特别是芽方向，通常应留北侧或西北侧的芽。

6. 截冠

为了苗木出圃时运输方便以及栽植时易于成活，苗圃往往对一些合轴分枝的大乔木，如槐树、柳树、法桐等从苗木主干 2.5 ~2.8 米处（落叶乔木类）将树冠全部剪除称截冠。截冠修剪一般在出圃或移植苗木时采用，多用于无主轴萌发力强的落叶乔木。

7. 回缩

将较弱的主枝或侧枝回缩到一定的位置，压低或抬高其角度，使之复壮的一种修剪方法，叫回缩。

8. 修根

将人工或机械掘下来的苗木过长根进行适当剪短，或剪除病虫根、劈裂根。此项工作最好是随掘苗，随修剪。

五、苗木防寒、防暑

（一）防寒

北方地区冬季寒冷，干燥多风，时间也长，对苗木越冬十分不利。因此做好苗木越冬防寒对搞好苗圃育苗生产工作十分重要。

1. 冻害的主要表现

（1）生理干旱　表现为生理缺水，枝干形体完好，但部分干枯死苗。田间表现为哨苗或青枯。组织幼嫩保护性能差的苗木，在严寒、干燥多风季节特别是冬末、春初，气温回暖又突然急聚降温时，最易造成幼苗地上部蒸腾失水。此时正是土壤冻结，苗木根系不能及时吸收水分，幼苗又非常需要水分时，由于水分的供不应求，即发生干梢枯死现象。

（2）冻害　某些树苗，如泡桐、青桐、木槿、紫薇、紫荆等，其组织内部含水量较多，以及大多数常绿苗木幼苗，由于组织幼嫩，当气温低时，细胞原生质产生脱水冻结，造成细胞组织破裂而死亡。冬春在田间发生的枝干冻裂脱皮、溃烂、黑心等，大都因冻害所致。

造成冻害的另一个原因是晚霜，可使某些出土幼苗，如播种槐树、刺槐等致死。

2. 防寒对象

防寒对象的确定，主要根据培育的苗木品种，对当地气候的适应能力而定。同一种苗木由于发育阶段、规格等大小不同，它们抗御灾害尤其是抗寒能力差异较大。特别是园林植物，由于外来品种多，有些苗木属边缘植物，其幼苗阶段抗逆性较差。为了保障这些苗木能正常生长，就应当在可能的条件下，帮助它们过冬，采取措施，渡过困难阶段而健壮生长。

北京地区园林苗圃在入冬前，应防寒的主要对象大致可分如下几类：

（1）柏类中的小苗　除部分较耐寒品种外，有些柏类小苗及个别品种的中等规格柏类树苗均需防寒，如侧柏、龙柏、洒金柏、笔柏等。

（2）松类苗　部分松类幼苗，即1～2年生播种苗，均应防寒，个别品种，中等规格松类树苗，如雪松、乔松亦应适当防寒。

（3）阔叶常绿树幼苗　如小叶黄杨、大叶黄杨、金叶女贞等阔叶常绿树幼苗，在越冬时，均应防寒。

（4）落叶乔灌木类　这类苗木，多属外来品种，如合欢、青桐、法桐、棣棠、泡桐、玉兰等落叶类幼小苗木，在越冬时都要适当防护。

3. 防寒措施

防寒措施应根据不同树种、苗木规格、栽培面积等诸多因素而定。首先，在考虑能达到防寒目的前提下，努力降低措施的成本造价，这是必须慎重确定的。

（1）营造针叶常绿树防风篱墙　在苗圃内营造以桧柏、侧柏等为主的针叶常绿树防风篱墙，不仅防风效果好，而且还可改善圃内的小气候，对保护大面积移植或保养的一些不耐寒苗木，如竹类等有重要作用。

（2）间作　将一些不耐寒树种的幼龄苗间作在耐寒性较强的较大苗木之间，可起到对小苗防寒的作用。当然苗木间作也是有条件的，要考虑2种苗木的生理习性、日常管理的条件和出圃先后排列等因素。

（3）嫁接　将某些不耐寒品种，通过嫁接方式，接在当地树种上，这样可以增强苗木抗寒性。如用北方桧柏作砧木，嫁接成活龙柏的苗比扦插繁殖的龙柏苗，或比从外地新引进的龙柏苗，有较强的抗寒性，不易哨条。

（4）埋土防寒　对规格较小，而苗干又富于弹性的苗木，可用埋土防寒法。进行埋土防寒的时间，应在土地封冻前进行，埋土前如果土壤过于干燥，可在埋土前7～10天适量灌水，以增加土壤的湿度，埋土时先把幼苗顺行间按倒，再用细碎的土将苗木埋严，埋土厚度5～10厘米左右。有些苗木，在埋土前，可先用蒲包片覆盖，然后再往覆盖物上压土，四周用土封严。

（5）假植防寒　对当年繁殖的落叶树小苗等，可结合翌年春季移植，入冬前将苗掘下，按不同规格分级入沟或入窖假植，这种方法比较安全，既是移前的一项准备工作，又是较好的一种防寒方法。

（6）风障防寒　有些较大规格的苗木，可设风障防寒。风障材料可用秫秸秆、塑料彩条布等物。风障应设在苗区西北两侧，防寒的有效距离一般为风障高度的10倍。在设风障防寒的同时，还可结合涂白、地面覆盖等综合措施，提高防寒效果。

（7）塑料小棚防寒　这项方法是近年来新采用的一项技术，对珍贵小苗或极易枯梢死亡的某些花灌木幼苗，如棣棠、紫薇、丰花月季等可原床搭塑料棚防寒。棚架用钢筋或竹竿等支撑，塑料大棚棚架一般用预制好的金属架，棚架多呈现弧形，高矮大小依苗木高度而定。一般要求苗木与薄膜距离保持在20～30厘米。搭塑料棚时，必须考虑到抗风的能力。除将塑料薄膜拉紧外，对与地面接触的四周，还应用土埋严，并经常检查有无破损，一经发现损坏或裂缝时，应及时修补好，必要时可在塑料棚上，用尼龙网加固或在塑料棚上风口处架设风障保护。塑料大棚尽可能避开大树，以防枯枝因刮风下落而扎破大棚。

棚内应保持足够的湿度，这很重要。冬季早晨，薄膜上应出现一层冻霜或水滴，表示湿度达到要求。塑料薄膜也可平铺床面用来保护像丰花月季等一些花灌木，然后在薄膜上覆盖草帘等。

（8）涂白防寒　树干涂白可以抗病菌侵入和减少蒸腾的作用，降低昼夜温差，防止日灼等，如香椿、柿树、法桐等，可采用此法。涂白剂浓度不能太大，否则易脱落。涂白剂配制一般为：石灰5千克，硫黄0.5千克，水20千克。

（9）堆土防寒　堆土是指给苗木根基培土，土堆高20～30厘米或在苗木根部西北侧10～15厘米处堆一弯月形土堆，高25～30厘米，有利苗木安全越冬。

（10）外引中等规格苗木　有少数品种苗木的幼苗，在北京地区较难成活，但中等规格苗木却不易烧苗。为补充这些品种，可采取购进中等规格苗，直接移植，经保养数年后再出圃，这样效果较好。如北京地区若从山东省或河北省南部，购入干周4厘米粗的法桐，再移植到苗圃，保养2～3年后出圃，这样的苗木在庭院或绿地定植，比较安全，容易成活。

（11）其他方法　每年的秋末冬初，上冻时节，给苗木浇灌冻水，铺马粪或其他腐叶等，均可保护一些不耐寒苗木安全过冬。

总之苗木防寒应是综合措施，即通过栽培管理，如促使苗木生长健壮，适时适当控制肥水，防止一些苗木秋梢徒长，使苗木组织充实、健壮，确保苗木安全越冬。

（二）防暑

苗木防暑也是园林育苗工作者不可忽视的一项工作。许多原属高山上或北方较寒冷地带的树种，引入本地栽培，其耐寒性虽强，然而在北京7～8月份的盛夏酷暑期，当气温达到35℃以上时，许多树种表现出受害症状，如七叶树、赤杨等叶缘枯焦，大花水亚木、玉玲花、五味子、天女木兰、落叶松等如不在遮荫的条件下，甚难安全渡过盛夏。又如东北紫杉引入北京，当气温达到40℃时，叶面大部分受日灼而产生突起，影响生长，降低了观赏价值。又如一些播种幼苗，在烈日高温下，幼苗靠近地面处的嫩茎很容易被高温烫伤，即人们常说的“日灼”，如玉兰等。

云杉在保养过程中，空旷的地方，夏季气温较高时，在无避荫条件的情况下，表现生长缓慢。如在小气候条件较好，或向荫的条件下，如高楼的阴向，灌水条件又较好时，则表现生长加速，这是十分明显的反映。

防暑降温的措施较多，常用的有4种：

（1）间作　将容易受日灼的苗木，间种在其他大苗行间，这样可避免或减轻日灼程度。

（2）搭荫棚　尤其是繁殖区幼苗，可采用此法。在幼苗出土后，苗茎木质化前可采用苇帘、竹帘、遮荫布等搭一小棚适当遮荫，待苗木幼茎木质化后可选择适当时间拆除小棚。

（3）适时播种　有的树种，为了使它顺利渡夏，可以早播种，或改变繁殖工艺，目的在于使小苗幼嫩的茎干，在高温期到来之前，提高木质化程度，以增强抗性。

（4）其他间作法　如在播种苗畦床的边上，临时播种一些农作物类，如玉米、高粱等，从而帮助幼苗渡过盛夏，最后将农作物清除。实践证明，这种办法是很成功的。

（三）其他防护

除了防寒防暑以外，园林苗圃还应注意，防止人为的损坏，鸟、兽等危害。如有时播种的种子入地以后，鸟类啄食危害；还有保养苗的槐树（2～3年生），干的基部被野兔啃食；保养的侧柏苗，被野兔或羊群啃食。此类情况时有发生，所以保护苗木的生长，是多方面的，必须因时因地，因风土人情等采取诸多措施加以防范。

复习题

1. 简述园林苗圃在城市绿化建设中的作用。
2. 园林苗圃的苗木有什么特点？
3. 苗圃全年工作大致分几个阶段？主要任务有哪些？
4. 培育一株合格的苗木，一般要经过几道主要工序？
5. 苗木繁殖的方法主要有哪些？
6. 常用于播种、扦插、嫁接繁殖的树种主要有哪些？各举10例。
7. 常用的嫁接方法有哪些？如何操作？
8. 简述大田扦插垄及扦插床的要求及操作过程。

9. 裸根苗移植用地准备主要工作有哪些？有什么要求？
10. 如何移植2年生播种桧柏苗、养干毛白杨？有什么要求？
11. 简述一般规格落叶乔木的掘苗方法及要求。
12. 苗木抚育工作主要有哪些？
13. 灌水方法有哪些？各有什么优缺点？
14. 苗圃常用的有机肥有哪些？如何制备？
15. 苗木修剪的目的是什么？修剪的方法有哪些？
16. 苗木防寒的主要措施有哪些？

模拟测试题

一、填空题

1. 用种子繁殖出来的苗子叫 ________ 苗。
2. 裸根移植苗的类型有 ________、________、________。
3. 按栽培阶段划分，施肥的主要方法有 ________、________。

二、选择题

1. 采用扦插方法大量繁殖苗木的树种是 ________。
   A. 桧柏　　B. 小叶黄杨　　C. 垂柳　　D. 毛白杨
2. 为移植落叶乔木挖的坑的形状应是 ________。
   A. 方形　　B. 上大下小　　C. 圆筒形　　D. 随意
3. 将一年生枝条从基部剪去方法叫 ________。
   A. 重短截　　B. 疏枝　　C. 强修剪　　D. 极重短截

三、判断题

1. 播种苗移植断根弊大于利。（　）
2. 将根蘖苗从母株上分下并培育成一株新苗叫分株繁殖。（　）
3. 木本植物应防寒，可不防暑。（　）

四、简答题

1. 园林苗圃在城市绿化中有什么作用？
2. 繁殖苗木的方法主要有哪些？
3. 苗木抚育工作主要有哪些？

模拟测试题答案

一、填空题

1. 实生苗

2. 一、二年生繁殖苗，落叶乔灌木，保养柏树苗

3. 基肥、追肥

二、选择题

1. C　　2. C　　3. B

三、判断题

1. ×　　2. ✓　　3. ×

四、简答题

1. 答：繁育、供应苗木基地的作用，引种驯化、推广新品种基地作用，发挥特殊绿地的作用，发挥教学、科普基地作用等。

2. 答：播种繁殖、扦插繁殖、嫁接繁殖、分株繁殖、埋条繁殖等。

3. 答：灌水与排水、施肥、中耕与除草、防治病虫害、修剪、防寒与防暑等。

模拟测试卷 A

题号	一	二	三	四	总分	
满分	16	30	24	30	100	
得分						
阅卷人					核准人	

注意事项：

1. 答题前先将各页试卷密封线以上内容填写清楚，不要遗漏。
2. 一律使用蓝黑笔或圆珠笔，不得使用红水笔或铅笔。
3. 试卷共四种题型，满分100分，考试时间90分钟。

一、填空题（每空1分，16空共16分）

1. 植物的根依来源和发生部位可分为 ________、________ 和 ________。
2. 土壤由 ________、________、________ 3种物质组成。
3. 按照树木对水分的要求可分为 ________、________、________。
4. 害虫危害园林植物的方式主要是吃叶、________、________ 和咬根。
5. 北京“十·一”常用的花坛用花有 ________、________。
6. 北京地区播种时期一般分为春播、秋播、________。
7. 园林绿地的形式为规则式、________、________。

二、选择题（四选一，将答案题号填入空格内，每题2分，15题共30分）

1. 雪松、银杏叶序属于 ________。
   A. 对生　B. 互生　C. 轮生　D. 簇生
2. 按元素分，硫铵属 ________肥。
   A. 磷　B. 钾　C. 氮　D. 微量元素
3. 裸根移植应是 ________ 状态的落叶乔灌木。
   A. 生长　B. 半活动　C. 休眠　D. 半休眠
4. 银杏修剪原则是 ________。
   A. 短截为主　B. 疏枝为主　C. 疏枝短截并重　D. 重短截
5. 常见的刺吸害虫有 ________。

A. 蚜虫、木蠹蛾、红蜘蛛　　B. 刺蛾、草鞋介壳虫
C. 松蚜、地老虎、粉虱　　D. 草鞋介壳虫、松蚜

6. 常用的杀螨剂有 ________。
A. 灭幼脲　　B. 氧化乐果
C. 10% 速效浏阳霉素　　D. 敌敌畏

7. 掘落叶乔木时根系规格要求通常是胸径的 ________。
A. 6 ~ 8 倍　　B. 8 ~ 10 倍　　C. 10 ~ 15 倍　　D. 16 ~ 18 倍

8. 北京地区常用播种繁殖的花卉有 ________。
A. 美人蕉　　B. 北京小菊　　C. 大花萱草　　D. 串红

9. 北京的市树是 ________。
A. 柳树、槐树　　B. 槐树、侧柏　　C. 槐树、银杏　　D. 槐树、桧柏

10. 既观花又观果的树种是 ________。
A. 金银木　　B. 珍珠梅　　C. 榆叶梅　　D. 紫薇

11. 属于小乔木类落叶树是 ________。
A. 紫叶李　　B. 合欢　　C. 榆叶梅　　D. 栾树

12. 夏季休眠、春秋冷凉季节生长旺盛的冷季型草是 ________。
A. 早熟禾　　B. 结缕草　　C. 狗牙根　　D. 野牛草

13. 移植苗木时，树干弯曲的应朝的方向是 ________。
A. 东北　　B. 东南　　C. 西北　　D. 西南

14. 繁殖千头椿的常用方法是 ________。
A. 播种　　B. 枝插　　C. 根插　　D. 埋条

15. 园林树木养护质量标准，一级标准要求其缺株率不超过________。
A. 2%　　B. 4%　　C. 6%　　D. 10%

三、判断题（每题 1 分，24 题共 24 分，正确打✓，错误打×）

1. 矿化作用要靠非绿色植物，如细菌、真菌完成。（　）
2. 植物体都是由细胞组成的。（　）
3. 通常种子发芽需要适宜的温度、水分、光照。（　）
4. 侧芽又叫腋芽，一个叶腋里只有一个腋芽。（　）
5. 不同植物要求不同的温度，但植物生长最适温度是一致的。（　）
6. 植物激素都具有促进植物生长作用的。（　）
7. 磷酸二氢钾属于钾肥。（　）
8. pH 值是表示土壤酸碱度，数值大于 7 时为碱性。（　）
9. 有机肥一般用作基肥。（　）
10. 化肥多数为速效肥。（　）

11. 喷药如遇 3 级以下风时，工作人员应站在上风口。（　）
12. 榆叶梅遇虫害可施用氧化乐果。（　）
13. 桧柏树受蚜虫危害严重。（　）
14. 幼虫破卵壳而出叫羽化。（　）
15. 观黄色花的灌木有棣棠、连翘、榆叶梅。（　）
16. 银杏是观秋季黄叶的小乔木。（　）
17. 臭椿、白蜡耐水湿。（　）
18. 柿树春季移植在芽萌动时进行最好。（　）
19. 刨树坑要求坑上口大下口小。（　）
20. 运输裸根苗，卸车时要按顺序拿取，不能整车推下。（　）
21. 繁殖馒头柳主要采用软材扦插。（　）
22. 野牛草 3 ~4 月份返青。（　）
23. 早熟禾在北京地区四季常绿。（　）

四、简答题（每题 5 分，6 题共 30 分）

1. 简要叙述掘土球苗的操作方法。
2. 臭椿和香椿的主要区别有哪些?
3. 简述园林苗圃在城市绿化中的作用。
4. 简述土壤肥力的概念。
5. 槐树常发生的病虫害有哪 3 种？如何危害的?
6. 疏枝和短截有什么不同?

模拟测试卷 A 答案

一、填空题

1. 主根、侧根、不定根
2. 固相、液相、气相
3. 旱生性树木、湿生性树木、中生性树木
4. 蛀食、刺吸
5. 鸡冠花、串红
6. 随采随播
7. 规则式、自然式、混合式

二、选择题

1. D　　2. C　　3. C　　4. A　　5. D

6. C　　7. B　　8. D　　9. B　　10. A

11. C　　12. A　　13. A　　14. C　　15. A

三、判断题

1. ✓　　2. ✓　　3. ×　　4. ×　　5. ×　　6. ×
7. ×　　8. ✓　　9. ✓　　10. ✓　　11. ✓　　12. ×
13. ×　　14. ×　　15. ×　　16. ×　　17. ×　　18. ✓
19. ×　　20. ×　　21. ✓　　22. ×　　23. ×　　24. ×

四. 简答题

1. 答：支撑：掘苗前用竹竿在树木分点上将树木支撑牢固。

划线：以树干为中心，按要求尺寸在地上划圆。

掘苗：在线外垂直下挖，沟宽应能容纳一人操作，沟深挖到规定要求，挖掘过程中遇到树根要用剪刀或手锯截断。

修坨：将土球修成苹果状，同样在遇到树根时要剪去。

收底：土球下部要逐步缩小，土球底部的直径不超过土球中部直径的 1/3。

打包：用蒲包片、草绳等将土球纵向每隔 8 厘米一道整个捆好。根据土球大小和要求可用单股或双股。纵向草绳捆好后，按土球大小要在土球中部横围若干道草绳，要捆紧。

封底：打包完后，轻轻将树推倒，用蒲包将土球底部堵严包紧。至此土球苗掘好待用。

2. 答：香椿树干皮呈不规则状纵裂；叶偶数羽状复叶，稀奇数，有特别香味；果为蒴果。

臭椿树干皮平滑或浅纵裂；叶奇数羽状复叶，有臭味；果为翅果。

3. 答：首先要选择土质好，杂草少的草源地。

第二步掘草块：人工用平锹或拖拉机带圆盘刀将草源地切成 30 厘米 × 25 厘米的长块状，切口 10 厘米深，然后用平锹起草块即成。草块带土厚度 5 ~ 6 厘米，切口要上下垂直。

第三步运输及存放：草块挖好后放特制的木板上，每块木板上放草块 2 ~ 3层。装车时抬着木板，码放靠紧、整齐。卸车时也要抬木板，运至现场后将草块单层放置，注意遮荫，应及时铺栽。

第四步铺草块：铺草前要检查场地是否平整，合乎地面标高。最好采用钉桩挂线的方法，每隔 10 米钉一个桩，用仪器测好标高，做好标记，在木桩上挂牢小线。铺草时，草块的上面应与小线平齐，草块落时应垫上找平，草块太厚则应适当削落一些。草块边要修整齐，草块间填满细土，铺平，最后用 500 千克的碾子碾压，并及时喷水养护。

4. 答：土壤有不断地供给植物生长发育所需要的水分、养分、空气和热量的能力。

5. 答：槐尺蠖:幼虫吃叶;小木蠹蛾:幼虫蛀食枝干;槐蚜:刺吸汁液。

6. 答：疏枝是将枝条从基部剪去，不留桩。短截是剪去当年生枝条的一部分，根据剪去枝条多少又分轻短截、中短截、重短截和极重短截。

模拟测试卷 B

题号	一	二	三	四	总分	
满分	16	30	24	30	100	
得分						
阅卷人					核准人	

注意事项：

1. 答题前先将各页试卷密封线以上内容填写清楚，不要遗漏。
2. 一律使用蓝黑笔或圆珠笔，不得使用红水笔或铅笔。
3. 试卷共四种题型，满分 100 分，考试时间 90 分钟。

一、填空题（每空 1 分，16 空，共 16 分）

1. 按植物茎的质地不同，茎可分为 ________、________ 和 ________。
2. 土壤养分的三要素是 ________、________、________。
3. 树木按对光照强度需求分为 ________、________、________。
4. 昆虫的变态主要有 2 种，一是 ________，二是 ________。
5. 苗圃常规出圃苗木的时期是春季、________、________。
6. 栽植修剪，大乔木应于栽 ________ 修剪，小苗与花灌木可栽 ________ 修剪。
7. “N”在图纸上常用来表示方向的，指的是 ________。

二、选择题（四选一，答案号码填入空格内，每题 2 分，15 题共 30 分）

1. 下列果实中，全部属于肉果的是 ________。
   A. 浆果、梨果、荚果、瓠果　　B. 浆果、梨果、核果、橘果
   C. 橘果、核果、蒴果、梨果　　D. 核果、橘果、瓠果、翅果
2. 硫酸亚铁应称之为 ________ 肥。
   A. 氮肥　　B. 磷肥　　C. 钾肥　　D. 微肥
3. 栽植坑形状应是 ________。
   A. 花盆状　　B. 筒状上下一致　　C. 上大下小　　D. 方形
4. 灌木冬季修剪时以疏枝为主，不短截的树种是 ________。
   A. 连翘　　B. 月季　　C. 丁香　　D. 木槿

5. 常见的蛀干害虫有 ________。

A. 蛴螬、蝼蛄　　B. 槐尺蠖、刺蛾

C. 木蠹蛾、光肩星天牛　　D. 草鞋介壳虫、松蚜

6. 常用的细菌性微生物农药是 ________。

A. 灭幼脲　　B. Bt 乳剂　　C. 灭扫利　　D. DDV 乳油

7. 土球直径小于 40 厘米，打包时采取是 ________。

A. 单股单轴　　B. 单股双轴　　C. 双股单轴　　D. 双股双轴

8. 下列花卉常用扦插方法繁殖的是 ________。

A. 早小菊　　B. 萱草　　C. 鸡冠花　　D. 大丽花

9. 苗圃目前繁殖重瓣榆叶梅的主要方法是 ________。

A. 播种　　B. 扦插　　C. 嫁接　　D. 分根

10. 既观花又观树干的树种是 ________。

A. 棣棠　　B. 碧桃　　C. 月季　　D. 龙爪槐

11. 下列树木中属于典型落叶大乔木的树种是 ________。

A. 紫叶李　　B. 北京丁香　　C. 刺槐　　D. 西府海棠

12. 龙爪槐是园林绿化中用的最多的 ________ 类树种

A. 观干　　B. 观树形　　C. 观叶　　D. 观花

13. 10 月份开始枯黄的草是 ________。

A. 多年生黑麦草　B. 野牛草　　C. 早熟禾　　D. 麦冬

14. 栽植槐树时保留一定干高，将以上部分全部去掉，习惯称为 ________。

A. 疏枝　　B. 重短截　　C. 抹头　　D. 轻短截

15. 雪松冬季防寒的方法是 ________。

A. 涂干　　B. 培土　　C. 架风障　　D. 喷水

三、判断题（每题 1 分，24 题共 24 分，正确打✓，错误打×）

1. 温度、水分、养分、光照充足植物就能开花。　　(　　)
2. 着生在枝条顶端的芽叫单芽。　　(　　)
3. 枝条每个节上 2 片叶成对而生叫互生。　　(　　)
4. 植物进化系统分类，其基本单位是品种。　　(　　)
5. 温带植物生长最适温 20 ~ 30℃。　　(　　)
6. 气温 0℃以下植物体内发生冰冻称为寒害。　　(　　)
7. 硫酸钾是常用的钾肥。　　(　　)
8. pH 值表示土壤溶液酸碱度，数值小于 7 时属于酸性。　　(　　)
9. 无机化肥常用作基肥。　　(　　)

10. 腐殖质、黏粒、钙离子是团粒结构的胶结剂。 ( )
11. 所有昆虫都有 3 对足 2 对翅。 ( )
12. 哺乳期妇女不能喷药，高血压者可参加此项工作。 ( )
13. 线虫是有害动物，不是病原菌。 ( )
14. 喷药一般应将药喷在叶的正面为好。 ( )
15. 观红色花的灌木有玫瑰、榆叶梅、棣棠。 ( )
16. 掘裸根苗应从规定范围内下铲。 ( )
17. 油松、白皮松、毛白杨在低洼盐碱土能正常生长。 ( )
18. 北京地区的毛白杨都飞絮。 ( )
19. 6 ~ 8 月全光雾插丰花月季属软材扦插。 ( )
20. 刨树坑表土底土分开，先填底土，后填表土。 ( )
21. 灌冻水在霜降以后小雪之前。 ( )
22. 卸小土球苗应双手抱土球轻拿轻放。 ( )
23. 装运乔木苗应根朝前，顺序排码。 ( )
24. 野牛草一般用播种方法建草坪。 ( )

四、简答题（每题 5 分，6 题共 30 分）

1. 园林树木修剪程序是什么？
2. 白皮松与华山松主要区别是什么？
3. 简述根、茎、叶的主要功能。
4. 什么是土壤溶液？土壤溶液浓度一般是多少？
5. 侧柏树上常发生的主要病虫害有哪 3 种？如何危害？
6. 株行距 25 厘米 × 40 厘米，现计划繁殖 50 000 株丰花月季，需用地多少平方米？

模拟测试卷 B 答案

一、填空题

1. 木本茎、草本茎、草木本茎
2. 氮、磷、钾
3. 喜光树木、耐荫树木、中性树木
4. 完全变态、不完全变态
5. 雨季、秋季
6. 前，后
7. 北

二、选择题

1. B　2. D　3. B　4. C　5. C　6. B
7. A　8. A　9. C　10. A　11. C　12. B
13. B　14. C　15. C

三、判断题

1. ×　2. ×　3. ×　4. ×　5. √　6. ×
7. √　8. √　9. ×　10. √　11. ×　12. ×
13. √　14. ×　15. ×　16. ×　17. ×　18. ×
19. √　20. ×　21. √　22. √　23. √　24. ×

四、简答题

1. 答：一知二看三剪四拿五处理六保护。

2. 答：白皮松：针叶为3针一束，大树成不规则的鳞状薄片脱落，内皮粉白色，外皮灰褐色，枝条无规则斜向上生长。

华山松：针叶为5针一束，大树树皮呈灰色，纵裂成厚块片固着在树干上，树干上枝条轮生，平展。

3. 答：根：吸收、固定、合成、繁殖、贮藏。

茎：支持、输导、繁殖、贮藏。

叶：光合作用、蒸腾作用、气体交换等。

4. 答：土壤中的可溶性物质溶于水中，成为土壤溶液。土壤溶液的浓度一般为200～1000μL/L。

5. 答：柏毒蛾：幼虫吃叶；双条杉天牛：幼虫蛀食枝干；柏树蚜虫：刺吸汁液。

6. 答：一株苗占地面积为：0.25米×0.4米=0.1平方米

繁殖50 000株苗需用地为：0.1平方米×50 000=5000平方米。

附录 1

初级园林绿化工职业技能岗位标准

1. 知识要求（应知）

（1）了解从事园林绿化工作的意义和工作内容。

（2）了解园林绿地施工及养护管理的操作规程和规范。

（3）认识常见的园林植物，区分形态特征。并了解环境因子对园林植物的影响。

（4）了解常见的园林植物病虫害和相应的防治方法，以及安全使用和保管药剂的知识。

（5）了解当地园林土壤的基本性状和常用肥料的使用和保管方法。

2. 操作要求（应会）

（1）识别常见园林植物（至少 50 种）和园林植物病虫害（至少 10 种）。

（2）按操作规程初步掌握园林植物移栽、运输等主要环节。

（3）在中、高级技工指导下完成修剪、病虫防治和肥水管理等项工作。

（4）正确操作和保养常用的园林工具。

附录 2

初级园林绿化工职业技能岗位鉴定规范

项　目	鉴定范围	鉴定内容	鉴定比重	备注
知识要求			100%	
基础知识 20%	1. 园林绿化施工管理技术操作规程、规范 2%	（1）已颁布的国家及地方有关的技术操作规程、规范	2%	了解
	2. 植物学知识 10%	（1）植物的六大器官 （2）植物与环境的关系	7% 3%	掌握 了解
	3. 土壤与病虫害知识 8%	（1）园林土壤的基本性状 （2）常见园林病虫害	4% 4%	掌握 掌握
专业知识 70%	1. 园林绿化基础知识 5%	（1）园林绿化工作的意义 （2）园林绿化工作的内容	2% 3%	了解 了解
	2. 园林植物知识 20%	（1）木本和草本的基本知识 （2）乔木、灌木的特征 （3）常绿树、落叶树的特征 （4）针叶树、阔叶树的特征	4% 4% 6% 6%	掌握 掌握 掌握 掌握
	3. 园林植物栽植知识 25%	（1）栽植的意义 （2）栽植的内容及质量要求	5% 20%	了解 掌握
	4. 园林植物养护知识 20%	（1）养护的意义 （2）养护的内容及质量要求 （3）常用农药的使用和保管 （4）常用肥料的使用和保管	2% 8% 5% 5%	了解 掌握 掌握 掌握
相关知识 10%	1. 花卉知识 10%	（1）花卉在园林绿化中的作用和意义 （2）花卉的繁殖 （3）花卉养护内容及质量要求	2% 4% 4%	了解 了解 了解
操作要求				
操作技能 75%	1. 识别 20%	（1）常见的园林植物（50 种以上） （2）常见的园林病虫害(10 种以上）	10% 10%	掌握 掌握
	2. 园林植物栽植 30%	（1）树木的裸根挖掘和带土球挖掘 （2）小型土球的包扎 （3）树木的运输 （4）树木的栽植	10% 10% 3% 7%	掌握 掌握 了解 掌握

（续）

项　目	鉴定范围	鉴定内容	鉴定比重	备注
	3. 树木修剪基本技能 15%	（1）修剪的目的和要求 （2）修剪基本程序 （3）修剪的基本操作	1% 4% 10%	了解 掌握 掌握
	4. 病虫害防治的基本技能 5%	（1）各种病虫害防治方法 （2）药剂防治基本操作	3% 2%	了解 掌握
	5. 肥水管理基本技能 5%	（1）基肥、追肥的使用方法 （2）灌溉和排水	3% 2%	了解 了解
工具设备的使用和维护 10%	常用工具、器具的使用和维护 10%	（1）整地用工具的装配及矫正 （2）修剪用工具的磨刃及矫正 （3）常用器具的使用和维护	4% 4% 2%	掌握 掌握 了解
安全及其他 15%	1. 安全生产 10%	（1）安全生产一般规程 （2）灾害性天气的预防、抢救和善后处理	5% 5%	掌握 了解
	2. 文明生产 5%	（1）文明施工和养护 （2）园林绿地的保护	3% 2%	掌握 掌握

附录3

初级园林育苗工职业技能岗位标准

1. 知识要求（应知）

（1）了解育苗在园林绿化中的重要意义和工作内容。

（2）了解育苗的主要生产工序及操作规程和规范。

（3）熟悉常见的苗木树种，并区分形态特征。

（4）掌握常见树种的基本育苗方法。

（5）了解苗圃常见病虫害的防治方法和常用农药、肥料的安全使用与保管知识。

（6）按苗木株行距估算育苗面积和苗木产量。

2. 操作要求（应会）

（1）识别常见苗木60种以上（包括20种冬态）。

（2）掌握常见苗木的移植、假植、出圃技术及整地、开沟作畦、中耕除草等苗木抚育技术。

（3）在中、高级技工的指导下完成繁殖、修剪、病虫防治和肥水管理等工作。

（4）正确使用和保养苗圃常用工具。

附录4

初级园林育苗工职业技能岗位鉴定规范

项　目	鉴定范围	鉴定内容	鉴定比重	备注
知识要求			100%	
基本知识 25%	1. 苗圃知识 4%	（1）苗圃的重要作用和意义 （2）苗圃的主要工作内容	2% 2%	了解 了解
	2. 育苗技术操作要求 5%	育苗操作规程和规范	5%	掌握
	3. 植物学知识 8%	（1）植物的六大器官 （2）植物的生长特性 （3）植物与环境的关系	4% 2% 2%	掌握 掌握 掌握
	4. 土壤与病虫害知识 8%	（1）土壤的基本性状 （2）当地常见的苗木病虫害	4% 4%	掌握 掌握
专业知识 65%	1. 工具知识 5%	苗圃常用工具的种类、使用及保养	5%	掌握
	2. 园林苗木知识 15%	（1）乔木、灌木的特征 （2）常绿树、落叶树的特征 （3）针叶树、阔叶树的特征	5% 5% 5%	掌握 掌握 掌握
	3. 苗木繁殖知识 20%	（1）播种繁殖的特点、时期和方法 （2）扦插繁殖的特点、时期和方法 （3）嫁接繁殖的特点、时期和方法	8% 8% 4%	掌握 掌握 了解
	4. 苗木抚育知识 25%	（1）苗木抚育管理的基本内容 （2）苗木的肥水管理及肥料的保管使用 （3）苗木的病虫害防治及农药的保管使用 （4）苗木移植调整和假植 （5）苗木出圃	4% 4% 4% 6% 7%	掌握 掌握 掌握 掌握 掌握
相关知识 10%	1. 苗木的不同应用类型 6%	（1）行道树苗木的质量要求和规格 （2）绿地中乔木的质量要求和规格 （3）绿地中灌木的质量要求和规格	2% 2% 2%	掌握 掌握 掌握
	2. 草坪植物 4%	（1）常见草坪植物的类型和种类 （2）草坪植物生产知识	2% 2%	了解 了解

（续）

项　目	鉴定范围	鉴定内容	鉴定比重	备注
操作要求				
操作技能 75%	1. 苗木识别 20%	识别常见苗木树种 60 种以上（包括冬态 20 种）	20%	掌握
	2. 苗木繁殖 25%	（1）整地、开沟、苗床制作 （2）撒播、条播、点播 （3）硬枝扦插、软枝扦插	15% 5% 5%	掌握 了解 了解
	3. 苗木抚育 30%	（1）中耕除草 （2）灌溉、排水与施肥 （3）病虫害防治技术及常用农药的配制 （4）苗木的移植、假植 （5）苗木的修剪与定形 （6）苗木出圃	5% 4% 4% 5% 2% 10%	掌握 掌握 掌握 掌握 了解 掌握
工具设备的使用和维护 10%	常用工具、器具的使用和维护 10%	（1）整地用工具的装配与矫正 （2）修剪用工具的磨刃与矫正 （3）一般育苗器具的使用与维护	4% 4% 2%	掌握 掌握 了解
安全及其他 15%	1. 安全生产 10%	（1）安全生产的一般规程 （2）灾害性天气的苗木保护	5% 5%	掌握 掌握
	2. 文明生产 5%	（1）苗木抚育的文明生产 （2）苗木出圃的文明操作	2% 3%	掌握 掌握

参考文献

1. 北京市园林局. 园林绿化工人技术培训教材. 植物与植物生理，1997
2. 北京市园林局. 园林绿化工人技术培训教材. 土壤肥料，1997
3. 北京市园林局. 园林绿化工人技术培训教材. 园林树木，1997
4. 北京市园林局. 园林绿化工人技术培训教材. 园林花卉，1997
5. 北京市园林局. 园林绿化工人技术培训教材. 园林植物保护，1997
6. 北京市园林局. 园林绿化工人技术培训教材. 园林识图与设计基础，1997
7. 北京市园林局. 园林绿化工人技术培训教材. 绿化施工与养护管理，1997
8. 北京市质量技术监督局. 城市园林绿化养护管理标准，2003
9. 北京市质量技术监督局. 城市园林绿化施工及验收规范，2003
10. 潘瑞炽，董愚得　主编. 植物生理学. 北京：人民教育出版社，1980
11. 南京林业大学　主编. 植物学. 北京：中国林业出版社，1985
12. 李杰芬　主编. 植物生理学. 北京：北京师范大学出版社，1988
13. 北京农业学校　主编. 植物及植物生理学. 北京：中国农业出版社，1996
14. 王世动　主编. 植物及植物生理学. 北京：中国建筑工业出版社，1999
15. 陈俊愉，程绪珂　主编. 中国花经. 上海：上海文化出版社，1990
16. 徐汉卿　主编. 植物学. 北京：中国农业出版社，1996
17. 陈友民. 园林树木学. 北京. 中国林业出版社，1997
18. 北京林业大学　主编. 花卉学. 北京：中国林业出版社，1992
19. 叶建秋. 花卉园艺初级教程. 上海：上海文化出版社，2000
20. 孟庆武，刘金　主编. 春季花卉. 北京：中国农业出版社，2000
21. 费砚良，张金政. 宿根花卉. 北京：中国林业出版社，1999
22. 中华人民共和国建设部. 绿化工，2000
23. 中华人民共和国建设部. 育苗工，2000